Heike Bruch | Florian Kunze | Stephan Böhm

Generationen erfolgreich führen

Heike Bruch | Florian Kunze | Stephan Böhm

Generationen erfolgreich führen

Konzepte und Praxiserfahrungen zum
Management des demographischen Wandels

Bibliografische Information der Deutschen Nationalbibliothek
Die Deutsche Nationalbibliothek verzeichnet diese Publikation in der
Deutschen Nationalbibliografie; detaillierte bibliografische Daten sind im Internet über
<http://dnb.d-nb.de> abrufbar.

Prof. Dr. Heike Bruch ist Professorin und Direktorin am Institut für Führung und Personalmanagement (I.FPM) der Universität St. Gallen. Sie ist Mitglied im wissenschaftlichen Beirat des Demographienetzwerkes (ddn), im Vorstand der Deutschen Gesellschaft für Personalführung (DGFP) sowie im McKinsey Academic Sounding Board und hat die wissenschaftliche Leitung von TOP JOB inne.

Florian Kunze ist wissenschaftlicher Mitarbeiter am I.FPM und Promotionsstudent an der Universität St. Gallen.

Dr. Stephan Böhm ist Direktor des Centers for Disability and Integration und Nachwuchsdozent an der Universität St. Gallen. Als Visiting Scholar war er am Oxford Institute of Ageing der University of Oxford tätig.

Mitglieder der SGO (Schweizerische Gesellschaft für Organisation und Management) erhalten auf diesen Titel einen Nachlass in Höhe von 10 % auf den Ladenpreis.

1. Auflage 2010

Alle Rechte vorbehalten
© Gabler | GWV Fachverlage GmbH, Wiesbaden 2010

Lektorat: Ulrike Lörcher | Katharina Harsdorf

Gabler ist Teil der Fachverlagsgruppe Springer Science+Business Media.
www.gabler.de

Das Werk einschließlich aller seiner Teile ist urheberrechtlich geschützt. Jede Verwertung außerhalb der engen Grenzen des Urheberrechtsgesetzes ist ohne Zustimmung des Verlags unzulässig und strafbar. Das gilt insbesondere für Vervielfältigungen, Übersetzungen, Mikroverfilmungen und die Einspeicherung und Verarbeitung in elektronischen Systemen.

Die Wiedergabe von Gebrauchsnamen, Handelsnamen, Warenbezeichnungen usw. in diesem Werk berechtigt auch ohne besondere Kennzeichnung nicht zu der Annahme, dass solche Namen im Sinne der Warenzeichen- und Markenschutz-Gesetzgebung als frei zu betrachten wären und daher von jedermann benutzt werden dürften.

Umschlaggestaltung: Nina Faber de.sign, Wiesbaden
Umschlaggrafik: Giovanni Huber, Künstler, Embrach, Schweiz
Druck und buchbinderische Verarbeitung: Ten Brink, Meppel
Gedruckt auf säurefreiem und chlorfrei gebleichtem Papier
Printed in the Netherlands

ISBN 978-3-8349-1042-4

Geleitwort

Kaum ein Thema in der heutigen Gesellschaft ist so breit bekannt wie der kommende demographische Wandel. Obwohl die möglichen Auswirkungen in allen Richtungen analysiert und weiterum anerkannt werden, machen konkrete Massnahmen und Projekte nur zögerlich Fortschritte. Ist dies eine Folge davon, dass Veränderungen generell und hier im spezifischen Fall nur als Bedrohung und nicht als Chance gesehen werden? Dem Forschungsteam Bruch/Kunze/Böhm ist es hervorragend gelungen, eben diese Chancen für Unternehmen, Individuen und die Gesellschaft herauszuarbeiten. Dabei basieren sie auf fundierten Analysen, empirischen Untersuchungen und daraus abgeleiteten Entwicklungen und Anforderungen. Alle Beteiligten sind aufgefordert zu lernen und sich anzupassen; so werden neue Gewohnheiten einer strukturell veränderten Käuferschaft Kommunikation und Marketing neu prägen; in altersgemischten Teams ist ein verändertes Kooperationsverhalten notwendig und das Individuum hat das Verhalten in Anbetracht der höheren Lebenserwartung anzupassen.

Wer das vorliegende Buch aus der Sicht der vor uns liegenden Chancen liest, wird persönliche Vorteile erzielen können oder Unternehmen werden in der Lage sein, durch gesteigerte Effektivität und Effizienz zusätzliche Marktanteile zu gewinnen.

Die notwendigen Anpassungen und Veränderungen werden zum Teil einfach, zum Teil anspruchsvoll und zeitintensiv sein. Daraus ergibt sich die Forderung, frühzeitig mit der entsprechenden Arbeit oder der Auslösung von Projekten zu beginnen. Der einhergehende zeitliche Vorsprung wird Differenzierungsmöglichkeiten für Unternehmen oder für Individuen eröffnen.

Die SGO Stiftung ist über die Ergebnisse des Forschungsprojektes sehr erfreut. Das Forschungsteam Bruch/Kunze/Böhm hat ein zukunftsorientiertes Thema in wegweisender Art behandelt und für eine breite Leserschaft verfügbar gemacht. Dafür gratuliert und bedankt sich die SGO Stiftung sehr herzlich.

Geleitwort

Es ist zu hoffen, dass diesem Buch eine dem Thema angemessene, hohe Aufmerksamkeit zu Teil wird und dass Unternehmen, Organisationseinheiten, Mitarbeitende, Pensionierte und die Wissenschaft die dargelegten Erkenntnisse in qualitative und quantitativ sinnvolle Entwicklungen umsetzen können.

Dr. Markus Sulzberger
Präsident der Stiftung der Schweizerischen Gesellschaft
für Organisation und Management (SGO Stiftung)

Vorwort

Der demographische Wandel ist eine der großen Zukunftsherausforderungen unserer Zeit. Richtig und erfolgreich mit einer alternden und immer altersdiverseren Belegschaft umzugehen, wird zu einer der zukunftsweisenden Aufgaben für die Führung und das Personalmanagement in nahezu allen Unternehmen werden. Viele Verantwortliche in Unternehmen stehen schon heute vor der Frage, ob sie Personalmanagementpraktiken und ihr Führungsverhalten an die Bedürfnisse unterschiedlicher Generationen anpassen sollten, um der demographischen Verschiebung ihrer Mitarbeitenden gerecht zu werden.

Am Institut für Führung und Personalmanagement der Universität St. Gallen beschäftigen wir uns seit dem Jahr 2006 intensiv damit, wie dieser Zukunftsherausforderung aus der Unternehmensperspektive am besten begegnet werden kann. Mit unserer Forschung sind wir Teil eines Forschungsschwerpunktes der Universität St. Gallen, der sich mit dem Wandel der Arbeitswelt, des Wohlfahrtstaates und der zunehmenden Alterung der Gesellschaft auseinandersetzt.

Ziel dieses Buches ist es, die zahlreichen Forschungserkenntnisse, die wir in den vergangenen Jahren durch die Arbeit mit und in Unternehmen gesammelt haben, für eine breite Öffentlichkeit zugänglich zu machen. Zielgruppe sind sowohl Studenten und Wissenschaftler, die einen Einstieg und Überblick zu der Thematik suchen, als auch Personalverantwortliche und Führungskräfte in Unternehmen, die konkrete Handlungshinweise zum Umgang mit dem demographischen Wandel benötigen.

Ganz bewusst haben wir uns dafür entschieden, das Buch nicht nach Handlungsfeldern im Personalmanagement, sondern nach Herausforderungen und Lösungsansätzen auf unterschiedlichen Betrachtungsebenen - der des individuellen Mitarbeiters, der Führungsbeziehung, der Teamebene und schließlich auch der Gesamtunternehmensebene - zu strukturieren. Dadurch ist es unserer Meinung nach besser möglich, die ganze Komplexität der Problematik zu begreifen und die richtigen Handlungsempfehlungen für Praktiker in Unternehmen zu treffen.

Vorwort

Danken möchten wir zuallererst den zahlreichen Unternehmen, die es uns ermöglicht haben, Untersuchungen und Interviews bei ihnen durchzuführen und somit wichtige Erkenntnisse zu sammeln, die die Basis dieses Buches bilden. Zu nennen sind hier insbesondere die Katjes-Fassin GmbH, die Thyssen Krupp Nirosta GmbH, die Helvetia Versicherung, die Lilly Pharma Deutschland GmbH, die Metro Gruppe, die deutsche Bundesagentur für Arbeit, die Asstell Versicherungsgruppe, die UBS und viele andere Unternehmen, die in dem Demographie Netzwerk (ddn) zusammengeschlossen sind. Allen diesen Unternehmen gilt ein großer Dank für ihr Vertrauen und ihre Kooperationsbereitschaft.

Besonderer Dank gilt auch der Schweizer Gesellschaft für Organisation und Management, die durch ihre großzügige finanzielle Unterstützung dieses Buchprojekt erst ermöglicht hat. Ganz speziell ist hier Herr Dr. Sulzberger zu nennen, der als Präsident der Stiftung die gesamte Entwicklung des Buches begleitet hat und maßgeblich Anmerkungen zu dem Manuskript gegeben hat. Ebenso möchten wir Frau Lörcher und Frau Harsdorf danken, die für den Gabler Verlag dieses Buchprojekt kompetent und geduldig betreut haben.

Schließlich danken wir auch den Kollegen am Institut für Führung und Personalmanagement, die uns in zahlreichen Diskussionen viele interessante Anregungen und Denkanstösse für das Buch geliefert haben. Frau Miriam Baumgärtner danken wir darüber hinaus dafür, dass sie uns bei der finalen Erstellung und Formatierung des Manuskripts so tatkräftig unterstützt hat.

St. Gallen, im Juli 2009

Heike Bruch
Florian Kunze
Stephan Böhm

Inhaltsverzeichnis

Kapitel 1
Einleitung 13

    1.1 Herausforderung Demographischer Wandel 15
    1.2 Über die Forschung 19
    1.3 Struktur des Buches und Kapitelübersicht 19

Kapitel 2
Der Demographische Wandel - Ursachen und Folgen 23

    2.1 Die demographische Entwicklung 25
    2.2 Ursachen der demographischen Entwicklung 26
    2.3 Zuwanderung als Lösung? 27
    2.4 Auswirkungen der demographischen Entwicklung 30
        2.4.1 Rückgang der Bevölkerung 31
        2.4.2 Alterung der Gesellschaft 34
    2.5 Herausforderungen für Wirtschaft und Gesellschaft 39
    2.6 Herausforderungen für die Unternehmen 42
    2.7 Vorhandenes Problembewusstsein in Unternehmen 46
    2.8 Handlungsfelder – Generationale Führung als Wettbewerbsvorteil 48
    2.9 Kernaussagen des Kapitels 49

Kapitel 3
Erfolgreiches Altern im Erwerbsleben –
Personenbezogene Aspekte 51

    3.1 Leistungsfähigkeit, Produktivität und Altern 53
    3.2 Zum Begriff des Alters 54
    3.3 Das Vorurteil des Altersdefizits – Mythen und Realitäten .. 56
        3.3.1 Alterung und Erfahrung/Fähigkeiten 59
        3.3.2 Alterung und Motivation 63
        3.3.3 Alterung und die körperliche Konstitution 67
    3.4 Zwischenfazit - Leistungsfähigkeit und Alter 69

Inhaltsverzeichnis

3.5 Individuelle Ansatzpunkte für erfolgreiches Altern am Arbeitsplatz..72
    3.5.1 Lebenslanges Lernen 72
    3.5.2 Motivierende Karriere- und Lebensphasenplanung...78
    3.5.3 Individuelles Gesundheitsmanagement 81
3.6 Kernaussagen des Kapitels 85

Kapitel 4
Führung von fünf Generationen am Arbeitsplatz..........................87

4.1 Führung und Zusammenarbeit unterschiedlicher Generationen 89
4.2 Generationsbegriff 91
4.3 Generationen-, Alters- oder Lebensphaseneffekte 93
4.4 Fünf Generationen in der Arbeitswelt....................................94
    4.4.1 Die Nachkriegsgeneration 97
    4.4.2 Die Wirtschaftswundergeneration..........................99
    4.4.3 Die Baby Boomer Generation 102
    4.4.4 Die Generation Golf..105
    4.4.5 Die Internetgeneration...108
4.5 Generationenunterschiede in der Vorgesetzten-Mitarbeitenden-Beziehung 112
4.6 Führung unterschiedlicher Generationen............................114
    4.6.1 Nachkriegsgeneration – Erfahrungsorientierte Führung 114
    4.6.2 Wirtschaftswundergeneration – Sinnorientiert-partizipative Führung 117
    4.6.3 Baby Boomer – Entwicklungsorientiert-kooperative Führung 120
    4.6.4 Generation Golf – Pragmatisch-zielorientierte Führung 121
    4.6.5 Internetgeneration – Visionsorientierte Führung ...123
4.7 Unterschiedliche generationale Führungskonstellationen 127
4.8 Generationale Führung in der Praxis...................................130
4.9 Wissensweitergabe in der Generationenbeziehung 131
4.10 Kernaussagen des Kapitels 135

Kapitel 5
Entwicklung und Führung altersgemischter Teams.................... 137

5.1 Erfolgsfaktor altersgemischte Teams................................... 139
5.2 Zunehmende (Alters-)Diversität in Teams und
Arbeitsgruppen 141
5.3 Chancen und Herausforderungen von
altersgemischten Teams 143
    5.3.1 Chancen altersgemischter Teams............................. 143
    5.3.2 Herausforderungen altersgemischter Teams 150
5.4 Effektiver Einsatz altersgemischter Teams 155
    5.4.1 Zusammenstellen altersgemischter Teams.............. 157
    5.4.2 Unterstützende organisatorische
          Rahmenbedingungen 159
    5.4.3 Interaktive Führung altersgemischter Teams.......... 162
          5.4.3.1 Förderung von Ziel- und
                  Ergebnisorientierung in Teams 163
          5.4.3.2 Förderung der Begeisterung von Teams 168
    5.4.4 Umgang mit Konflikten 176
5.5 Erfolgsbeispiel „Audi Silver Line" 179
5.6 Kernaussagen des Kapitels.. 182

Kapitel 6
**Bewältigung des demographischen Wandels - Aspekte
des Gesamtunternehmens**... 185

6.1 Chancen und Herausforderungen für Unternehmen 187
6.2 Gesamtbetriebliche Sicht- und Herangehensweise 190
6.3 Ansatzpunkte auf Organisationsebene 197
    6.3.1 Altersstrukturanalysen.. 197
    6.3.2 Alterssensible Rekrutierung 206
          6.3.2.1 Rekrutierung jüngerer Mitarbeitender 208
          6.3.2.2 Rekrutierung älterer Mitarbeitender 210
    6.3.3 Alterssensible Arbeitszeit- und
          Ruhestandsregelungen... 216
          6.3.3.1 Einflussfaktoren von Renten- und
                  Ruhestandsregelungen 216
          6.3.3.2 Neue Lebensarbeitszeit-Modelle................. 219
          6.3.3.3 Lebensphasengerechte
                  Arbeitszeitgestaltung................................... 223
          6.3.3.4 Der Übergang in den Ruhestand................. 228
    6.3.4 Altersfreundliche Führungs- und
          Unternehmenskultur 231
6.4 Kernaussagen des Kapitels.. 239

Inhaltsverzeichnis

Kapitel 7
Zusammenfassung und Ausblick 243
    7.1   Der demographische Wandel auf unterschiedlichen
         Ebenen 245
         7.1.1   Die demographische Herausforderung 245
         7.1.2   Personenbezogene Aspekte 245
         7.1.3   Führung von fünf Generationen am Arbeitsplatz .. 246
         7.1.4   Entwicklung und Führung altersgemischter
                Teams 247
         7.1.5   Aspekte des Gesamtunternehmens 248
    7.2   Die gesamtgesellschaftliche Herausforderung 248

Literaturverzeichnis 251

Index 271

Einleitung

Kapitel 1

1.1 Herausforderung Demographischer Wandel

Der demographische Wandel ist in aller Munde. Kaum ein Tag vergeht, an welchem in den Medien und der Politik nicht über die anstehende demographische Veränderung unserer Gesellschaft diskutiert wird. Seit 2004, als nach einer Forsa-Umfrage lediglich 53% der deutschen Bevölkerung den Begriff demographischer Wandel jemals gehört hatten[1], hat ein rasanter Bewusstseinswandel hin zu einer Betrachtung der Bevölkerungsverschiebung als eine der zentralen gesellschaftlichen Zukunftsherausforderungen stattgefunden. Die Problemlage scheint klar: nahezu alle westlichen Industriegesellschaften stehen vor einer immensen Veränderung ihrer Bevölkerungsstruktur, die sich aus dem Rückgang und dem Alterungsprozess ihrer Einwohner ergibt.

Diese Veränderung wird auch die westlichen Volkswirtschaften und die sich darin befindlichen Unternehmen und öffentlichen Organisationen vor ganz neue Aufgaben zum Erhalt der Wettbewerbsfähigkeit im globalen Wettbewerb stellen. Weitaus mehr als heute muss es darum gehen, die Potenziale und Stärken aller Altersgruppen im erwerbsfähigen Alter für Gesellschaft, Wirtschaft und Unternehmen nutzbar zu machen. Um den demographischen Wandel erfolgreich zu bewältigen, ist ein Generationenmanagement notwendig, das nicht mehr als alleiniges Mittel auf die Abschiebung von älteren Mitarbeitenden auf die „verlorenen Posten" der Altersteilzeit und Frühverrentung setzt, sondern eine Vielzahl von Führungs- und Personalmanagementmaßnahmen anwendet.

Wie die Zukunft in vielen Unternehmen und öffentlichen Organisationen schon mittelfristig aussehen kann, wird sehr gut an dem Beispiel der Katjes Fassin GmbH in Emmerich deutlich. Die Firma ist Deutschlands drittgrößter Süßwarenhersteller mit 500 Mitarbeitenden. Als dort vor wenigen Jahren die Planung für eine neue Produktionsstätte anstand, entschied sich die Geschäftsführung schon sehr früh, dort verstärkt auf ältere Mitarbeitende zu setzen. Seit 2006 arbeiten deshalb in der neuen Produktionsstätte in Pots-

---

[1] Vgl. Kröhnert/van Olst/Klingholz (2006).

1 Einleitung

dam 2/3 Mitarbeitenden, die 50 Jahre oder älter sind. Die Erfahrungen sind durchweg positiv. Schon nach kurzer Eingewöhnungszeit hat das Werk ähnliche Produktivitätsraten wie die bisherigen Produktionsstätten erreicht. Die älteren Mitarbeitenden, die häufig eine längere Phase der Erwerbslosigkeit hinter sich haben, sind hoch motiviert und auch leistungsfähig. Auch die Zusammenarbeit in altersgemischten Teams, die von Katjes bewusst gebildet und gefördert werden, funktioniert sehr gut.

Ebenso muss allen Unternehmen klar werden, dass der demographische Wandelein wichtiges Thema für ihre zukünftige Produktivität und Wettbewerbsfähigkeit ist. Ein „nicht-Handeln" kann schon sehr bald auch beträchtliche betriebswirtschaftliche Auswirkungen haben.

Gut kann man dies an dem Beispiel der Thyssen Krupp Nirosta GmbH sehen. Das Tochterunternehmen der Thyssen Krupp AG hat weltweit 4197 Mitarbeitende bei einem Umsatz von mehr als 3,7 Milliarden Euro und produziert hochwertigen Edelstahl. In von 1995 bis 2007 hat das Unternehmen einen starken Anstieg des Durchschnittsalters seiner Belegschaft um fast 6 Jahre, von 38,3 auf 44,1 Jahre zu verzeichnen. In diesem Zeitraum ist demnach das Durchschnittsalter der Belegschaft ca. 0,5 Jahre pro Jahr gestiegen. Dies ist insofern beträchtlich, als dass das Durchschnittsalter der Belegschaft in den 10 Jahren vor 1995 insgesamt nur um 0,6 Jahre gestiegen war. Danach ist bei Thyssen Krupp Nirosta schon heute der durchschnittliche Mitarbeitende zur Gruppe der älteren Mitarbeitenden, das heißt älter als 45 Jahre zu rechnen. Dies ist nach den Einsschätzungen des Personalleiter „auch betriebswirtschaftlich gesehen eine bedrohliche Entwicklung". Besonders deutlich wird dies, wenn man sich die Ausfalltage pro Mitarbeitende betrachtet. Da bei Thyssen Krupp in Schichtarbeit gearbeitet und zudem an sehr aufwendigen und teuren Produktionsanlagen gearbeitet wird, wirkt sich der Ausfall von Mitarbeitenden direkt auf die Produktion aus. Damit die Produktion nicht zum Stillstand kommt, muss, obwohl sehr kostspielig, immer eine Reserve an Mitarbeitenden bereit gehalten werden. Bei den 25-jährigen Mitarbeitenden reicht hier eine Reservemitarbeitende bei 18 Arbeitenden aus, bei den 65 Jahre alten Mitarbeitenden versechsfacht sich diese Zahl, das heißt bei 18 Mitarbeitenden dieser Alterskategorie werden in der Produktion 6 Reservemitarbeitende gebraucht. „Das sind dann Zahlen, bei denen

1.1 Herausforderung Demographischer Wandel

auch die Kollegen aus dem Controlling beginnen, sich für das Thema zu interessieren", meint der Personalleiter. Ausgehend von diesem Business Case zum demographischen Wandel hat das Unternehmen ein umfangreiches Maßnahmenpaket entwickelt, mit dem wir uns im Verlauf des Buches noch ausführlich beschäftigen werden. Ziel war es jetzt zu handeln und „agieren zu können, bevor einem die Probleme zum Handeln zwingen", kommentiert der Personalleiter den Hintergrund des Maßnahmenpackets.

Diese Praxisbeispiele von Katjes und Thyssen Krupp machen deutlich, dass es zum einem schon heute akuten Handlungsbedarf aufgrund des demographischen Wandels in Unternehmen und öffentlichen Organisationen gibt, und zum anderen auch schon einige positive Beispiele zur erfolgreichen Bewältigung dieser Herausforderung existieren. Häufig sind die Ansätze, die wir in unseren zahlreichen Unternehmensbesuchen beobachten konnten, aber meist noch nicht sehr systematisch miteinander verzahnt. Es hat sich noch kein einheitliches erfolgsversprechendes Vorgehen zur Bewältigung der Problematik herausgebildet, wie wir es aus anderen Bereichen des Personalmanagements kennen. Vielmehr finden sich fast alle Unternehmen noch in einer Phase des Ausprobierens und Experimentierens. Mit unserem Buch zielen wir deshalb auf eine Strukturierung und Systematisierung dieser Entwicklung ab. Neben der Darstellung von weiteren Beispielen guter Praxis, wie sie auch schon in einigen Best Practice Kompendien aufgeführt sind[2], streben wir vor allem eine bessere konzeptionelle Fundierung der Handlungsansätze zur Bewältigung des demographischen Wandels an. Dies werden wir über die Verzahnung von Praxisbeispielen mit wissenschaftlichen Konzepten aus ganz unterschiedlichen Disziplinen, wie Betriebswirtschaft, Psychologie, Soziologie und Altersforschung, versuchen. Konkret streben wir danach, durch das Buch die folgenden zwei zentralen Fragen zu beantworten:

- Was sind die **konkreten Herausforderungen**, die sich aus dem demographischen Wandel für den einzelnen Mitarbeitenden,

---

[2] Vgl. Bertelsmann Stiftung/ Bundesverband der deutschen Arbeitgeberverbände, (2003); Höpflinger et al. (2006).

1 Einleitung

das Zusammenarbeiten in Teams, die Führungskraft und die Unternehmen als Ganze ergeben?

- Wie sehen **innovative Führungs- und HR-Konzepte** aus, durch die es gelingen kann, der demographischen Herausforderung auf der individuellen-, Führungs-, Mitarbeitenden-, Team- und Unternehmensebene erfolgreich zu begegnen?

Die letzte Frage macht deutlich, dass ein Hauptbestandteil unseres Buches die Erörterung der Herausforderungen und Entwicklung von Konzepten auf vier Betrachtungsebenen, der des Individuums, der Vorgesetzten-Mitarbeitenden Beziehung, der Teamebene und der Unternehmensebene ist. Obwohl dieses Buch stark anwendungsorientiert konzipiert ist halten wir es für sinnvoll, uns von der Logik der Ausrichtung nach Handlungsfeldern des Personalmanagements, wie sie in einigen anderen Publikationen zu der Thematik vorherrschen[3], abzugrenzen. Durch die Strukturierung nach Betrachtungsebenen wollen wir zu einer umfassenden Beleuchtung der Herausforderungen des demographischen Wandels aus unterschiedlichen Perspektiven beitragen. Dadurch erhoffen wir uns, ein ganzheitliches Bündel an Maßnahmen definieren zu können, die allen Facetten an Problemen und Herausforderungen, die sich in Betrieben aufgrund der veränderten Altersstruktur ergeben, gerecht zu werden.

Ein übergeordnetes Ziel des Buches soll es sein, das Thema demographischer Wandel als Chance und Möglichkeit für die Wirtschaft und Unternehmen und nicht nur als Bedrohung zu verstehen. Wie es der deutsche Bundespräsident Horst Köhler treffend bemerkte sind wir nämlich „den Ursachen und den Folgen des demographischen Wandels nicht hilflos ausgeliefert. Wir haben durchaus Möglichkeiten zu handeln, die Zukunft zu beeinflussen. Und wir müssen diese Möglichkeiten auch nutzen."[4]

---

[3] Vgl. Voelpel/Leibold/Früchtenicht (2007); Rimser (2006).
[4] Köhler (2005).

1.2 Über die Forschung

Zu der Beantwortung der beiden oben genannten zentralen Fragestellungen haben wir eine Vielzahl von empirischen Untersuchungen vorgenommen. Zum einen haben wir Fallstudien in 15 deutschen und schweizerischen Unternehmen durchgeführt, die sich durch besondere Projekte im Bereich der Bewältigung des demographischen Wandels hervorgetan haben. Durch explorative Experteninterviews mit mehr als 80 Interviewpartnern in diesen Unternehmen konnten wir eine Vielzahl von guten Praxisbeispielen identifizieren. Genauso bekamen wir aber auch einen guten Überblick über die Defizite, die in vielen Bereichen noch vorhanden sind. Durch diese wurden wir zu einer weiteren konzeptionellen Auseinandersetzung mit der Thematik angeregt.

Zusätzlich zu dieser Forschung haben wir auch quantitative Befragungen in 164 klein- und mittelständischen Unternehmen sowie in weiteren 70 großen Unternehmen durchgeführt. In diesen Befragungen wurden sowohl den Personalverantwortlichen als auch den Mitarbeitenden Fragen zu der Ausrichtung von Führungs- und Personalmanagementmaßnahmen auf den demographischen Wandel gestellt. Diese umfangreiche Datengrundlage ermöglicht es uns, vergleichsweise verallgemeinerbare Aussagen zu dem Status quo im Umgang mit dem demographischen Wandel in Unternehmen zu treffen.

Ergänzend zu dieser eigenen Forschung haben wir neben einer umfangreichen Literaturanalyse auch eine Vielzahl von existierenden Datenquellen sekundär ausgewertet.

1.3 Struktur des Buches und Kapitelübersicht

Zu Beginn des Buches (*Kapitel 2*) geht es darum, die *kritischen Herausforderungen*, die sich aus dem *demographischen Wandel* ergeben, zu beschreiben und aus Unternehmensperspektive einzuordnen. Ziel ist es, die Problemlage, die sich aus der Alterung und dem Rückgang der Erwerbsbevölkerung in der Schweiz und

1 Einleitung

Deutschland ergibt, als Basis für die Entwicklung von Lösungsansätzen in den folgenden Kapiteln zu etablieren

Abbildung 1	Struktur des Buches

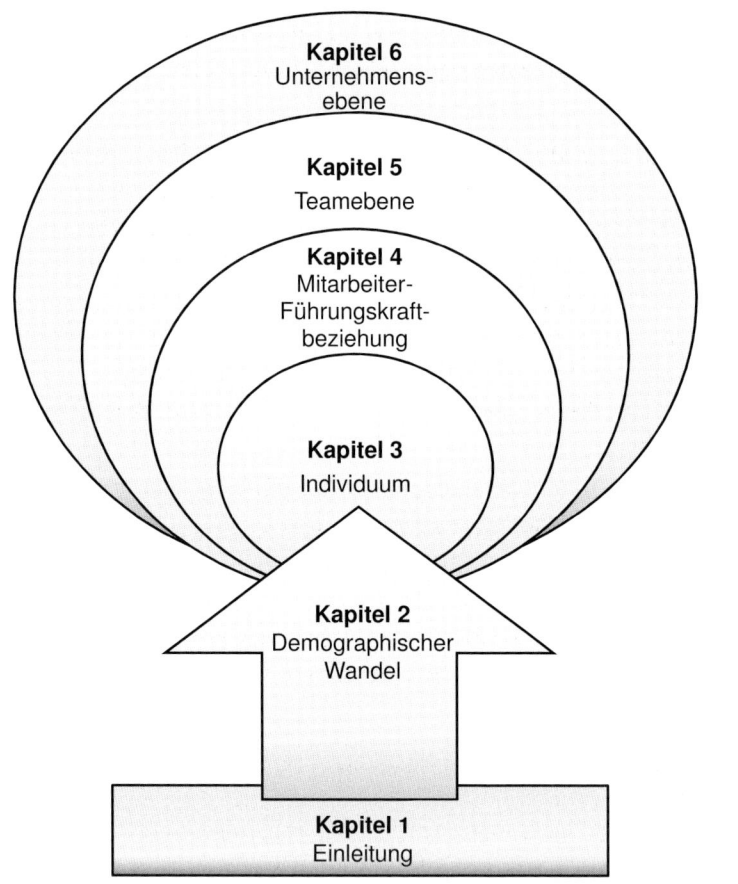

Wie schon zuvor angeklungen, gehen wir davon aus, dass der Herausforderung des demographischen Wandels für Unternehmen am Besten über die Betrachtung auf vier unterschiedlichen Ebenen begegnet werden kann.

Zuerst einmal betrifft der demographische Wandel jeden *einzelnen Berufstätigen* direkt. Er muss sich darum kümmern, seine individuelle physische und psychische Leistungsfähigkeit zu erhalten.

1.3 Struktur des Buches und Kapitelübersicht

Nur so kann er dafür sorgen, dass er weiter attraktiv für den Arbeitsmarkt ist und bis zur gesetzlichen Rentengrenze ein in einen Arbeitsverhältnis stehen kann. Aber auch für Personal- und Führungskräfte in Unternehmen ist es für die Ableitung geeigneter Maßnahmen in Bezug auf den demographischen Wandel zuerst einmal notwendig, über die individuellen Veränderungen der Mitarbeitenden im Alterungsprozess Kenntnis zu erlangen und sich die Unterschiede zwischen den Generationen bewusst zu machen (*Kapitel 3*).

Aufbauend auf den Kenntnissen über die interindividuellen Unterschiede zwischen Mitarbeitenden unterschiedlicher Altersgruppen müssen in der *Führungsbeziehung zwischen Vorgesetzten und Mitarbeitenden* Formen des individuellen alter(n)sgerechten Umgangs entwickelt werden. Bei einer stark altersdiversen Belegschaft kann es nicht mehr den „one best way" der Mitarbeitendenführung geben. Dieser wird den Spezifika der Generationen nicht gerecht und muss durch eine generationale Führung ersetzt werden (*Kapitel 4*).

Auf der dritten Betrachtungsebene wird es ganz entscheidend sein, wie die Unternehmen mit einer zunehmenden Generationenvielfalt in ihren Arbeitsteams umgehen. Hier geht es darum, die *Auswirkungen von Generationendiversität* zu verstehen und Maßnahmen in Personalmanagement und Führung einzuleiten, die ein produktives Miteinander der unterschiedlichen Generationen ermöglichen (*Kapitel 5*).

Auf der vierten Betrachtungsebene geht es schließlich um Auswirkungen, die das *Gesamtunternehmen* betreffen. Es ist klar, dass letztendlich immer auch das Unternehmen als Ganzes durch den demographischen Wandel betroffen sein wird. Genauso gibt es einige Maßnahmen zur Bewältigung der Herausforderung, die nur auf der Ebene des Gesamtunternehmens getroffen werden können. Insbesondere sind hier Ansatzpunkte im Bereich der Unternehmenskultur und der Rekrutierung sowie Altersstrukturanalysen zu nennen, die natürlich für ein Generationen-orientiertes Management angepasst werden müssen. Ebenso ist es notwendig, dass ein schlüssiges Gesamtkonzept zur Bewältigung der demographischen Herausforderung entworfen wird und nach Möglich-

1 Einleitung

keit in die Personal- und Unternehmensstrategie implementiert wird *(Kapitel 6)*.

Abschließend erfolgt eine *Zusammenfassung der zentralen Ergebnisse* des Buches und eine kurze Einordnung in einen gesamtgesellschaftlichen Zusammenhang *(Kapitel 7)*.

Der Demographische Wandel - Ursachen und Folgen

Kapitel 2

2.1 Die demographische Entwicklung

„Wir stehen vor einem beispiellosen demographischen Wandel, der sich massiv auf die gesamte Gesellschaft auswirken wird. ... Die Entwicklung wird fast alle Bereiche unseres Lebens betreffen, beispielsweise die Geschäftsabläufe und die Arbeitsorganisation, die Stadtplanung, das Wahlverhalten und die gesamten sozialen Sicherungssysteme. Alle Altersgruppen werden betroffen sein, denn die Menschen leben länger und erfreuen sich einer besseren Gesundheit, die Geburtenrate sinkt und die Zahl der Erwerbstätigen nimmt ab. Es ist höchste Zeit zu handeln".[5] So dramatisch bewertete der EU-Kommisar Vladimir Spidla, zuständig für Beschäftigung, soziale Angelegenheit und Chancengleichheit die bevorstehende demographische Verschiebung im Jahr 2005. Der demographische Wandel stellt eine der zentralen Herausforderungen für Wirtschaft und Gesellschaft in nahezu allen westlichen Industrieländern dar.

Häufig wird der demographische Wandel in der öffentlichen Diskussion als Bedrohung angesehen und unter anderem als „tickende Zeitbombe"[6], „Demographische Zeitwende"[7] oder „Demographische Krise"[8] bezeichnet. Dabei wird unter anderem auf einen bevorstehenden „Generationenkonflikt"[9] verwiesen.

Um die kommenden Herausforderungen aktiv und chancenorientiert angehen zu können, wollen wir zunächst die Ursachen und die Dynamik des demographischen Wandels analysieren, um im weiteren die möglichen Konsequenzen für Wirtschaft und Unternehmen aufzuzeigen. Im Kern besteht der Prozess dieses Wandels aus zwei unterschiedlichen Dimensionen: einem Rückgang der Bevölkerung bei einem gleichzeitig zunehmenden Alterungsprozess.

In diesem Kapitel werden wir deshalb versuchen, die spezifischen Entwicklungen dieser beiden Dimensionen und deren Auswirkungen in der Schweiz und Deutschland zu beleuchten, um zu einer

---

[5] Spidla (2005).
[6] Frankfurter Allgemeine Zeitung (2003).
[7] Birg (2003).
[8] Sinn (2005): 55.
[9] Börsenzeitung (2006).

soliden Basis für die weitere Argumentation auf Individual-, Team- und Unternehmensebene in den folgenden Abschnitten zu gelangen.

2.2 Ursachen der demographischen Entwicklung

Die demographischen Entwicklung einer Gesellschaft wird im wesentlichen von drei Faktoren beeinflusst:

- Der Fertilität, d.h. der Geburtenrate
- Der Mortalität, bzw. deren Kehrwert, die Veränderung der Lebenserwartung.
- Der Migration, d. h. Nettozuwanderungsrate eines Landes.

Für die langfristige demographische Entwicklung einer Gesellschaft sind die drei Faktoren jedoch von unterschiedlicher Relevanz. Nach der Aussage des Ökonomen und Bevölkerungsforschers Professor Bert Rürup hat die Geburtenquote längerfristig einen genauso hohen Einfluss auf die Entwicklung der Bevölkerung wie die beiden anderen Faktoren zusammen.[10] Damit eine Bevölkerung zumindest Ihren Bestand erhält, ist eine durchschnittliche Kinderzahl von 2,1 pro Frau im gebärfähigen Alter notwendig. Von dieser Bestandserhaltungsquote sind fast alle westeuropäischen Länder, mit Ausnahme Frankreichs, weit entfernt (siehe Abbildung 2). Sowohl in Deutschland als auch in der Schweiz gab es im Jahr 2006 ähnlich niedrige Geburtenquoten mit ca. 1,4 Kindern pro Frau. Anders sieht dagegen die Situation in den USA oder sogar Indien aus, wo auch heute noch Geburtenrate oberhalb der Bestanderhaltungsquote erreicht werden und die Bevölkerung demnach noch am wachsen ist.

---

[10] Rürup (2005).

Fertilitätsrate pro Frau in ausgewählten Ländern 2006. Quelle: Eurostat (2006).

Abbildung 2

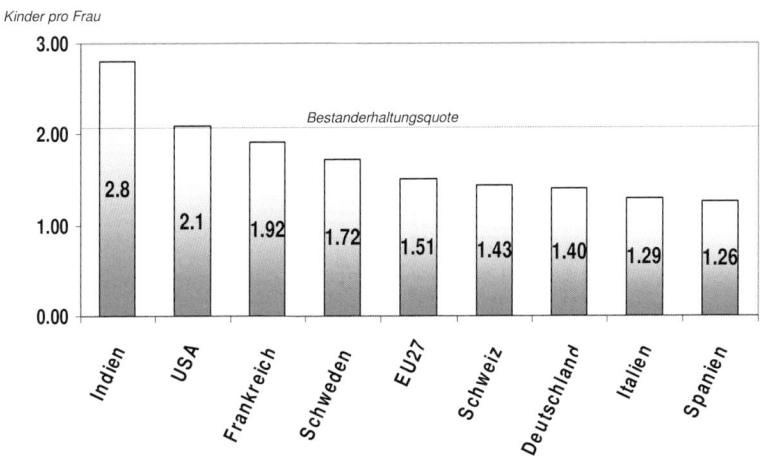

2.3 Zuwanderung als Lösung?

In der öffentlichen Diskussion entsteht häufig der irreführende Eindruck, dass der demographischen Verschiebung am Besten mit einer gezielten Zuwanderungspolitik zu begegnen sei.[11] Dass eine solche Strategie relativ unrealistisch ist, zeigen Prognosen der Vereinten Nationen. Diese haben in der so genannten „Migration Replacement Studie" im Jahr 1998 ausgerechnet, dass für Deutschland in den nächsten 50 Jahren um

- die Wohnbevölkerung aufrecht zu erhalten, 17,2 Millionen Personen;
- die Erwerbsbevölkerung konstant zu halten, 25,2 Millionen Personen;

---

[11] Vgl. z.B. Börsenzeitung (2006a).

- und den Altersquotient, d.h., das Verhältnis der 20-64-jährigen zu den älter als 65-jährigen, konstant zu halten, sogar 188 Millionen Personen

zuwandern müssten.[12]

Eine solch immense Zuwanderung und Integration ist selbst bei einem vollkommenen Wechsel der heutigen vergleichsweise, restriktiven Zuwanderungspolitik kaum vorstellbar.

In der Schweiz und in Deutschland sind derzeit recht unterschiedliche Zuwanderungsszenarien zu beobachten. Wie in Abbildung 3 dargestellt, hat es in der Schweiz in den letzten 10 Jahren eine weitaus höhere Zuwanderungsrate im Vergleich zu der Gesamtbevölkerung als in Deutschland gegeben. Dies ist insbesondere auf die Einführung der Personenfreizügigkeitsregelung mit der Europäischen Union im Jahr 2002 zurück zu führen. Seitdem hat speziell die Zuwanderung für den Bereich akademischer Berufe, bei Technikern und gleichrangigen Berufen sowie bei Führungskräften in allen Branchen stark zugenommen.[13] Demnach erfolgt Zuwanderung in der Schweiz größtenteils von hochqualifizierten Fachkräften, die in der Lage sind, schon heute bestehende Engpässe auf dem Arbeitsmarkt auszugleichen und damit eine Beeinträchtigung des Wirtschaftswachstums verhindern. Für diese Fachkräfte stellt die Schweiz aufgrund des hohen Lohnniveaus bei gleichzeitig niedrigen Steuern und Sozialabgaben ein sehr attraktives Ziel dar. Entgegen der Befürchtung vor der Veränderung der Freizügigkeitsregelung findet nahezu keine Verdrängung von einheimischen Arbeitskräften oder Lohndumping statt.[14] Vielmehr sind in vielen Berufszweigen, in denen nahezu Vollbeschäftigung herrscht, die Unternehmen dringend auf die qualifizierten Zuwanderer angewiesen.

In Deutschland gestaltet sich die Anwerbung von qualifizierten Zuwandern dagegen sehr viel schwieriger als in der Schweiz. Zwar sind seit 1954 31 Millionen Menschen nach Deutschland eingewandert und nur 22 Millionen haben Deutschland den Rücken

---

[12] Vgl. Vereinte Nationen (1998).
[13] Vgl. Weber/Gasser (2007).
[14] Vgl. Ebd.

2.3 Zuwanderung als Lösung?

gekehrt.[15] Damit besteht mehr als ein Drittel der Bevölkerung der alten Bundesrepublik aus Zuwanderern. Trotzdem lag gerade in den letzten 10 Jahren die Nettozuwanderungsrate auf einem sehr niedrigen Niveau, wie auch in Abbildung 3 ersichtlich ist. Das hängt zum einen damit zusammen, dass in Zeiten hoher Arbeitslosigkeit seit Mitte der 90er Jahre eine verstärkte Zuwanderung nicht mehr sehr hoch politisch im Kurs stand. Zum anderen ist aber auch eine zunehmende Abwanderungsbereitschaft von hochqualifizierten Akademikern und Facharbeitern ins Ausland zu beobachten. Nicht zuletzt ist hier die Schweiz, in der die Deutschen inzwischen die größte Gruppe der neuen Einwanderer stellen, ein attraktives Ziel. Seit Beginn des neuen Jahrtausends werden jedoch auch in Deutschland gezielte Anwerbungsversuche von qualifizierten Zuwandern von außerhalb der Europäischen Union, insbesondere im Bereich Informationstechnologie unternommen. Startschuss hierfür war die sogenannte „Green Card Kampagne", die eine Anwerbung von bis zu 20.000 ausländischen Fachkräften im IT- Bereich als Ziel hatte. Nach einer 4-jährigen Laufzeit waren etwas mehr als 17.000 solcher Fachkräfte nach Deutschland gekommen. Nach dem neuen Zuwanderungsgesetz aus dem Jahre 2005 ist weiterhin eine gezielte Zuwanderung von Fach- und Führungskräften möglich, die aber an sehr hohe Hürden, wie z.B. ein Jahresgehalt von 85.000 Euro geknüpft ist. Diese Hürden, aber auch Nachteile durch hohe Steuern und Sozialabgaben im internationalen Wettbewerb um die besten Köpfe, verhindern eine signifikante Zunahme der Zuwanderung von hochqualifizierten Arbeitskräften in der Bundesrepublik Deutschland.

---

[15] Vgl. Destatis (2006).

| Abbildung 3 | Zuwanderungssaldo im Verhältnis zur Gesamtbevölkerung in der Schweiz und Deutschland (1990-2006). Quelle: Bundesamt für Statistik (2006), Destatis, (2006). |

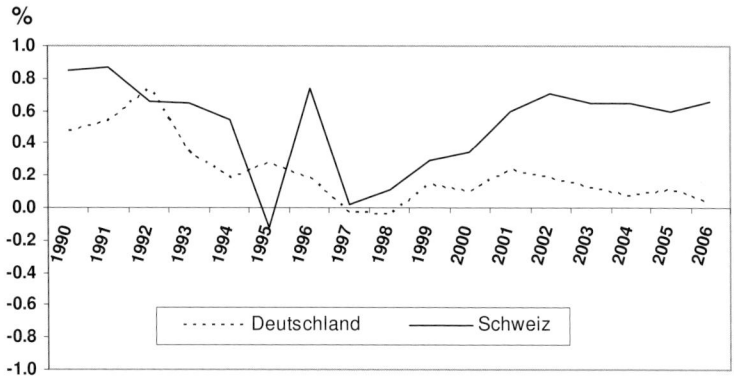

2.4 Auswirkungen der demographischen Entwicklung

Für die nun folgenden Ausführungen zur demographischen Entwicklung in der Schweiz und Deutschland müssen für die drei entscheidenden Einflussfaktoren Annahmen über die zukünftige Entwicklung getroffen werden. Je nach Ausprägung dieser Annahmen fallen die Prognosen unterschiedlich aus. Deshalb sind diese Prognosen, wie jede Aussage über die Zukunft, mit einer gewissen Unsicherheit behaftet.

Andererseits haben sich Bevölkerungsprognosen in den letzten Jahrzehnten als relativ präzise erwiesen. Als Bestätigung hierfür kann eine Bevölkerungsprognose der Vereinten Nationen aus dem Jahre 1950 angeführt werden, die bei einer Prognose für das Jahr 2001 nur eine Fehlerquote von 3,5% aufweist.[16] Außerdem sind auch

---

[16] Vgl. Birg (2001).

Auswirkungen der demographischen Entwicklung **2.4**

alle Personen, die im Jahr 2050 der Gruppe der Älteren angehören werden, heute bereits geboren. Diese Gruppe kann sich deshalb in ihrer Größe und Zusammensetzung nicht mehr verändern.[17]

Es kann daher davon ausgegangen werden, dass die nachfolgenden Prognosen der Bevölkerungsentwicklung eine gewisse Zuverlässigkeit aufweisen.

2.4.1 Rückgang der Bevölkerung

Die erste Entwicklung, die wir durch den demographischen Wandel beobachten können, ist ein massiver prognostizierter Rückgang der Bevölkerung in den kommenden Jahren und Jahrzehnten. Abbildung 4 und 5 zeigen wie die entsprechenden Prognosen durch die statistischen Bundesämter in der Schweiz und in Deutschland aussehen. Beides sind mittlere Prognosen der Bevölkerungsentwicklung, die die drei entscheidenden Parameter - Geburtenrate, Lebenserwartung und Zuwanderung - in einem realistischen Rahmen annehmen. Die Veränderung, die wir hier beobachten können, sind für die beiden Länder unterschiedlich.

---

[17] Vgl. Schimany (2003).

2 Der Demographische Wandel - Ursachen und Folgen

Abbildung 4 *Prognostizierte Bevölkerungsentwicklung in Deutschland; Quelle: Destatis (2006b).*

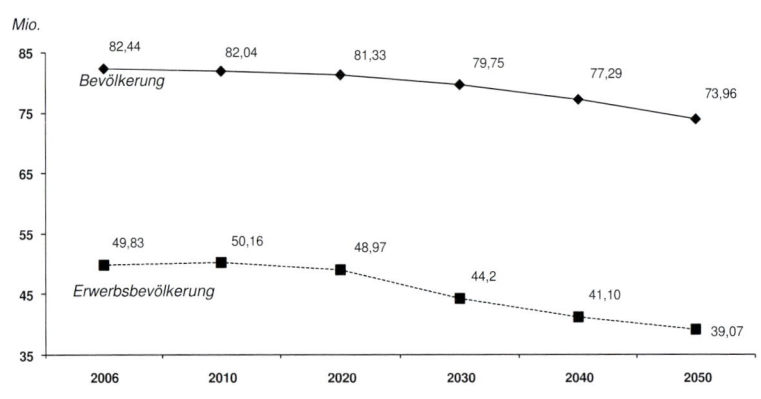

In Deutschland wird es ab dem Jahr 2010 zu einem starken Rückgang der Wohnbevölkerung kommen (vgl. Abbildung 4). Nach der dargestellten Prognose, die noch von einer überaus optimistischen Nettozuwanderung von 200.000 Personen pro Jahr ausgeht[18], ist gegenüber dem Jahr 2006 bis 2050 mit einer Abnahme der Wohnbevölkerung um ca. 8,5 Millionen Personen zu rechnen. Dies entspricht dem Verlust von mehr als der gesamten Bevölkerung Niedersachsens.

Zu beachten ist allerdings, dass die Bevölkerungsentwicklung starken regionalen Schwankungen unterworfen ist. Während es in Boom-Regionen, wie München und Umland oder dem Rhein-Main-Gebiet, durch Zuwanderung von jungen qualifizierten Arbeitskräften zu einer konstanten oder sogar positiven Bevölkerungsentwicklung kommt, werden andere Regionen in Brandenburg oder Mecklenburg-Vorpommern von einem überdurchschnittlichen Bevölkerungsrückgang betroffen sein.[19]

---

[18] Im Jahr 2006 gab es z.B. lediglich eine Nettozuwanderung von 23.000 Personen nach Deutschland (vgl. Destatis 2007).
[19] Vgl. Prognos AG (2007).

Auswirkungen der demographischen Entwicklung 2.4

Von weitaus größerer Bedeutung für Wirtschaft und Unternehmen als die Entwicklung der Gesamtbevölkerung, ist die Entwicklung der potentiellen Erwerbsbevölkerung, d.h. der Personen im Alter zwischen 20 und 65 Jahren. Hier ist in Deutschland gegenüber dem Jahr 2006 mit einem Rückgang von ca. 10 Millionen Personen bis in das Jahr 2050 zu rechnen (vgl. Abbildung 4). Dieser Verlust von rund 20% der arbeitsfähigen Bevölkerung stellt Wirtschaft und Gesellschaft vor immense Herausforderungen.

In der Schweiz zeigt sich bei der Entwicklung der Gesamtbevölkerung ein modifiziertes Bild (Vgl. Abbildung 5). Bedingt durch eine prozentual stärkere Zuwanderung nimmt die Wohnbevölkerung gegenüber dem Jahr 2006 bis in das Jahr 2040 nicht ab, sondern steigt sogar leicht an. Eine ähnliche Prognose existiert auch für die kommende Entwicklung der Erwerbsbevölkerung. Diese wird nach der mittleren Prognose des Statistischen Bundesamts bis in das Jahr 2020 noch leicht wachsen und erst danach zurück gehen. Insgesamt ist festzuhalten, dass die Schweiz wahrscheinlich in geringerem Maße von einer Schrumpfung der Erwerbs- und Wohnbevölkerung betroffen sein wird als die Bundesrepublik Deutschland.

Prognostizierte Bevölkerungsentwicklung in der Schweiz; Quelle: Bundesamt für Statistik (2006).

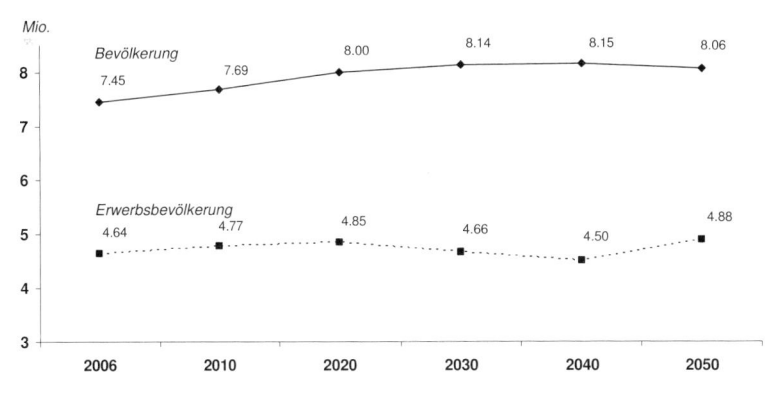

2 Der Demographische Wandel - Ursachen und Folgen

Wenn man bei der Entwicklung der Erwerbsbevölkerung einzig von der natürlichen Bevölkerungsentwicklung ausgehen würde, d.h. nur von der Geburten- und Sterbezahl, würde sich der Rückgang weitaus unmittelbarer bemerkbar machen. Auch sind durchaus pessimistischere Szenarien denkbar, in denen schon ab dem Jahr 2015 mit einem weitaus drastischeren Rückgang der Bevölkerung zu rechnen ist.[20]

2.4.2 Alterung der Gesellschaft

Die Veränderung der Bevölkerungszahl ist nicht die einzige Auswirkung des demographischen Wandels. Vielmehr wird die Alterung der Gesellschaft ebenso stark zunehmen und insbesondere den Rückgang der Erwerbsbevölkerung weiter beschleunigen. Spätestens im Jahre 2018 wird in Europa erstmals die Bevölkerungsgruppe der über 40-jährigen die Mehrheit der Bevölkerung stellen. Die Hauptursache für diese Entwicklung ist die an sich sehr positive Tatsache, dass die durchschnittliche Lebenserwartung bei Geburt in den letzten Jahrzehnten rasant angestiegen ist (siehe Abbildung 6).

So hat sich die durchschnittliche Lebenserwartung eines weiblichen Säuglings in den letzten 130 Jahren von 42 Jahren im Jahre 1871 auf 87 Jahre im Jahre 2004 mehr als verdoppelt.

---

[20] Vgl. Bundesamt für Statistik (2006). Für ein negatives Szenario siehe dort Szenario C-00, das von einer geringeren Geburtenquote und Zuwanderungsquote als die Referenzszenarien ausgeht. Danach kommt es bis zum Jahr 2020 zu einen Verlust von 12% der Wohnbevölkerung und 21% der Erwerbsbevölkerung.

Auswirkungen der demographischen Entwicklung

2.4

| *Entwicklung der Lebenserwartung in Deutschland (1871-2004); Quelle: Destatis (2006).* | **Abbildung 6** |

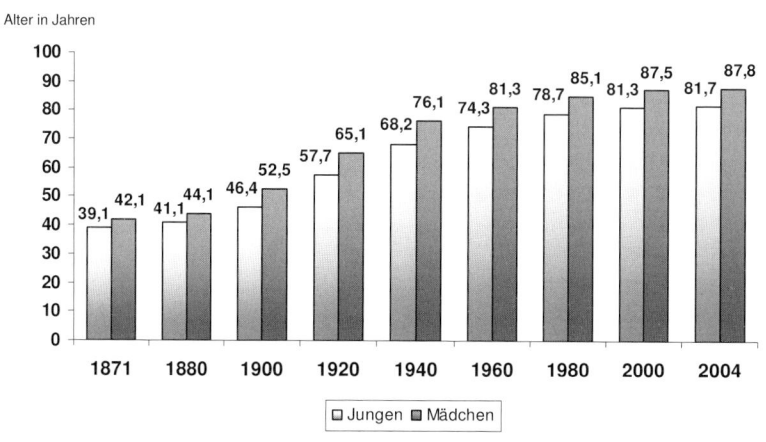

Auch wenn diese Entwicklung von manchen Experten als eine „historische Einmaligkeit"[21] bezeichnet wird, so ist doch davon auszugehen, dass der medizinische Fortschritt als entscheidende Determinante der Lebenserwartung auch in den kommenden Jahrzehnten weiter voranschreiten wird. Die Aussichten für ein zunehmend längeres Leben dürften damit auch in Zukunft in Deutschland und der Schweiz ausgezeichnet sein.[22] Diese Dynamik der Entwicklung der Lebenserwartung wird auch nochmals anhand einiger Kennzahlen, die wir in Abbildung 7 zusammengestellt haben, deutlich.

In Deutschland und der Schweiz sind ähnliche Veränderungen in der Alterszusammensetzung der Bevölkerung zu beobachten.

---

[21] Schröer/Straubhaar (2007): 167.
[22] Vgl. Weiland et al. (2006).

2 Der Demographische Wandel - Ursachen und Folgen

| Abbildung 7 | Zahlen zur Alterung der Gesellschaft; Quelle: Destatis (2005), Rürup (2005). |

- Die weibliche Lebenserwartung hat sich in den letzten **160 Jahren (zwischen 1844 und 2004) um jährlich 3 Monate erhöht.**
- Die durchschnittliche Lebenserwartung der Deutschen **steigt jedes Jahr um 40 Tage.**
- Die Lebenserwartung Neugeborener liegt im Jahre 2004 um **7 Jahre höher als noch 1970**.
- Jedes zweite, im Jahre 2004 geborene Mädchen, hat eine Lebenserwartung von **100 Jahren**, jeder zweite Junge wird **95 Jahre**.

Für die Gesamtbevölkerung ist die entscheidende Kennzahl der demographischen Entwicklung der so genannte Altersquotient, d.h. das Verhältnis der 65-Jährigen und Älteren zu den 20-64-Jährigen. Wenn wir uns dessen Prognose für Deutschland in der Zukunft (vgl. Abbildung 8), so sehen wir einen starken Anstieg ab dem Jahr 2020, der fast zu einer Verdopplung diese Quotienten bis zum Jahre 2050 führen wird. Der Wert von O,6 gibt an, dass dann auf jeden Rentner nur noch 1,5 Personen im erwerbsfähigen Alter kommen werden, während es 2006 noch 3 Personen waren.[23] Diese Entwicklung stellt insbesondere die Sozialversicherungs- und Rentensysteme vor enorme Herausforderungen. Für die Situation in den Unternehmen ist allerdings die Verschiebung in der internen Zusammensetzung der Erwerbsbevölkerung von weitaus größerer Bedeutung. Diese ist in Abbildung 9 dargestellt.

---

[23] Hinzu kommt, dass die Zahl der tatsächlich erwerbstätigen Personen lange nicht der Erwerbspersonenzahl entspricht: 2007 waren von 50 Millionen Personen im arbeitsfähigen Alter lediglich 40,3 Millionen wirklich erwerbstätig.

Auswirkungen der demographischen Entwicklung

2.4

Entwicklung des Altersquotienten in der Schweiz und in Deutschland; Quelle: Bundesamt für Statistik (2006), Destatis (2006b).

Abbildung 8

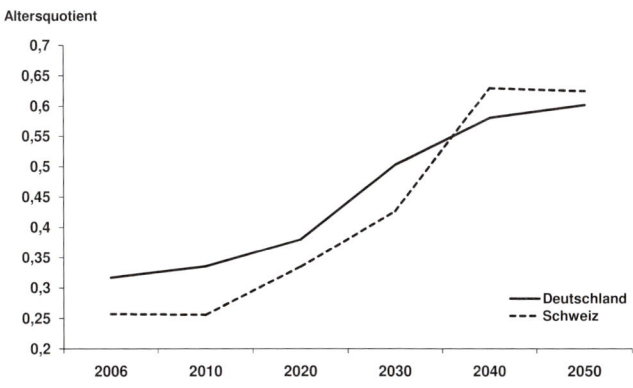

Der Anteil der jüngeren (20-35) und speziell der mittleren Altersgruppe wird kontinuierlich sinken, während die Gruppe der älteren Arbeitnehmer (50-65) zwischen 2006 und 2020 stark zunehmen wird. Bereits ab 2020 dürfte diese Gruppe der älteren Erwerbstätigen die stärkste Subgruppe in der deutschen Erwerbsbevölkerung bilden.

Zusammenfassend lässt sich feststellen, dass in Deutschland der Bevölkerungsrückgang und die Altersverschiebung zusammen kommen und den demographischen Wandel gleichermaßen treiben.

2 Der Demographische Wandel - Ursachen und Folgen

Abbildung 9 *Entwicklung der Bevölkerungszusammensetzung in Deutschland; Quelle: Destatis (2006b).*

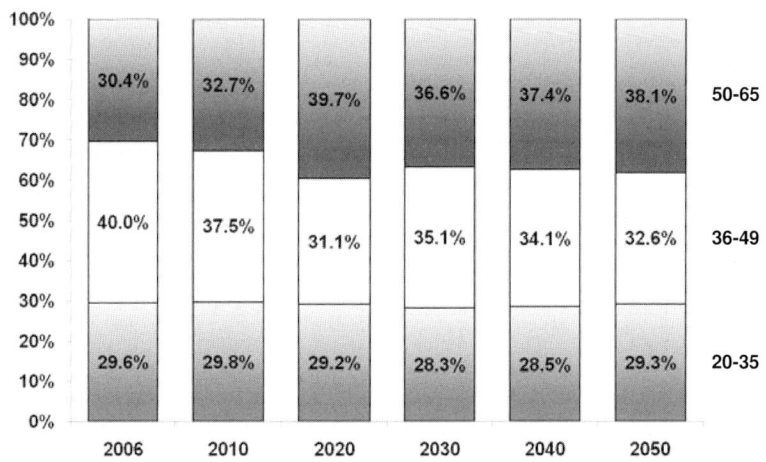

Betrachten wir die Prognose für die Schweiz, so zeigt sich ein vergleichbares Bild. Der Altersquotient wird sich im Vergleich zu Deutschland sogar noch stärker verändern (vgl. Abbildung 8). Bis zum Jahr 2050 ist beinahe mit einer Zunahme um das 2,5-fache zu rechnen. Ab dem Jahr 2030 wird die Schweiz nach der Prognose des Bundesamts für Statistik über den höchsten Rentneranteil aller westlichen Industrieländer verfügen.[24] Auch die Alterszusammensetzung der Schweizerischen Erwerbsbevölkerung dürfte einem zunehmenden Wandel unterworfen sein. Wie in Abbildung 10 aufgeführt, ist die Prognose ebenfalls eindrücklich. Die Gruppe der 50-65-jährigen stellt ab dem Jahr 2020 den stärksten Anteil an der potenziellen Erwerbsbevölkerung. Nach der aktuellen mittleren statistischen Prognose dürfte diese Gruppe im Jahr 2050 die mit Abstand stärkste Bevölkerungsgruppe darstellen und mehr als 41% der gesamten Erwerbsbevölkerung ausmachen.

---

[24] Bundesamt für Statistik (2006).

Herausforderungen für Wirtschaft und Gesellschaft

2.5

| *Entwicklung der Bevölkerungszusammensetzung in der Schweiz, Quelle: Bundesamt für Bevölkerung (2006b).* | *Abbildung 10* |

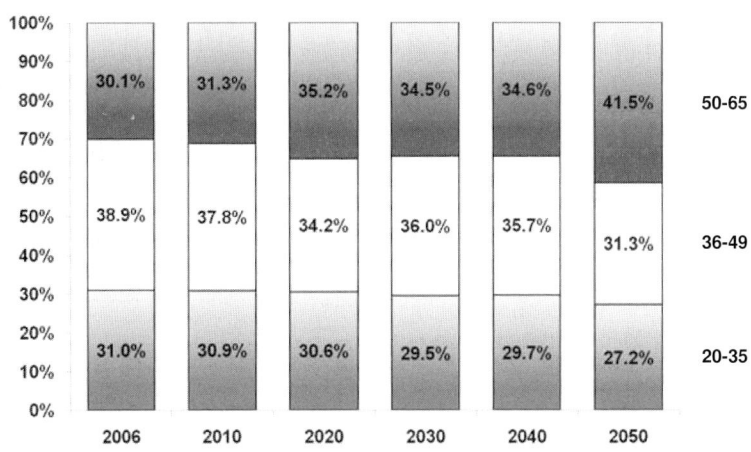

Es bleibt festzuhalten, dass auch die Schweiz, im Gegensatz zu der vergleichsweise positiv prognostizierten Bevölkerungsentwicklung, von dem Alterungsprozessen im Zuge der demographischen Entwicklung massiv betroffen sein wird.

2.5 Herausforderungen für Wirtschaft und Gesellschaft

Die Herausforderungen des demographischen Wandels auf Wirtschaft und Gesellschaft sind so vielfältig, dass für ihre abschließende Beschreibung ein eigenes Buch notwendig wäre.[25] Die gesamtgesellschaftlichen Konsequenzen werden in diesem Buch nur skizzenhaft beschrieben, um ein stärkere Konzentration auf die Implikationen für die Unternehmen zu ermöglichen.

Aus einer volkswirtschaftlichen Perspektive sind zunächst die *Sozialversicherungssysteme*, wie sie in den westlichen Industrienationen in unterschiedlichen Ausprägungen existieren, von der

---

[25] Für eine gute Einführung zu der Thematik vgl. Birg (2003) und Clark et al. (2004).

2 Der Demographische Wandel - Ursachen und Folgen

demographischen Veränderung direkt betroffen. Nach Schröer und Straubhaar (2007) ist die größte Herausforderung des demographischen Wandels eine umfassende Reform der Altersversicherungssysteme. Das Umlageverfahren, nach dem in Deutschland heute die Rentnergeneration durch die derzeit Erwerbstätigen finanziert wird, ist bei einem sich stark verändernden Altersquotienten schon mittelfristig nicht mehr finanzierbar. Die schrumpfende Zahl der Erwerbstätigen wird schlicht nicht in der Lage sein, zukünftig weiter für ihr eigenes Einkommen und gleichzeitig für das einer substantiell wachsenden Rentnergeneration zu sorgen. Eine Erhöhung des effektiven Renteneintrittsalters, das im Jahr 2006 in Deutschland bei 63,1 Jahre lag,[26] erscheint unausweichlich, um die auftretende Finanzierungslücke zumindest teilweise zu schließen.

Für die Finanzierung einer *Kranken- und Pflegeversicherung* ist die voranschreitende Alterung und Schrumpfung der Gesellschaft ebenso problematisch. Mit zunehmendem Alter steigen die Ausgaben für Kranken- und Pflegekosten naturgemäß an.[27] Deshalb dürfte die demographische Alterung zu einer starken Erhöhung der Ausgaben der gesetzlichen Krankenversicherungen führen. Gleichzeitig ist mit einem Rückgang auf der Einnahmenseite zu rechnen, da die Zahl derer, die als junge, tendenziell gesündere Erwerbstätige über ihre Beiträge die Krankenkassen finanzieren, maßgeblich abnimmt. Insofern ist mit steigenden Beitragszahlungen beziehungsweise mit stark eingeschränkten Kostenabdeckungen zu rechnen.

Welche Auswirkungen die demographische Verschiebung auf die *gesamtwirtschaftliche Entwicklung* haben wird, ist unter Ökonomen umstritten. Es gibt Prognosen, die durch den Rückgang und die Alterung der Bevölkerung einen Rückgang des Wirtschaftswachstums um 0,6 - 1,3% pro Jahr prognostizieren.[28] Ein solcher Rückgang ist in Anbetracht der durchschnittlichen Wachstumsraten in den vergangenen Jahren (z.B. durchschnittlich 1,6% von 1990-

---

[26] Vgl. Deutsche Rentenversicherung (2008).
[27] Birg (2003) hat berechnet, dass die Pro-Kopf-Ausgaben im Alter um den Faktor 8 gegenüber einem 20jährigen ansteigen.
[28] Vgl. Institut der deutschen Wirtschaft (2004).

2.5 Herausforderungen für Wirtschaft und Gesellschaft

2000 in Deutschland) äußerst bedenklich für eine Volkswirtschaft, die auf kontinuierliches Wirtschaftswachstum aufgebaut ist. Allerdings sollte eine solche Entwicklung auch nicht als ökonomische Zwangsläufigkeit angesehen werden. Der Zusammenhang zwischen einer zunehmenden Alterung des Erwerbspersonen und einer sinkenden durchschnittlichen Produktivität ist nämlich empirisch noch nicht belegt.[29]

Auch gibt es eine Reihe von Stellschrauben, die von Politik und Wirtschaft angewendet werden können, um den demographischen Wandel positiv zu gestalten. Als wichtigste Faktoren sind hier der technologische Fortschritt und die Erhöhung der Erwerbspersonenquote zu nennen.[30] Bei dem zweiten Punkt dürfte es zum Großteil darum gehen, das durchschnittliche tatsächliche Renteneintrittsalter zu erhöhen und damit in Zukunft für eine höhere Erwerbsquote der Generation 50+ zu sorgen. Allerdings ist es wenig erfolgsversprechend, einfach die Lebensarbeitszeit zu verlängern, wenn in den Unternehmen unzureichende Anstrengungen unternommen werden, die Potenziale der älteren Arbeitnehmer auch produktiv für sich und letztlich auch für die Volkswirtschaft zu nutzen und damit für stabile Sozialversicherungssysteme und ein fortschreitendes Wirtschaftswachstum zu sorgen. Der Ökonom Professor Bert Rürup (2000) sieht in einer besseren Nutzung des gesamtwirtschaftlichen Humankapitals sogar die einzige Möglichkeit, in Zukunft ein nachhaltiges Wirtschaftswachstum zu erzielen.

Insgesamt ist der demographische Wandel deshalb nicht als unabwendbare Bedrohung zu betrachten, sondern als gesamtgesellschaftliche Herausforderung, der durch eine Reihe von Maßnahmen von Akteuren im politischen und wirtschaftlichen Bereich begegnet werden kann. Auf Herausforderungen auf Unternehmensebene und konkrete Handlungsfelder für Unternehmens- und Personalleitungen wird im nächsten Abschnitt eingegangen.

---

[29] Vgl. Wirsching (2005).
[30] Vgl. Ebd.

2.6 Herausforderungen für die Unternehmen

Der bisher skizzierte demographische Wandel hat für die Unternehmen ganz direkt die folgenden Implikationen:

- Da die Bevölkerung zurückgeht, kommt es zu einer Verknappung des Erwerbskräftepotenzials und damit zu einem möglichen Personalengpass.

- Das Durchschnittsalter und auch die Generationenvielfalt der Belegschaften nehmen in den kommenden Jahren zu.

Daraus ergeben sich für Unternehmen eine Vielzahl von internen Herausforderungen, die teilweise direkt die Produktivität und zukünftige Wettbewerbsfähigkeit betreffen.

Zum Ersten ist schon heute im Jahre 2009 spürbar, dass es zu einer Verknappung von gut qualifizierten und motivierten Nachwuchskräften kommen wird. Der *„War for Talents"*[31] dürfte in einer schrumpfenden und alternden Gesellschaft stark zunehmen. Trotz vergleichsweise hoher Arbeitslosigkeit kommt es schon aktuell zu einem verstärkten Wettbewerb um junge, gut ausgebildete Fach- und Führungskräfte. Die seit Ende 2008 andauernde Wirtschaftskrise dürfte diese Entwicklung nur kurzfristig verlangsamen. In der nächsten Aufschwungsphase dürfte die Problematik noch stärker zu Tage treten, insbesondere für jene Unternehmen, die sich von einer Großzahl ihrer jungen und gut ausgebildeten Mitarbeitenden trennen mussten.

So blieben in Deutschland im Jahr 2006 schon 73.000 Ingenieursstellen unbesetzt (vgl. Abbildung 11). Interessanterweise beschränkt sich der Wettbewerb nicht nur auf gut ausgebildete HochschulabsolventInnen, sondern betrifft auch den Bereich der FacharbeiterInnen, was sich durch das Fehlen von 63.300 Technikern ausdrückt. Dieser Personalengpass hat direkte wirtschaftliche Konsequenzen. Laut einer Studie des Deutschen Instituts für Wirtschaftsforschung kam es im Jahr 2006 durch den Mangel an gut qualifizierten Arbeitskräften zu einem Wertschöpfungsverlust von

---

[31] Micheals/Handfield-Jones/Axelrod (2001).

Herausforderungen für die Unternehmen 2.6

18,5 Milliarden Euro für die gesamte Deutsche Volkswirtschaft, was immerhin 0,8% des Bruttoinlandsprodukts entspricht.[32] Eine Studie der Unternehmensberatung McKinsey, in der im Jahre 1998 Manager befragt wurden, zeigt dass nach Einschätzung der Befragten 40% aller guten Geschäftsideen nicht umgesetzt werden können, weil geeignetes Personal fehlt.[33]

Ein Lösungsansatz um den Fachkräftemangel zu begegnen, besteht darin, bessere Strategien zu entwickeln, um die Potenziale der häufig vernachlässigten Gruppe der älteren Beschäftigten besser zu nutzen. Dies dürfte ein entscheidender Stellhebel sein, um dem Rückgang an qualifiziertem Nachwuchs begegnet werden.

Fachkräftemangel in der deutschen Wirtschaft 2006; Quelle: Institut der deutschen Wirtschaft (2008a). *Abbildung 11*

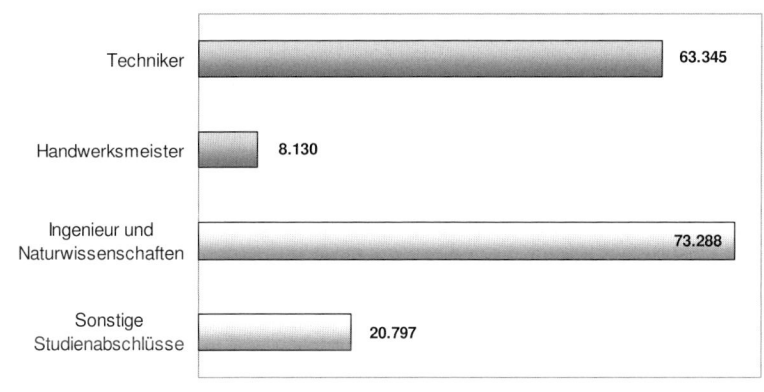

Die zweite Herausforderung ergibt sich aus dem zwangsläufig steigenden Durchschnittsalter der Belegschaften. Es stellt sich die Frage, ob die Unternehmen in der Schweiz und Deutschland auch mit alternden Belegschaften in der Lage sein werden, in dem zunehmenden globalen Innovationsdruck zu bestehen. Seit den letzten 20 Jahren findet ein Wandel von einer industriellen hin zu einer

---

[32] Vgl. Institut der deutschen Wirtschaft (2007).
[33] Vgl. Micheals/Handfield-Jones/Axelrod (2001).

wissensorientierten Informationsgesellschaft statt.[34] Produktlebenszyklen werden immer kürzer und dadurch auch die Notwendigkeit zu ständigen Innovations- und Veränderungsprozessen. Viele Unternehmen stehen in einem zunehmenden Wettbewerb mit Konkurrenten aus aufstrebenden Volkswirtschaften, wie Indien oder China, die über ein weitaus größeres Reservoir an jungen, motivierten Nachwuchskräften verfügen. Deshalb sind innovative, alter(n)sgerechte Personalmanagement- und Führungsmaßnahmen gefragt, um die alternden Belegschaften leistungsfähig, produktiv und innovationsfähig zu halten.

Drittens muss es Unternehmen gelingen, die Potenziale von zunehmender Altersdiversität in ihren Belegschaften besser zu kennen und zu nutzen. Es wird bald der Normalfall in Unternehmen im deutschsprachigen Raum sein, dass drei, wenn nicht sogar vier unterschiedliche Generationen zusammen arbeiten. Es ist nicht mehr üblich, dass die jüngere Generation die ältere automatisch ablöst, sondern unterschiedliche Generationen leben und arbeiten oft Jahrzehnte lang nebeneinander. Dieser „Prinz-Charles-Effekt" wird durch eine immer stärker werdende Überlappung der Lebensphasen ausgelöst.[35] Nach einer repräsentativen Befragung des Instituts für Arbeitsmarkt- und Berufsforschung beschäftigten 40% der deutschen Unternehmen im Jahre 2001 keine über 50-jährigen Mitarbeitenden; solche Personalmanagementpraktiken dürften zukünftig eher die Ausnahme sein.[36]

Generationenvielfalt bedeutet zum einen eine gute Möglichkeit, von den unterschiedlichen Fähigkeiten, Stärken und Erfahrungshintergründen der einzelnen Generationen zu profitieren. Anderseits hat die Diversitäts-Forschung über lange Jahre gezeigt, dass Heterogenität auf Team- und Unternehmensebene nicht zwangsläufig positive Effekte hat. Vielmehr ist häufig aufgrund der unterschiedlichen sozialen Identitäten verschiedener Altersgruppen eine gegenseitige Abgrenzung voneinander zu erwarten. Diese Abgrenzungstendenzen können zu Vorurteilen, erschwerter Kommunikation und Konflikten führen, die letztendlich die Produktivität von Teams und

---

[34] Vgl. Davenpor/Leibold/Voelpel (2006).
[35] Vgl. Oertel (2007).
[36] Vgl. Bellmann/Kistler (2003).

Herausforderungen für die Unternehmen 2.6

ganzen Unternehmen gefährden.[37] Es ist daher eine zentrale Führungs- und Managementaufgabe in Unternehmen, die negativen Effekte der Altersvielfalt zu vermeiden und gleichzeitig positive Potenziale zur Entfaltung zu bringen. Ebenso ist es zwingend notwendig, dass sich Unternehmen nicht nur mit Alterungsprozessen in ihren Belegschaften beschäftigen, sondern auch ein Bewusstsein dafür entwickeln, welche unterschiedlichen Einstellungen, Bedürfnisse und Präferenzen bei den verschiedenen Alterskohorten aufgrund ihrer spezifischen Generationenzugehörigkeit bestehen. Nur so kann es gelingen, die Motivation und Produktivität aller Mitarbeitenden bis zum Erreichen des gesetzlichen Rentenalters aufrecht zu erhalten. Mit dieser Thematik werden wir uns ausführlich in den Kapiteln 4 und 5 auseinandersetzen.

Viertens besteht auch die Gefahr eines immensen Wissensverlusts, wenn eine zunehmend größere Generationskohorte vor dem Übergang in den Ruhestand steht. In der Schweiz und Deutschland werden in der kommenden Dekade die ersten Teilnehmer der geburtenstarken Jahrgänge in den 50er und 60er Jahren - die so genannten „Baby Boomer" - das Rentenalter erreichen. In Deutschland werden die Jahrgänge von 1955 bis zum einsetzenden Pillenknick im Jahre 1965 zur Baby-Boom-Generation gerechnet.[38] Heute stellt diese Generation noch das Rückgrat der erwerbstätigen Bevölkerung und ist gerade dabei, in ihr fünftes Lebensjahrzehnt einzutreten.[39] Zunehmend befinden sich viele Vertreter dieser Kohorte auch in wichtigen Fach- und Führungspositionen in Unternehmen. Viele der enormen Produktivitätsfortschritte und Innovationen in den letzten Jahrzehnten gehen hauptsächlich auf die Leistungen dieser Generation zurück.[40] Durch das nahezu gleichzeitige Ausscheiden dieser Kohorte aus Altersgründen droht den Unternehmen ein großer Verlust an Wissen, Erfahrung und Kundenbeziehungen.[41] Zukünftig erfolgreiche Unternehmen werden darum gezwungen

---

[37] Vgl. Jackson/Joshi/Erhardt (2003); Williams/O'Reilly (1998).
[38] In den USA aus denen der Begriff der Baby-Boom-Generation ursprünglich stammt, wird häufig auch schon vom Geburtsjahrgang 1945 an von Baby-Boomern gesprochen (vgl. Light 1988), eine Zeit in der Deutschland aufgrund der Nachkriegssituation noch keine hohen Geburtenquoten aufwies.
[39] Vgl. Sinn (2005).
[40] Vgl. Voelpel/Leibold/Früchtenicht (2007).
[41] Vgl. Dychtwald/Erickson/Morison (2004).

2 Der Demographische Wandel - Ursachen und Folgen

sein, das implizite Wissen dieser Generation und auch anderer erfahrener Mitarbeitenden, besser als bisher zu binden und an nachfolgende Generationen zu übertragen. Nur so kann die Wettbewerbs- und Innovationsfähigkeit langfristig stabilisiert werden.

Abbildung 12 liefert einen zusammenfassenden Überblick zu den zentralen Herausforderungen für die Unternehmen im demographischen Wandel.

Abbildung 12 *Zentrale Herausforderungen für die Unternehmen aus dem demographischen Wandel.*

- „War for Talents": Der Wettbewerb um eine geringe Zahl von qualifizierten Nachwuchskräften intensiviert sich.
- Die Alterung der Belegschaft gefährdet Innovationsfähigkeit und Produktivität der Unternehmen im globalen Wettbewerb.
- Es gilt, die steigende Alters- und Generationenvielfalt im Gesamtunternehmen und Arbeitsteams produktiv nutzbar zu machen.
- Es besteht die Gefahr eines substantiellen Wissens- und Erfahrungsverlustes durch Übergang von wesentlichen Altersgruppen in den Ruhestand.

2.7 Vorhandenes Problembewusstsein in Unternehmen

Wurde dem Thema „demographischer Wandel" in den 90er Jahren von Unternehmensseite noch kaum Aufmerksamkeit geschenkt, so ist in den letzten Jahren ein Umdenken zu beobachten. Dies hängt nicht zuletzt damit zusammen, dass sich in der öffentlichen Diskussion der Fokus von einer Betrachtung des demographischen Wandels als reines Problem der sozialen Sicherungssysteme hin zu einer, schon mittelfristig akuten Problematik für Wirtschaft und Unternehmen verschoben hat.

So kommt das Adecco Institut im Jahr 2005 bei einer Umfrage unter 2500 Unternehmen in den fünf größten europäischen Volkswirt-

Vorhandenes Problembewusstsein in Unternehmen

schaften zu dem Ergebnis, dass der demographische Wandel als die dritt-wichtigste Herausforderung nach der Globalisierung und der technologischen Veränderung angesehen wird. Fast 50% der Befragten sehen demnach den demographischen Wandel als eine der wesentlichen kommenden Herausforderungen für das eigene Unternehmen an.[42]

Wenn es allerdings zur konkreten Umsetzung von Maßnahmen kommt, zeigt sich ein stark verändertes Bild. So haben im Jahr 2005 lediglich ein Drittel der Unternehmen die Altersstruktur ihrer Belegschaft ausreichend analysiert, was als Grundvoraussetzung für die Gestaltung eines Maßnahmenpackets für den demographischen Wandel auf Unternehmensebene angesehen werden kann.[43]

Zu ähnlichen Ergebnissen kommt eine Umfrage unseres Instituts im Jahr 2007 unter 173 klein- und mittelständischen Unternehmen. Immerhin 50,4 % der Personalverantwortlichen in diesen Firmen gaben an, dass das Thema einer alternden Belegschaft relevant oder sehr relevant für ihr Unternehmen ist. Wenn es hingegen um die konkrete Umsetzung von Maßnahmen, wie z.B. eine Sensibilisierung von Führungskräften zum Umgang mit unterschiedlichen Altersgruppen im Unternehmen oder Anpassung von Trainingsmaßnahmen an unterschiedliche Altersgruppen kommt, sind es weniger als 20% der Unternehmen, die solche Schulungen schon anbieten.[44] Die höchste Bereitschaft zu Veränderungen der Personalpolitik scheint in Unternehmen vorzuherrschen, die schon unter konkretem Leidensdruck stehen. So kommt eine Umfrage des Instituts der deutschen Wirtschaft aus dem Jahre 2007 zu dem Ergebnis, dass fast die Hälfte der Unternehmen die Ingenieure beschäftigen und damit massiv unter Fachkräftemangel leiden, gezielt ältere Arbeitnehmer einstellen, um ihren Personalengpass zu beheben.[45]

Auch unsere Untersuchung der „Best Practices" im Umgang mit dem demographischen Wandel zeigt, dass zwar schon einige Firmen Anstrengungen unternehmen, diese sich jedoch noch klar in der

---

[42] Vgl. Adecco Institute (2006).
[43] Vgl. Ebd.
[44] Vgl. Bruch/Böhm/Kunze (2009).
[45] Vgl. Institut der deutschen Wirtschaft (2008).

Der Demographische Wandel - Ursachen und Folgen

Minderheit befinden. Aber selbst die „Pioniere" im Bereich Demographiemanagement, die im Laufe dieses Buches noch detailliert vorgestellt werden, befinden sich häufig noch in einer Phase des Experimentierens. Es hat sich noch kein einheitliches erfolgversprechendes Vorgehen herauskristallisiert.

In der Schweiz besteht eine ähnliche Diskrepanz zwischen vorhandenem Problembewusstsein und Handeln in den Unternehmen. Nach einer Umfrage der Avenir Suisse unter 804 Schweizerischen Personalverantwortlichen halten 96% der Befragten eine rückläufige Erwerbsbevölkerung und eine alternde Belegschaft für ein Feld mit zentralem Handlungsbedarf. Unternehmen, die konkrete Schritte zur Bewältigung der demographischen Herausforderung eingeleitet haben, sind allerdings auch in der Schweiz noch stark in der Minderheit.[46]

Festzuhalten bleibt, dass inzwischen das Bewusstsein für die Problematik des demographischen Wandels in den Unternehmen gestiegen ist. Entsprechende Aussagen erhalten in den Führungs- und Personalabteilungen große Zustimmung. Andererseits wird das Problembewusstsein bisher in nur wenigen Unternehmen in konkrete Handlungen im Personalmanagement und der Personalführung überführt.

2.8 Handlungsfelder - Generationale Führung als Wettbewerbsvorteil

Insgesamt kann man aufgrund der bisher gewonnen Erkenntnisse festhalten, dass der demographische Wandel ein Prozess ist, der schon heute Auswirkungen für viele Unternehmen hat und dessen Bedeutung in den kommenden Jahren noch stark zunehmen dürfte. Es sollte auch deutlich geworden sein, dass die Bewältigung der demographischen Herausforderungen nicht allein eine Frage der Integration verschiedener Altersgruppen aus gesellschaftlich und sozialpolitischen Gesichtspunkten, sondern ein brandaktuelles

---

[46] Vgl. Höpflinger et al. (2006).

Thema aus betriebswirtschaftlicher Sicht für Unternehmen ist. Wird nicht ausreichend auf die zu erwartende Alterung und Schrumpfung der Erwerbsbevölkerung reagiert, sind Produktivität und Wettbewerbsfähigkeit vieler Unternehmen unmittelbar gefährdet.

Der demographische Wandel ist jedoch keine unbeeinflussbare Bedrohung, sondern eine Herausforderung, die es für die Unternehmen in den kommenden Jahren zu bewältigen gilt. Es sind kreative und innovative Ansätze im Personalmanagement und der Führung unterschiedlicher Generationen gefragt, um die Stärken und Potenziale aller Altersgruppen nutzbar zu machen. Die ausschließliche Ausrichtung der Personalpolitik an der jüngeren und mittleren Generation und der noch in den 90er Jahren grassierende Jugendwahn in den Unternehmen greifen zu kurz. Vielmehr muss es nachhaltig erfolgreichen Unternehmen gelingen, eine *Generationale Führung*, dass heißt eine Kultur und einen individuell angepassten Umgang mit Mitarbeitenden aller Generationen zu entwickeln.

Für die Verantwortlichen in den Unternehmen geht es jetzt darum, einen Wettbewerbsvorteil in Bezug auf den demographischen Wandel zu erreichen. Über kurz oder lang werden alle Unternehmen betroffen sein und wer jetzt schon systematisch zu handeln beginnt, kann sich einen „Pionier Vorteil" erarbeiten. So kann zum Beispiel ein Unternehmen, wenn es derzeit seine Rekrutierungsbemühungen auch auf ältere Mitarbeitende ausdehnt - wie wir es bei Katjes im einleitenden Beispiel gesehen haben - aus einer Vielzahl von motivierten und qualifizierten Kandidaten auswählen, da diese Personengruppe auf dem Arbeitsmarkt noch wenig nachgefragt ist.

2.9 Kernaussagen des Kapitels

Zusammenfassend lassen sich folgende Kernaussagen aus diesem Kapitel festhalten:

- Der demographische Wandel führt zu einem Rückgang und zur Alterung der Wohn- und Erwerbsbevölkerung.

Der Demographische Wandel - Ursachen und Folgen

- In Deutschland sind sowohl ein Rückgang als auch eine Alterung der Wohn- und Erwerbsbevölkerung feststellbar, in der Schweiz überwiegt das Problem der Überalterung.

- Die demographische Verschiebung betrifft vielfältige Bereiche in Gesellschaft und Wirtschaft, wie die Sozialversicherungssysteme und die gesamtwirtschaftliche Entwicklung, sollte aber als Herausforderung und nicht als Bedrohung begriffen werden.

- Für Unternehmen ergeben sich vielfältige Herausforderungen, unter anderem im Bereich Nachwuchsrekrutierung, Innovationsfähigkeit, veränderter Generationenmix und Verlust von wichtigem Wissen und Erfahrung.

- Viele Unternehmen haben die Herausforderung erkannt, aber nur wenige handeln schon zielgerichtet.

- Erfolgreiches Demographiemanagement in Form einer Generationalen Führung kann zum zukünftigen Wettbewerbsvorteil werden.

Erfolgreiches Altern im Erwerbsleben – Personenbezogene Aspekte

Kapitel 3

3.1 Leistungsfähigkeit, Produktivität und Altern

Was bedeutet eigentlich der individuelle Alterungsprozess für die Leistungsfähigkeit und Produktivität der einzelnen Mitarbeitenden eines Unternehmens und was können die einzelnen Mitarbeitenden tun, um seine Leistungsfähigkeit möglichst lange aufrecht zu erhalten? Das sind die Hauptfragen mit der sich dieses Kapitel beschäftigen wird.

Wir gehen davon aus, dass sich die individuelle Produktivität und Leistungsfähigkeit eines Mitarbeitenden aus dessen Qualifikation, Motivation und körperlichen Fähigkeiten ergibt (vgl. Abbildung. 13). Deshalb ist es entscheidend, Erkenntnisse darüber zu gewinnen, wie sich diese drei Faktoren im Laufe des Alterungsprozesses entwickeln.

Nach einem kurzen Exkurs zum Altersbegriff geben wir daher einen Überblick zum Stand der wissenschaftlichen Forschung zur Entwicklung von Qualifikation, Motivation und körperlicher Leistungsfähigkeit im Alter. Aus diesen Ergebnissen und einigen Best Practice-Beispielen werden wir dann versuchen, Handlungsempfehlungen für ein erfolgreiches Altern am Arbeitsplatz abzuleiten, die sich insbesondere auf die Bereiche individuelles Gesundheitsmanagement, Karriereplanung und lebenslanges Lernen am Arbeitsplatz beziehen.

| Abbildung 13 | Haupteinflussfaktoren für Leistungsfähigkeit und Produktivität |

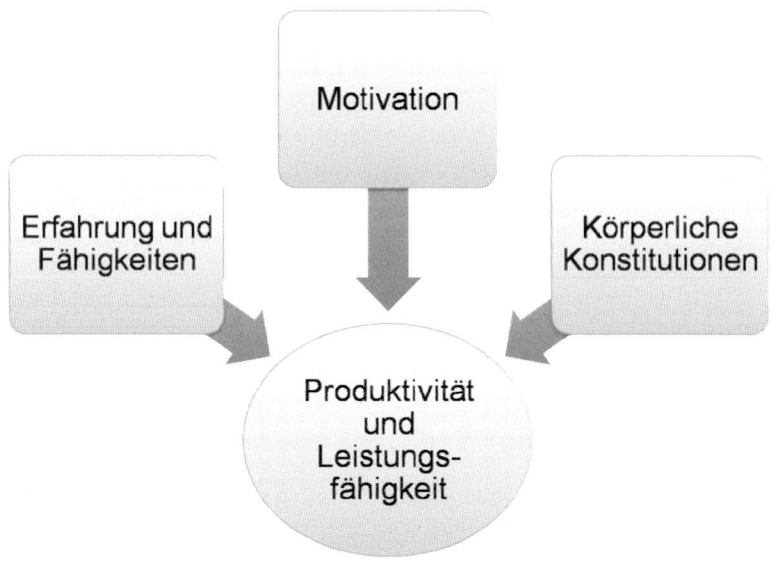

3.2 Zum Begriff des Alters

Wenn es darum geht, den Begriff des Alters zu definieren, sind wir vielen subjektiven Einflüssen unterworfen. Alter ist generell Ansichtssache: Ein 30-jähriger Fußballer ist alt, wohingegen ein 30-jähriger Manager jung ist. Ein 50-jähriger Lehrer ist alt, ein 50-jähriger Ruheständler dagegen jung. Wer einmal mit 35 den Herd nicht ausschaltet, hat dies nach wenigen Tagen wieder vergessen. Wem die gleiche Unachtsamkeit mit 75 passiert, der wird womöglich als dement eingestuft.[47]

Prinzipiell gilt es zwischen vier unterschiedlichen Altersbegriffen zu unterscheiden.[48]

---

[47] Vgl. Etzold (2002).
[48] Vgl. Schulze (1998).

Zum Begriff des Alters

3.2

- Als erstes ist das *chronologische Alter* zu nennen, das aus der seit der Geburt eines jeden Menschen vergangenen Zeit berechnet wird.

- Ebenso gibt es aber auch als zweites einen *biologischen Altersbegriff*, der die körperliche und psychische Leistungsfähigkeit beschreibt, die sich aus den biologischen Veränderungen des Organismus im Laufe der Zeit ergibt. Da diese Veränderungen individuell sehr unterschiedlich ablaufen können, ist das biologische Alter oft nicht identisch mit dem chronologischen Alter.

- Als drittes gibt es auch einen *individuellen, psychologischen Altersbegriff*, der von der individuellen und sozialen Wahrnehmung des Alters ausgeht. Jeder Mensch ist immer nur so alt, wie er sich fühlt, beziehungsweise auch so alt, wie er im sozialen Kontext in Hinblick auf sein Alter hin behandelt wird.

- Als viertes kann Alter auch über *unterschiedliche Lebensphasen definiert* werden, z.B. über die der Jugend, Eltern oder Großelternzeit.

Diese Auflistung macht deutlich, dass die Bestimmung des individuellen Alters keinesfalls eine einfache Aufgabe ist, und dass die Beschränkung auf einen rein chronologisch, kalendarischen Altersbegriff zu kurz greift. Alter ist vielmehr ein sehr vielschichtiger Begriff, und die unterschiedlichen Dimensionen sollten nach Möglichkeit berücksichtigt werden, wenn Einschätzungen und Urteile über das Alter einer Person und dessen Auswirkungen getroffen werden sollen. So ist der 73-jährige Modeschöpfer Giorgio Armani nach Aussage seiner Nichte „ein 73-Jähriger im Körper eines 40-jährigen, der stets 20 Jahre vorausdenkt".[49]

---

[49] Süddeutsche Zeitung (2008).

3.3 Das Vorurteil des Altersdefizits – Mythen und Realitäten

Häufig ist der Begriff des Alterns in unserer Gesellschaft vorwiegend negativ besetzt. Im Vordergrund dieser Sichtweise von Alter stehen Defizitannahmen, die davon ausgehen, dass mit zunehmendem Alter ein genereller Rückgang sowohl an physischen als auch an geistigen Fähigkeiten einhergeht.[50] Basierend auf diesen Annahmen werden auch ältere Mitarbeitenden in den Unternehmen oft mit den typischen Altersvorurteilen konfrontiert. Sie werden generell als unflexibel, wenig lernbereit, geringer belastbar, gesundheitlich anfällig und prinzipiell weniger leistungsbereit und produktiv eingeschätzt.[51] Dass solche Vorurteile jedoch häufig wenig mit der Realität zu tun haben, lässt sich schon an den beiden folgenden Beispielen erkennen.

Als ein erstes gutes Beispiel hoher Leistungsfähigkeit trotz fortgeschrittenen Alters kann der vielleicht berühmteste Feuerwehrmann der Welt, Paul Neal „Red" Adair (1915-2004) angeführt werden.[52] Der Texaner Adair gründete in den 50er Jahren eine Firma, die sich auf das Löschen von brennenden Gas- und Ölquellen spezialisiert hat. Durch spektakuläres Eindämmen von Großbränden, die er mit Dynamitsprengungen und schwerem Gerät vornahm, machte er sich schnell über die Grenzen der USA hinaus einen Namen. Bei einem Einsatz in der algerischen Sahara 1962 machte Red Adair zum ersten Mal weltweit Schlagzeilen. Dort löschte er eine seit sechs Monaten brennende Gasquelle, die als „Teufels Zigarettenanzünder" unbezähmbar schien. Adair bekämpfte 1988 auch das verheerende Großfeuer nach einer Explosion auf der Ölplattform Piper Alpha in der Nordsee, bei der 167 Arbeiter ums Leben kamen.

Seine größte Herausforderung hatte Adair jedoch in der Folge des 1. Golfkrieges in Kuwait 1991 zu bewältigen. Die irakischen Truppen

---

[50] Vgl. Clemens (2001).
[51] Vgl. z.B. Hassel/Perrew (1995); Loretto/White (2006).
[52] Die folgenden Ausführungen basieren auf einen Artikel aus der New York Times (2004) und dem Daily Telegraph (2004) sowie Angaben auf der Homepage der Adair Enterprise (Adair.com).

Das Vorurteil des Altersdefizits – Mythen und Realitäten   **3.3**

hatten dort vor ihrem Abzug nahezu alle Ölquellen in Brand gesetzt. Der damals 75-jährige Adair war zunächst nur als externer Berater der US-Regierung zur Bekämpfung dieser weltweit größten Brände aller Zeiten vorgesehen. Als die Kampfhandlungen sich dem Ende zuneigten erklärte er sich jedoch sofort bereit, nach Kuwait zu fliegen und die dortigen Löscharbeiten zu koordinieren. Wie der damalige Vize Direktor seiner Firma Adair Enterprise erklärte, war eine externe Beraterfunktion aus dem fernen und sicheren USA nichts für ihn, sondern er zog es vor auch mit 75 „dort zu sein wo die Action ist". Im Juni 1991 kam Adair in Kuwait an, um seine sechs verschieden Einsatzteams zu koordinieren. Zeitweise bekämpften sie mehr als 10 Feuer am Tag gleichzeitig mit schweren Bulldozern und riesigen Kränen. Letztendlich war sein Team in der Lage 117 brennende Quellen innerhalb von nur 8 Monaten zu löschen, eine Aufgabe für die Experten mehrere Jahre veranschlagt hatten.

Diese grandiose Leistung gelang nicht zuletzt wegen der immensen, mehr als 50-jährigen Erfahrung in der extremen Brandbekämpfung die „Red" Adair einbrachte. Er beschränkte sich nicht nur auf überwachende Tätigkeiten, sondern war auch selbst noch operativ tätig. Seinen 76. Geburtstag am 18. Juni 1991 beging er in dem markanten roten Overall seiner Firma im Steuerhaus eines überdimensionalen Krans sitzend, um Ventile zur Brandbekämpfung in Position zu heben.

Ein weiteres Beispiel bei dem die gängigen Vorurteilen von Leistungsfähigkeit und Alter entkräftet werden, ist die genaue Betrachtung des täglichen Arbeitspensums des 81-jährigen Papstes Benedikt des XVI.[53]

Der deutsche Kardinal Joseph Ratzinger wurde im April 2005 im Alter von 78 Jahren zum Oberhaupt von 1,1 Milliarde katholischen Christen weltweit gewählt. Er ist außerdem auch gleichzeitig noch als Staatsoberhaupt des Vatikanstaates tätig und damit für mehr als 3000 Mitarbeitende verantwortlich. Sein Tag beginnt regelmäßig mit

---

[53] Die folgenden Beschreibungen beruhen auf einen Artikel aus dem Handelsblatt (2006) sowie auf einer Online Dokumentation (vgl. Erbacher 2007)

3 Erfolgreiches Altern im Erwerbsleben - Personenbezogene Aspekte

> dem Aufstehen um 5:30h. Schon beim Frühstück finden häufig erste gemeinsame Besprechungen mit Gästen und wichtigen Mitarbeitenden statt. Um 7:30h hält Benedikt dann die Frühmesse in der päpstlichen Privatkapelle. Danach folgen einige Stunden Arbeit am Schreibtisch. Hier führt er Korrespondenzen und trifft Personal- und Sachentscheidungen, die wegweisend für die Zukunft der Kirche sind. Von 11:00h bis 13:30h wird die tägliche Audienz abgehalten. Empfangen werden einfache Kirchenmitglieder, aber auch Staatsoberhäupter, Regierungschefs und Leiter wichtiger internationaler Organisationen. Auch alle Kardinäle und Bischöfe müssen zumindest alle 5 Jahre zur Berichterstattung in den Vatikan kommen. Nach der Mittagspause und einem Spaziergang mit engen Vertrauten in den vatikanischen Gärten widmet sich Benedikt am Nachmittag meist weiteren administrativen Aufgaben sowie der Arbeit an seinen zahlreichen theologischen Publikationen. Seit seiner Ernennung sind allein in deutscher Sprache mehr als 70 Veröffentlichungen erschienen. Ab 17:00h stehen dann Besprechungen mit den Kurienchefs, d.h. den Ministern des Vatikans auf dem Programm, um die Grundlinien der vatikanischen Politik zu besprechen. Auch nach dem Abendessen zieht sich Benedikt meist noch zum Lesen und Arbeiten zurück. Dann brennt noch lange Licht in der Apostolischen Kapelle und erst um 23:00h geht häufig ein bis zu 17 Stunden dauernder Arbeitstag zu Ende. Während seiner Auslandsreisen oder spezieller kirchlicher Festtage, wie Ostern oder Weihnachten, kann dieses Pensum nochmals ansteigen.

Die beiden Beispiele machen deutlich, dass auch im fortgeschrittenen Alter bis zum neunten Lebensjahrzehnt noch Höchstleistungen im Beruf und sogar in Führungspositionen möglich sind. Ähnlich positive Beispiele lassen sich auch bei den Senior-Experten-Service Modellen finden, in denen pensionierte Führungskräfte noch weit nach ihrem Ruhestand ihr großes Wissen und ihre Erfahrung an Unternehmen und Organisation weitergeben.

Auch Personen in hohem Alter sind demnach noch belastbar und sehr produktiv. Die häufig bestehende Defizitvermutung im Alter scheint demnach zumindest in ihrer generalistischen Form der Realität nicht standzuhalten. Alter und Alterung sind daher keine Begriffe, die man per se negativ und defizitär besetzen sollte. Neben der in unserer heutigen Gesellschaft vorherrschenden Anti-Alterungsbewegung, sollte es das Ziel sein auch die Vorteile und

3.3 Das Vorurteil des Altersdefizits - Mythen und Realitäten

Vorzüge des Alters zu berücksichtigen und so hin zu einer Pro-Alterungsbewegung zu kommen.

Veränderungen im Alterungsprozess sind weitaus vielschichtiger zu betrachten als es durch die eindimensionalen Stereotypen geschieht. Der Stand der aktuellen wissenschaftlichen Forschung zu den Auswirkungen von Alter auf die Leistungsfähigkeit und Produktivität, die sich aus Erfahrungen und Fähigkeiten, Motivation und körperlichen Konstitutionen zusammensetzt, wird im Folgenden ausführlich beleuchtet.

3.3.1 Alterung und Erfahrung/Fähigkeiten

Die Ergebnisse der psychologischen und gerontologischen Altersforschung deuten darauf hin, dass es keine generelle Abnahme von kognitiven und intellektuellen Fähigkeiten im Alter gibt. Vielmehr gilt es in einer differenzierten Betrachtung zwischen zwei unterschiedlichen Dimensionen von kognitiven Fähigkeiten zu unterscheiden der fluiden und der kristallinen Intelligenz (vgl. Abbildung 14).

Entwicklung kognitiver Fähigkeiten im Alter. — *Abbildung 14*

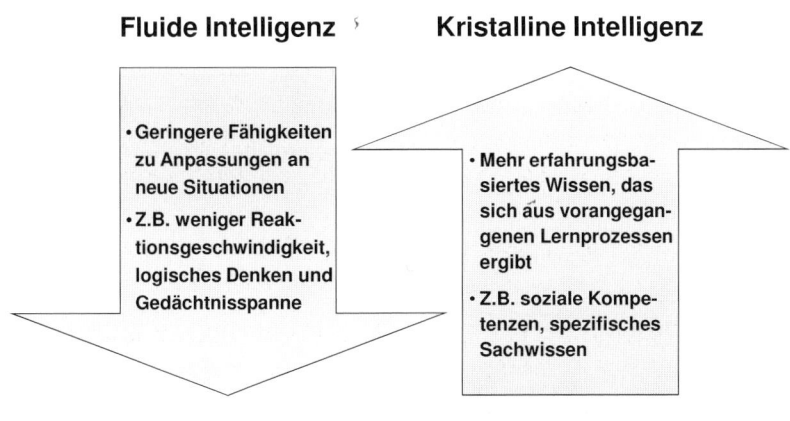

Fluide Intelligenz ist vor allem für die Verarbeitung von neuen Informationen und abstraktes Denken notwendig. Durch sie ist man fähig, neue Probleme ohne Rückgriff auf Erfahrung zu lösen. Das Maximum an fluider Intelligenz wird bereits schon zu Beginn des dritten Lebensjahrzehnts erreicht.[54] Allerdings zeigen einige Ergebnisse der Hirnforschung, dass selbst diese fluiden Fähigkeiten durch spezifisches Training im Alter stabil gehalten werden oder sogar verbessert werden können. Hierzu gibt es verschiedene psychologische Studien, die zeigen, dass durch einfache Gedächtnistrainingsmaßnahmen, induktive Logik und andere fluide Gehirnaktivitäten wieder reaktiviert werden können.[55] Einen Rückgang der Schnelligkeit und Genauigkeit des Arbeitsgedächtnisses, der auch durch intensives Training nicht mehr zu korrigieren ist, kann man erst ab dem achten Lebensjahrzehnt feststellen.

Kristalline Intelligenz beinhaltet praktisches, erfahrungsbasiertes Wissen und die verbale Sprachkompetenz. Ebenso umfasst sie das Wissen zur Lebensbewältigung sowie das Wissen um sich und andere. Häufig besteht sie aus routinisierten Durchführung von effektiver Problemlösungsstrategien, die sich die Person über die Zeit aufgebaut hat. Im Gegensatz zur fluiden Intelligenz ist die kristalline Intelligenz stark sozialisationsabhängig, d.h. sie wird durch den Kontext, also z.B. das Arbeitsumfeld in dem man sich bewegt, reduziert oder gefördert. Ebenso kann sie im Unterschied zur fluiden Intelligenz bis zum hohen Alter konstant gehalten oder sogar ausgebaut werden.[56]

Die neurobiologische Erklärung für die verschiedenen Ausprägungen der beiden Intelligenztypen in verschiedenen Altersgruppen liegt in den Strukturen der synaptischen Verbindungen im Gehirn begründet. Während sich in jungen Jahren einfach neue Verbindungen etablieren können und damit das Verarbeiten von neuen Zusammenhängen ermöglichen, verhärten sich schon nach Ende der Pubertät diese neuronalen Strukturen zunehmend. Das führt dazu, dass sich bestehende Wissensstrukturen schwerer verändern, aber gleichzeitig neue Erkenntnisse schneller integriert werden können.

---

[54] Vgl. Kanfer/Ackermann (2000).
[55] Vgl. Willis/Schaie (1986); Ball et al. (2002).
[56] Vgl. Kanfer/Ackerman (2000).

3.3 Das Vorurteil des Altersdefizits - Mythen und Realitäten

Für den Einzelnen bedeutet dies, dass bereits mit dem Ende der Pubertät die Fähigkeit, sich in neue Wissensbereiche einzuarbeiten nachlässt, während sich die Intensivierung bisherigen Wissens und generelle Expertise aufgrund der Vorkenntnisse verbessert.[57]

Generell ist es möglich, dass die Problemlösungsfähigkeit von älteren Menschen genauso stark wie die von jüngeren ist, wenn diese in der Lage sind, ihre reduzierte Wahrnehmungsgeschwindigkeit und Präzision durch ein höheres Erfahrungswissen und Weisheit, die sich im Laufe ihres Arbeitslebens aufgebaut haben, auszugleichen.

Wenn es darum geht, neue Qualifikationen zu erwerben, sind ältere Erwerbspersonen wegen der reduzierten fluiden Intelligenz gewissen Beschränkungen unterworfen. Dies darf jedoch nicht zu dem Rückschluss verleiten, dass sie grundsätzlich nicht mehr in der Lage sind, neue Kompetenzen zu erlangen. Eine Vielzahl von Studien kommt vielmehr zu dem Ergebnis, dass Lernen im Alter zwar möglich ist, jedoch mehr Zeit erfordert.[58] Insbesondere gilt dies für die Personengruppen, die sich noch im erwerbsfähigen Alter befinden. Eine hohe Motivation, Neues zu Erlernen, kann außerdem genutzt werden, um ein niedrigeres Lerntempo auszugleichen.[59] Es ist dennoch sinnvoll, Personen unterschiedlicher Altersgruppen ein anderes Lernumfeld mit angepassten Lernmethoden und ein individualisiertes Lerntempo zu ermöglichen.

In der unternehmerischen Praxis wird die Entwicklung jedoch häufig dadurch gehemmt, dass Mitarbeitende über Jahre und Jahrzehnte auf bestimmte Verfahren und Arbeitsvorgänge beschränkt sind und dadurch ihre Qualifikationsbreite und Lernfähigkeit stark reduziert werden.[60] In nicht wenigen Unternehmen werden beginnend mit Altersgruppe von 40-45 Jahren die Möglichkeiten für betriebliche Weiterbildung stark eingeschränkt. Längsschnittuntersuchungen zu der beruflichen Weiterbildung, die auf einer repräsentativen Befragung der deutschen Wohnbevölkerung beruhen, zeigen eine klare Lücke zwischen der durchschnittlichen

---

57 Vgl. Schmidt (2006).
58 Vgl. Warr (2001).
59 Vgl. Ilmarinen (1999).
60 Vgl. Frerichs/Naegele (1998).

Erfolgreiches Altern im Erwerbsleben - Personenbezogene Aspekte

beruflichen Weiterbildung von Erwerbstätigen über 50 und darunter (Vgl. Abbildung 15). So nahmen im Jahr 2003 nur 17 Prozent der über 50-jährigen Erwerbstätigen in Deutschland an beruflichen Weiterbildungsmaßnahmen teil, im Vergleich zu 30 Prozent in den jüngeren Altersgruppen.

Hinzu kommt, dass wenige Anreizstrukturen durch Führung und Entwicklungsmöglichkeiten im Unternehmen geschaffen werden, um Mitarbeitende bis zur Verrentungsgrenze zum Lernen zu motivieren.

Gleichzeitig ist es aber auch so, dass ältere Mitarbeitende durch ihre höhere kristalline Intelligenz eine Vielzahl von Qualifikationen und Fähigkeiten besitzen, die sie jüngeren Mitarbeitenden überlegen machen. Im Laufe der Jahre haben sie zumeist auch eine umfangreiche Sozialkompetenz aufgebaut, die ihnen den Umgang mit Kollegen und in Teams erleichtert. Zudem sind sie häufig in der Lage, mit Stress und den eigenen Emotionen besser umzugehen.[61] Mit steigendem Alter entwickelt sie zumeist verschiedene Techniken, um mit emotional belastenden Situation umzugehen. Nicht zuletzt haben sie zudem gelernt, Schwierigkeiten und berufliche Rückschläge besser zu bewältigen. Deshalb sind sie meistens in der Lage, Druck- und Stresssituationen im beruflichen Alltag besser zu begegnen. Von ihrem immensen Erfahrungswissen profitieren ältere Mitarbeitende auch im Bezug auf das Einhalten von Qualitäts- und Sicherheitsstandards und bei dem effizienten Ausführen von Tätigkeiten.

---

[61] Vgl. Laboufie-Vief (2005).

Das Vorurteil des Altersdefizits – Mythen und Realitäten

Weiterbildungsverhalten in unterschiedlichen Altersgruppen; Quelle: Kuwan/Thebis (2005).

Abbildung 15

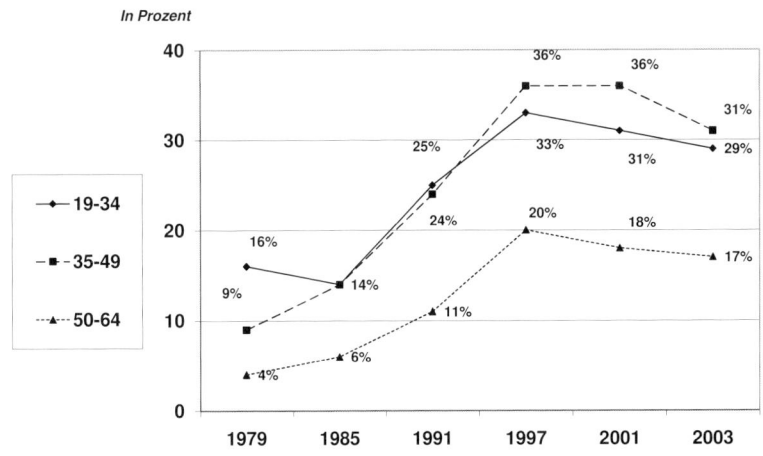

3.3.2 Alterung und Motivation

Wenn es um die Motivation von älteren Mitarbeitenden geht, ist es zunächst einmal interessant festzustellen, dass ältere Mitarbeitende eine generell höhere Arbeitszufriedenheit als ihre jüngeren Kollegen aufweisen. Dies ist eines der stabilsten Ergebnisse der Forschung zu erfahrenen Beschäftigten.[62] Ebenso gibt es viele Untersuchungen, die eine hohe Verbundenheit älterer Arbeitnehmer mit Ihrem Arbeitgeber zeigen. So sind nach einer Untersuchung der „Initiative neue Qualität der Arbeit" (INQUA) unter 5.400 abhängigen Beschäftigten im Jahr 2005 mehr als 55 Prozent der Befragten aus der Generation 50+ ihrem Unternehmen „besonders verbunden". Bei den unter 30-jährigen ist dies nur bei weniger als 43 Prozent der Fall.[63] In einer eigenen Umfrage die vom Institut für Führung und Personalmanagement der Universität St. Gallen unter 20.600 Arbeit-

[62] Vgl. Warr (2001).
[63] Vgl. INQUA (2006).

3 Erfolgreiches Altern im Erwerbsleben - Personenbezogene Aspekte

nehmern durchgeführt wurde, konnten wir außerdem einen starken Rückgang individuellen Kündigungsabsicht mit zunehmenden Alter feststellen. Auch wenn es darum geht, ob ältere Arbeitnehmer noch erfolgshungrig im Beruf und Privatleben sind, gibt es interessante Ergebnisse. So halten es nach einer repräsentativen Bevölkerungsbefragung des Instituts der Deutschen Wirtschaft in Köln, noch über 50 Prozent der 50-64-jährigen für wichtig, durch eigenen Einsatz im Leben etwas zu erreichen, was nur geringfügig weniger ist, als bei der jüngeren Altersgruppe (zwischen 16-49 Jahre) (vgl. Abbildung 16).

Abbildung 16 *Erfolgshunger ältere Arbeitnehmer; Quelle: Institut der deutschen Wirtschaft (2008b).*

Auf die Frage: „Wenn jemand sagt: Auf eigenen Einsatz und Leistung im Leben etwas zu erreichen, danach strebe ich – wie stark trifft das auf Sie zu?" antworteten so viel Prozent der Befragten in diesem Alter mit

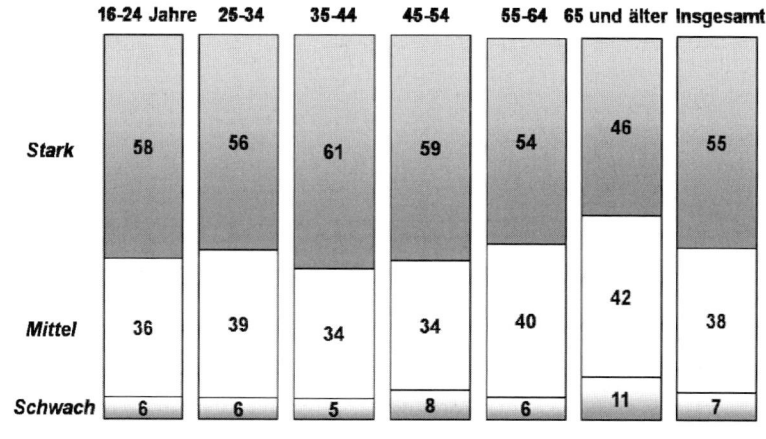

Ältere Arbeitnehmer sind also nicht grundsätzlich weniger motiviert. Allerdings kommt es im Laufe der menschlichen Alterung zu einer Veränderung von Werten, Einstellungen und Charakterzügen, die unterschiedliche Motivationsmuster in verschiedenen Generationen bedingen. Junge Erwachsene vom Berufseinstieg bis zu einem Alter von 40-45 Jahren werden in ihrem

Das Vorurteil des Altersdefizits - Mythen und Realitäten **3.3**

Handeln oft stark von instrumentellen, externen Zielen, wie einem sozialen Aufstieg, höhere Entlohnung oder dem Erreichen einer bestimmten Karrierestufe bestimmt.

Ab einem Alter von 40-45 wird vielen bewusst, dass das Leben endlich ist, wodurch immaterielle Werte, wie soziale Beziehungen und Anerkennung stärker an Bedeutung gewinnen.[64] Ebenso schätzen ältere Arbeitnehmer eher Flexibilität bei ihrer Arbeitszeit, unabhängiges Arbeiten und Arbeitsplatzsicherheit als wichtig ein.

Diese veränderten Wertvorstellungen und Motive, die in Tabelle 1 übersichtsartig dargestellt sind, führen dazu, dass Mitarbeitende unterschiedlicher Altersgruppen verschiedene Zielvorstellungen haben, die ihre individuelle Motivation bedingen.

Präferenzen von unterschiedlichen Altersgruppen — *Tabelle 1*

Arbeitswert	Ältere Mitarbeitende	Jüngere Mitarbeitende
Bezahlung	Eher unwichtig	Wichtig
Karrierefortschritt	Eher unwichtig	Wichtig
Wettbewerb am Arbeitsplatz	Unwichtig	Eher wichtig
Soziale Beziehungen/Wertschätzung am Arbeitsplatz	Sehr wichtig	Eher unwichtig
Arbeitszeitflexibilität	Wichtig	Eher unwichtig
Arbeitsplatzsicherheit	Wichtig	Wichtig
Unabhängiges arbeiten	Wichtig	Eher unwichtig

Älteren Mitarbeitendem geht es bei sozialen Interaktionen bei der Arbeit weniger darum, Zugang zu instrumentellen Ressourcen zu erlangen, als vielmehr selbst emotional Zuneigung zu erfahren und anderen zu Teil werden zu lassen. Insgesamt kann man sagen, dass

---

[64] Vgl. Gould (1978).

ältere Mitarbeiter eher durch eine innere Motivation (intrinsische Motive) als durch herangetragene Anreize (extrinsische Motive), die für jüngere Mitarbeitende wichtig sind, motiviert werden.[65] Gefährlich für die Motivation aller Altersgruppen im Arbeitsprozess ist, wenn keine persönlichen Entwicklungsziele mehr aufgezeigt werden. Dies ist insbesondere für die Gruppe der älteren Mitarbeitende problematisch, für die häufig als ein wichtiges Ziel noch ein möglichst früher Übergang in den Ruhestand erstrebenswert ist. Dies ist natürlich keine günstige Perspektive, um in den folgenden Jahren bis zum Ruhestand eine hohe Motivation bei der Arbeit zu erhalten.

Auch wenn nicht mehr die absolute Karriereentwicklung für ältere Mitarbeitende im Vordergrund steht, so sind doch vielfältige Entwicklungsmöglichkeiten für diese Altersgruppe vorstellbar. So kann ein Entwicklungsziel zum Beispiel darin bestehen, Erfahrung und Wissen an jüngere Mitarbeitende weiterzugeben, coaching zu betreiben oder diese für schwierige Aufgaben auszubilden.

Ebenso ist eine weitere fachliche Entwicklung, im Gegensatz zu einem voranschreitenden hierarchischen Aufstieg, als motivierendes Ziel denkbar.

Die generelle Arbeitsmotivation von Mitarbeitenden hängt außerdem stark davon ab, ob diese entsprechend ihrer altersspezifischen Fähigkeiten und Stärken eingesetzt werden. Falls einem älteren Mitarbeitenden nämlich Aufgaben übertragen werden, die er aufgrund seiner veränderten physischen und psychischen Fähigkeiten nicht mehr gut bewältigen kann, führt dies mit hoher Wahrscheinlichkeit zu einem sich selbst verstärkenden negativen Effekt für seine Motivation. Der erfahrene Mitarbeitende wird sich stark anstrengen, um die für ihn schwierige Aufgabe zu bewältigen und damit ein hohe Investition an persönlichen Ressourcen tätigen. Trotz dieses hohen persönlichen Einsatzes wird er nur zu unterdurchschnittlichen Ergebnissen im Vergleich zu seinen jüngeren Kollegen gelangen, was für ihn äußerst frustrierend sein kann.

---

[65] Vgl. Bruch/Kunze (2007).

Das Vorurteil des Altersdefizits - Mythen und Realitäten 3.3

Deshalb ist ein Einsatz von Mitarbeitenden, der sich an deren Stärken und Vorzügen orientiert, eine zentrale Aufgabe für die Motivation der verschiedenen Altersgruppen.

3.3.3 Alterung und die körperliche Konstitution

Für die individuelle körperliche Leistungsfähigkeit ist die körperliche Konstitution, das heißt die Reaktion des Körpers auf Belastungsphasen, entscheidend.

Sobald der menschliche Organismus unter Belastung kommt, muss er Sauerstoff aufnehmen, um die durch Verbrennung benötigte Energie freisetzen und CO_2 ausstoßen zu können. Durch eine Messung dieser Sauerstoffaufnahmen kann auf das Zusammenwirken von Muskeln, Herz-Kreislauf-System und Atmung geschlossen und somit die physische Leistungsfähigkeit bestimmt werden.[66]

Illmarinen hat in einer umfangreichen 4-jährigen Längsschnittstudie mit 67 Teilnehmern die maximale Sauerstoffaufnahme nach Altersgruppen und Geschlecht verglichen.[67] Danach, erreicht die maximale Sauerstoffaufnahme spätestens bei einem Alter von 30 Jahren ihren Höhepunkt. Allerdings sind starke interindividuelle Unterschiede in den Altersgruppen festzustellen, die nicht allein auf genetische Ursachen, sondern vielmehr auf einseitige Arbeitsbelastungen, körperliche Aktivität und vorherige Erkrankungen zurück zu führen sind. Interessanterweise ist ab einem Alter von 45 Jahren eine immense Schwankung der maximalen Aufnahme von bis zu 25 Prozent festzustellen, die alleine von der sportlichen Aktivität des Einzelnen abhängt.[68]

Somit sollte also jeder Mitarbeitende in der Lage sein, durch eigenes Training seine körperliche Leistungsfähigkeit auch im späteren Erwerbsleben zumindest in einem durchschnittlichen Bereich zu halten. Von Spitzensportlern einmal abgesehen, ist zudem in der Regel kein Arbeitnehmer darauf angewiesen bei seiner täglichen

---

[66] Vgl. Bösch-Supan/Düzgün/Weiss (2006).
[67] Vgl. Ilmarinen (2001).
[68] Vgl. Ilmarinen (1999).

Tätigkeit an die Grenze seiner körperlichen Leistungsfähigkeit zu gehen, die eine maximale Sauerstoffaufnahme benötigt.

Die zweite Veränderung im Alter, die Auswirkungen auf die körperlichen Fähigkeiten hat, ist die Entwicklung des Muskel- und Skelettsystems des Menschen. Dieses geht auf Kosten der maximalen Belastung und Beweglichkeit spätestens ab dem Alter 45-50 zurück, im Speziellen natürlich bei einseitig belastenden körperlichen Tätigkeiten. Allerdings ist es auch hier möglich, dass durch regelmäßige physische Aktivitäten eine Stabilität der Leistungsfähigkeit zwischen 45 und 60 erreicht werden kann.[69] „Fehlende gezielte Gymnastik und sportliche Aktivität kann einen 45-jährigen Arbeiter weniger fit erscheinen lassen, als seinen aktiven 65-jährigen Kollegen"[70].

Strittig ist die Frage, ob mit dem Alter zunehmende Gesundheitsprobleme und damit auch Beeinträchtigungen am Arbeitsplatz verbunden sind. Einige Studien haben gezeigt, dass die Anzahl der Krankmeldungen über Alterskohorten hinweg stabil bleibt, wohingegen die Zahl der Krankheitstage im Alter zunimmt. So werden Mitarbeitende nach einer Studie unter den 2,3 Millionen Versicherten der deutschen Innungskrankenkassen unter 30 Jahren 1,5-mal im Jahr krank, über 50 Jahren dagegen nur 1,1 mal. Andererseits dauert aber bei den unter 30-jährigen eine durchschnittliche Arbeitsunfähigkeit 7,5 Tage, wohingegen diese bei der ältesten Altersgruppe durchschnittlich 20 Tage andauert.[71] Das heißt, ältere Mitarbeitende sind nicht mehr krank, sie brauchen nur, wenn sie einmal krank geworden sind, länger, um sich wieder zu erholen.

Bemerkenswert ist auch, dass Herz- und Kreislauf- sowie Muskeln- und Skelett-Erkrankungen zwar für die meisten Fehltage im Erwerbsleben verantwortlich sind, es jedoch arbeitsplatzbezogene und mit großem Anteil auch psychologische Faktoren sind, die diese Erkrankungen über die Jahre verstärken. So konnte z.B. in einer schwedischen Studie mit 145 Teilnehmern gezeigt werden, dass bei unzufriedenen Mitarbeitenden die Wahrscheinlichkeit unter

---

[69] Vgl. Ilmarinen (2001).
[70] Ebd: 548.
[71] Vgl. IKK (2007).

Rückenbeschwerden zu leiden um das siebenfache gegenüber zufriedenen Arbeitnehmern erhöht ist.[72] Ähnliche Ergebnisse gibt es aus der Forschung zu sogenannten Gratifikationskrisen, die eintreten, wenn eine Unzufriedenheit zwischen dem persönlichen Einsatz am Arbeitsplatz und der individuellen Belohnung vorliegt. Wenn ein solches Ungleichgewicht entsteht, haben Mitarbeitende aufgrund des daraus resultierenden Stress eine vierfach höhere Wahrscheinlichkeit, eine Herz-Kreislauferkrankung zu erleiden.[73]

Der Prozess des Alterns muss bis in das 6. Lebensjahrzehnt hinein keinen Einfluss auf das individuelle berufliche Leistungsvermögen haben.[74] Der einzig wirklich wissenschaftlich gesicherte Befund ist, dass die individuellen Unterschiede der Leistungsfähigkeit am Arbeitsplatz mit dem Alter zunehmen. Zu Verschleißerscheinungen kommt es aufgrund von einseitigen, belastungsintensiven Tätigkeiten und nicht ausgelöst durch Alterungsprozesse.[75] Entscheidend ist, dass sowohl das Unternehmen als auch der einzelnen Mitarbeitende rechtzeitig Vorsorge treffen, um einen überdurchschnittlichen und frühzeitigen Rückgang der körperlichen Leistungsfähigkeit zu vermeiden.

3.4 Zwischenfazit - Leistungsfähigkeit und Alter

Die vorherigen Ausführungen haben gezeigt, dass viele bestehende Vorurteile gegenüber älteren Mitarbeitenden unbegründet sind. So wurde in mehr als 100 wissenschaftlichen Studien festgestellt, dass kein signifikanter Zusammenhang zwischen Alter und Arbeitsleistung besteht.[76] Es zeigt sich, dass Motivation und Fähigkeiten sowie Erfahrungen von älteren Mitarbeitenden zumindest konstant im Vergleich zu ihren jüngeren Kollegen sind und unter bestimmten Bedingungen sogar zunehmen können. Bezüglich der körperlichen

---

[72] Vgl. Linton/Warg (1993).
[73] Vgl. Siegrist/Peter (1996).
[74] Vgl. Petrenz (1999).
[75] Vgl. Clemens (2001).
[76] Vgl. Warr (1996).

Konstitution sind zwar einige Abstriche ab einen Alter von 50 Jahren nicht zu vermeiden. Diese können jedoch durch Prävention und akut unterstützende Maßnahmen begrenzt werden. Insgesamt ist die Gruppe der älteren Mitarbeitenden als eine genauso heterogene Gruppe zu betrachten wie andere Alterskohorten. Auch hier gibt es leistungsfähige und weniger leistungsfähige Erwerbstätige. Abbildung 17 bietet nochmals einen Überblick zu den wichtigsten Veränderungen im Alterungsprozess.

Abbildung 17	*Übersicht Veränderungen im Alterungsprozess*

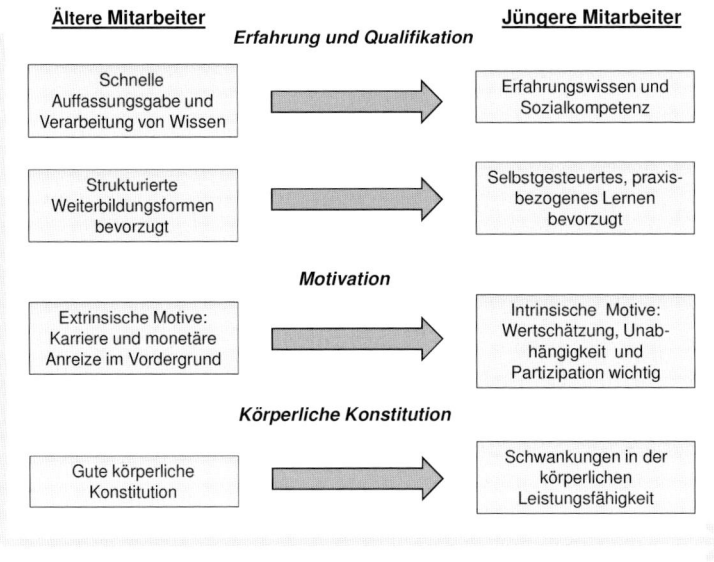

Wenn man sich die oben aufgeführten Stärken und Schwächen der erfahrenen Mitarbeitende vor Augen führt, gibt es eigentlich nur wenige Aufgabenbereiche in denen sie nicht in der Lage sein sollten, ähnliche Leistungen wie ihre jüngeren Kollegen zu erbringen. Warr (1996) nimmt eine Untergliederung nach vier unterschiedlichen Arbeitsaufgabenbereichen vor:

3.4 Zwischenfazit - Leistungsfähigkeit und Alter

- **Arbeitsaufgaben, die eine stark wissensbasierte Urteilsfindung ohne Zeitdruck erfordern**, wie z.B. eine Professorentätigkeit. Diese Aufgaben basieren stark auf der beschriebenen kristallinen Intelligenz, die im Alter zunimmt. Sie setzen allerdings ein kontinuierliches Lernen voraus. Ältere Mitarbeitende können bei diesen Tätigkeiten bessere Ergebnisse als Jüngere erzielen.

- **Arbeitsaufgaben, die eine permanente Wissensverarbeitung, schnelles Lernen oder konstant körperliche Anstrengungen verlangen**, wie z.B. Fliessbandarbeit oder Call-Center Tätigkeiten. Bei diesen Aktivitäten wird weniger Erfahrung und Wissen benötigt, als vielmehr die Komponenten der fluiden Intelligenz, die im Alter abnehmen. Deshalb sind diese Tätigkeiten eher für jüngere Mitarbeitende geeignet.

- **Tätigkeiten, die mit einer Zunahme an geistigen und körperlichen Anforderungen verbunden sind**, wie z.B. anspruchsvolle Büro und Dienstleistungstätigkeiten. Ältere Mitarbeitende haben hier teilweise Probleme, sind aber durch ihre Erfahrung in der Lage, Bewältigungsstrategien zu entwickeln, um ihre möglichen nachlassende Schnelligkeit in der Informationsverarbeitung oder ihre zum Teil zurückgehenden körperlichen Fähigkeiten auszugleichen. Eine mögliche Bewältigungsstrategie ist der effektivere Einsatz von persönlichen Ressourcen. So wurde in einer Studie festgestellt, dass ältere Maschinenschreiberinnen zwar weniger Anschläge pro Minute bewältigen können, aber gleichzeitig weniger Pausen als ihre jüngeren Kollegen benötigten und damit die gleiche Geschwindigkeit erreichen.[77]

- **Altersneutrale Aufgaben**, wie z.B. einfache Sachbearbeiter- und Verkaufstätigkeiten, die weder hohe Ansprüche an jüngere noch an ältere Mitarbeitende stellen. Diese zeichnen sich durch ein hohes Maß an Routine und einfache geistige Anforderungen aus.

Insgesamt ist nur für Tätigkeiten aus der *zweiten Bereich* ein negativer Zusammenhang zwischen Leistungsfähigkeit und Alter zu erwarten. Es sollte deshalb sowohl zum Wohle des einzelnen Mitarbeitenden als auch des Gesamtunternehmens angestrebt werden, dass Mitarbeitende mit zunehmendem Alter von diesen

---

[77] Vgl. La Flamme/Menkel (1995).

belastenden Tätigkeiten zumindest teilweise auf Arbeitsbereiche aus den anderen drei Kategorien wechseln können. So kann durch einen altersspezifischen Personaleinsatz, der die Schwächen, aber eben auch die Stärken älterer Arbeitnehmer berücksichtigt, ein langer, produktiver und zufriedener Verbleib des einzelnen Mitarbeitenden im Erwerbsleben erreicht werden.

3.5 Individuelle Ansatzpunkte für erfolgreiches Altern am Arbeitsplatz

Damit der einzelne Mitarbeitende möglichst lange produktiv im Arbeitsprozess verweilen kann, muss er, wie wir zuvor festgestellt haben, in drei Dimensionen - Motivation, Erfahrung und Fähigkeiten und körperliche Konstitution – danach streben, eventuelle Defizite zu vermeiden, beziehungsweise von den persönlichen Stärken und Vorzügen des Alterungsprozess zu profitieren. Neben der Unterstützung durch das Unternehmen ist der Einzelne hier vor allem in seinem Selbstmanagement gefragt. Bei seinem Selbstmanagement kann jeder besonders an drei Stellhebeln ansetzen, um sich persönlich fit zu halten:

- Eine **lebenslange Lernorientierung am Arbeitsplatz** für die Konservierung und den Ausbau der Qualifikationen im Alter.
- Eine **angepasste Lebensphasen- und Karriereplanung** zur Bewahrung der individuellen Motivation.
- Ein individuelles **Gesundheits- und Fitnessmanagement** zur Aufrechterhaltung der körperlichen Konstitution.

Im Folgenden wird jedes der drei Handlungsfelder im Detail beleuchtet.

3.5.1 Lebenslanges Lernen

Wie lassen sich die individuellen Kompetenzen im Alterungsprozess erhalten oder ausbauen? Trotz umfassender Möglichkeiten sind gerade ältere Erwerbstätige oft nicht von der Verbesserung

Individuelle Ansatzpunkte für erfolgreiches Altern am Arbeitsplatz

3.5

ihrer beruflichen Weiterbildung durch kontinuierliche Weiterbildung überzeugt.[78]

Auch wenn diese Einstellung aufgrund der vorherrschenden Diskriminierung auf dem Arbeitsmarkt teilweise berechtigt sein mag, muss hier doch ein Wandel einsetzen, um den Teufelskreis aus fehlender Qualifikation, die zu schlechteren beruflichen Möglichkeiten führt, zu durchbrechen. Dass der altersunabhängige Leitsatz von Benjamin Franklin – „Investition in Bildung und Wissen bringt immer die besten Zinsen" – Geltung hat, lässt sich auch durch empirische Studien belegen, die einen positiven Zusammenhang zwischen Arbeitsmarktchancen und Teilnahme an Weiterbildungsmaßnahmen in allen Altersgruppen zeigen.[79] Dennoch ist des Streben nach beruflicher Weiterbildung eher gering. Dies hängt zum Teil damit zusammen, dass im deutschsprachigen Raum vergleichsweise viel Zeit in die berufliche Erstausbildung investiert wird. Deshalb wir dann oft erwartet, dass das Erlernte für den Rest des Lebens reichen wird. So kann nur schwierig eine Kultur des lebenslangen Lernens entstehen, die wir für eine alternde Wissensgesellschaft brauchen.[80]

Nach der aktuellen wissenschaftlichen Forschung ist für die individuelle Lernfähigkeit weniger das chronologische Alter als vielmehr das funktionale Alter relevant. Die wichtigsten Einflussgrößen sind nicht das Geburtsdatum, sondern die Gesundheit, soziale Schicht, persönliche Situation sowie der Bildungsstand.[81] Alter ist demnach ein viel geringerer Prädiktor für die individuelle Lernfähigkeit, als vielmehr die Ausbildung die man bisher genossen hat, die soziale Herkunft und die individuelle Motivation, sich noch neue Wissensgebiete zu erschließen. Als Individuum ist lebenslanges Lernen erstrebenswert, das alle institutionalisierten Lernprozesse über den ganzen Lebenszyklus, unabhängig ob diese aus sozialen, beruflichen oder privaten Beweggründen stattfinden, beschrieben werden kann.[82] Bei beruflicher Weiterbildung geht es in der Regel nicht darum elementaren neuen Wissens zu erlernen,

---

[78] Vgl. Woderich/Koch/Ferchland (2004).
[79] Vgl. z.B. Karmel/Woods (2004).
[80] Vgl. Niejahr (2008).
[81] Vgl. Mahlwitz-Schütte (2006).
[82] Vgl. Hasan (1996).

sondern um die punktuelle Weiterentwicklung und Verknüpfung von bisherigen Wissenspotenzialen.

Einschränkend kann sein, dass bei älteren Mitarbeitenden häufig eine instrumentelle und kurzfristig ausgerichtete Einstellung zur beruflichen Weiterbildung festzustellen ist.[83] Weiterbildung und das Erlernen von neuen Fähigkeiten wird häufig in keinem größeren Zusammenhang mehr gesehen und damit häufig auch nicht mit derselben Motivation verfolgt wie in jüngeren Jahren. Es ist davon auszugehen, dass dies mit Kohorteneffekten, d.h. der gemeinsamen Prägung einer Altersgruppe, zusammenhängt, die durch eine unterschiedliche Bedeutung von Arbeit und Lernen in der beruflichen Erstausbildung bedingt sind.[84] Zu vermuten ist außerdem, dass nachwachsende Generationen eine positivere Einstellung zum lebenslangen Lernen im betrieblichen Umfeld haben werden, da sie von ihrer Jugend an stärker mit der Notwendigkeit einer kontinuierlichen Weiterbildung konfrontiert werden.

Die Prägung einer Kultur des lebenslangen Lernens sollte nicht erst bei den älteren Beschäftigten, sondern schon in der Schule oder frühen beruflichen Ausbildung ansetzen. Schon hier sollten für den einzelnen Mitarbeitenden die Grundlagen für eine kontinuierliche Weiter- und Fortbildung über die gesamte Karriere gelegt werden. Es sollte generell verhindert werden, dass Phasen der Lernentwöhnung eintreten, die dazu führen, dass man als Mitarbeitender, das Lernen verlernt. Ebenso muss der einzelne Mitarbeitende danach streben, seine Weiterbildung mit individuellen beruflichen oder auch privaten Zielen zu verknüpfen, um eine hohe Lernmotivation zu erreichen. Wesentlich ist weiterhin, dass alter(n)sgerechte Lernwege und Methoden genutzt werden um bestmögliche Lernerfolge und Spaß beim Lernen zu erzielen.

---

[83] Vgl. Pillay/Boulton-Lewis/Wilss (2003).
[84] Vgl. Schmidt (2006).

Individuelle Ansatzpunkte für erfolgreiches Altern am Arbeitsplatz

3.5

Lernformen für Mitarbeitenden unterschiedlicher Altersgruppen   *Tabelle 2*

Ältere Mitarbeitende	Jüngere Mitarbeitende
▪ Praxis- und Anwendungsbezug muss im Vordergrund stehen.	▪ Auch theoretische Wissensvermittlung.
▪ Eher individuelles Lernen oder Lernen in altershomogenen Gruppen.	▪ Lernen auch in Gruppen mit kompetitivem Charakter.
▪ Anknüpfen an Vorwissen.	▪ Langfristiger Aufbau von Lernkompetenzen
▪ Selbstgesteuerte und selbstorganisierte Lernprozesse.	▪ Lernerziele mit lichen Karrierezielen verknüpfen
▪ Lerntempo kann selbst bestimmt werden.	
▪ Intrinsische Motivation für Lernerfolg wichtig.	▪ Motivation über extrinsische Anreize.

Für erfahrene Mitarbeitende sind im Gegensatz zu jüngeren Mitarbeitenden eher „selbstgesteuerte, selbstorganisierte und selbstbestimmte Lernformen" sinnvoll (siehe Tabelle 2).[85] Diese Mitarbeitendengruppe sollte am erfolgreichsten in ihren Lernfortschritten sein, wenn sie individuelle, alter(n)sgerechte Weiterbildungsangebote erhält. Während für jüngere Mitarbeitende begleitende, größere Fortbildungen neben der täglichen Arbeit sinnvoll sind, sollte für erfahrene Mitarbeitende die Weiterbildung nach Möglichkeit eng an das tägliche Arbeitsumfeld gebunden sein. Wichtig ist, dass die konkrete praktische Umsetzung im Vordergrund steht und keine langen theoretischen Seminare zu besuchen sind, in denen die Verknüpfung mit und Sinnhaftigkeit für die tägliche Arbeit unklar bleibt.

Ein positives Praxisbeispiel für ein solche alter(n)sgerechte Lern- und Weiterbildungsangebote ist die Weiterbildungsoffensive der Degussa AG[86].

---

[85] Vgl. Mahlwitz-Schütte (2006).
[86] Die Fallstudie basiert auf Deutscher Industrie und Handelskammer Tag (2005) und INQUA (2008).

- Die Degussa AG, mit Sitz in Essen, ist eine der führenden Hersteller von Spezialchemieprodukten mit weltweit 36.000 Mitarbeitenden. Als Antwort auf den demographischen Wandel hat das Unternehmen im Jahr 2003 eine Qualifizierungsoffensive unter dem Titel „Die eigene Zukunft mitgestalten" gestartet, die sowohl die Sicherung der Wettbewerbsfähigkeit der Degussa, als auch die Steigerung der persönlichen Beschäftigungsfähigkeit der einzelnen Mitarbeitenden zum Ziel hatte. Die Qualifizierungsoffensive umfasst vier Bestandteile:

- Selbstverantwortliche Qualifizierungsangebote 30/40/50+ zur Unterstützung des lebenslangen Lernens der Mitarbeitenden. Im Rahmen dieser Angebote können sich die Mitarbeitende aus etwa 20 Seminarthemen ihr individuelles Qualifizierungsprogramm zusammenstellen Die Mitarbeitenden erhalten die Möglichkeit, pro Lebensdekade 15 Tage kostenlos und freiwillig an diesen Maßnahmen teilzunehmen. Sie investieren hierfür 10 Tage Freizeit und 5 Tage Arbeitszeit. Die Kosten für die Weiterbildung werden vom Unternehmen getragen. Es gibt auch spezifische Seminare für Mitarbeitende der Altersgruppe 55+, in denen Themen wie mentale Fitness, Gesundheit und Wissenstransfer zwischen älteren und jüngeren Mitarbeitende behandelt werden.

- **Computerbasierte Selbstlernprogramme (CBT)** ermöglichen ein individuelles Lernen der Mitarbeitenden zu Hause. Hier gibt es zum Beispiel Angebote zur Arbeitsmethodik, Lerntechniken für Erwachsene, Betriebswirtschaft, Kommunikation, Computerkenntnisse und Fremdsprachen. Das Unternehmen stellt die Programme kostenlos zur Verfügung.

- Gleichzeitig gibt es auch **„On the job" Qualifizierungsmaßnahmen,** die auf die Anlagen- und Arbeitsplatzkompetenz des einzelnen Mitarbeitenden zielen. Durch eine Multi-Skill-Ausbildung sollen vor allem Mitarbeitende einer Betriebsanlage zu der Bedienung mehrerer Arbeitsplätze im eigenen Betriebes befähigt werden.

- Als viertes werden auch **betriebliche Neu-Qualifizierungen** angeboten, die darauf zielen, Mitarbeitende, die durch Restrukturierung bedingten Personalabbau das Unternehmen verlassen,

Individuelle Ansatzpunkte für erfolgreiches Altern am Arbeitsplatz 3.5

zu qualifizieren und damit vor einem potentiellen Arbeitsplatzverlust zu bewahren.

Das Programm wird laut Aussage der Personalleitung von den Beschäftigten sehr gut angenommen und hat zu einer verstärkten Eigenverantwortung und -initiative der Beschäftigten bezüglich ihrer Qualifikation- sowie Beschäftigungsfähigkeit geführt. Befragungen der Teilnehmer der Seminare haben ergeben, dass die Mitarbeitenden vermehrt dazu bereit sind, mit dem Lernen in ihrer Freizeit eine höhere Selbstverantwortung für ihre Qualifizierung zu übernehmen. Insbesondere wird auch die Selbstbestimmung von Lernort, Lernzeit und Lerninhalt beim E-Learning sehr geschätzt. Nach der erfolgreichen Implementierung in Deutschland werden die Ansätze inzwischen auch auf Degussa Standorte in anderen Ländern übertragen.

Das Praxisbeispiel zeigt sehr gut, wie es gelingen kann, individuelle, selbstgesteuerte Lernformen aufzubauen, die es dem einzelnen Mitarbeitenden ermöglichen, sich während seiner gesamten Berufslaufbahn kontinuierlich weiterzubilden. Die Maßnahmen richten sich, obwohl im Zuge der Reaktion auf die demographische Verschiebung entwickelt, nicht ausschließlich an ältere Mitarbeitenden im Unternehmen, sondern explizit an alle Altersgruppen im Unternehmen richten. So wird eine Stigmatisierung der Maßnahmen etwa als Altersmaßnahme vermieden.

Der individuelle Mitarbeitende hat durch die Eigeninitiative und auch die eigene Investition an Freizeit, die er für die Fortbildung erbringen muss, einen weitaus größeren Anreiz, sinnvolle Lernbausteine für sein eigenes Weiterkommen auszuwählen und diese auch kontinuierlich zu bearbeiten. So dürfte eine weitaus höhere Motivation zum lebenslangen Lernen entstehen.

Als Fazit bleibt festzuhalten, dass es sehr stark von der Einstellung und Handlung des einzelnen Mitarbeitenden abhängt, ob das individuelle Alter einen positiven oder negativen Effekt für Entwicklung von Erfahrung und Fähigkeiten hat. Konkret heißt, ob durch Alterung die Fähigkeiten zurückgehen oder ob man andersherum gerade durch verbesserte Qualifikationen und Erfahrungswissen im Alter in der Lage ist, den Alterungsprozess zu verlangsamen oder sogar von diesen zu profitieren. Weiterbildung sollte deshalb gerade auch von älteren Mitarbeitenden angestrebt werden und von den Unternehmen in einer alterspezifischen Form für alle Generationen angeboten werden.

3.5.2 Motivierende Karriere- und Lebensphasenplanung

Beim Erhalt der Motivation bei älteren Beschäftigten geht es vor allen darum, im fortgeschrittenen Erwerbsalter weiterhin Ziele und Herausforderungen zu entwickeln, nach deren beruflicher Verwirklichung man streben kann. Viel zu häufig treten im mittleren Lebensalter Phasen der Stagnation und daraus folgend auch Resignation im beruflichen Bereich ein.

Die Ursachen hierfür sind multikausal. Zum Ersten ist das in unserem Wirtschaftssystem häufig vorherrschende Senioritätsprinzips eine der Ursachen, die den Einzelnen Mitarbeitenden veranlassen, den hierarchischen Aufstieg als einziges erstrebenswertes Ziel zu sehen. Nur wer mit dem Alter auch zwangsläufig in der Hierarchie aufsteigt wird als beruflich erfolgreich angesehen. Deshalb gibt es oft eine nahezu alleinige Fixierung auf Führungskarrieren als einzige Option. Wenn diese dann ins Stocken gerät, setzt häufig eine Phase der Demotivation oder sogar Frustration ein. Zusätzlich gibt es in vielen Unternehmen auch auf höchster Ebene die Vorgaben, dass man, wenn man ein bestimmtes Alter erreicht hat, nicht mehr auf höchste Führungspositionen befördert werden kann, oder diese sogar zwangsweise räumen muss. So gibt es zum Beispiel bei der Liechtensteiner Hilti AG die Regelung, dass alle Mitarbeitenden über 55 Jahre zwangsweise aus der Geschäftsleitung ausscheiden müssen.

Viel zu selten werden von Unternehmen auch Fachkarrierewege angeboten. Solche Karriereoptionen die es dem Mitarbeitenden ermöglichen auch ohne wachsenden Führungsverantwortung durch sein Wissen und seine Erfahrung Karriere zu machen, sind insbesondere für ältere Mitarbeitenden eine erstrebenswerte Karriereoption, wenn die Führungskarriere an einem Endpunkt angelangt ist.

3.5 Individuelle Ansatzpunkte für erfolgreiches Altern am Arbeitsplatz

Eines der wenigen Unternehmen, das solche Karriereoptionen schon anbietet ist das Alstom Power Service.[87] Der Industriekonzern aus Baden in der Schweiz hat die Problematik schon vor über 10 Jahren erkannt und bietet seitdem neben der klassischen Linien- und Projektmanagement-Laufbahn eine dritte, gleichwertige Option: die Fachkarriere. Angelegt ist eine solche Fachlaufbahn für Ingenieure, die im Unternehmen auf eine beträchtliche Berufserfahrung zurück blicken können. Über mehrere Karrierestufen kann man auch über eine Fachkarriere auf ein Gehaltsstufe kommen, die mit dem Top Management vergleichbar ist. Neben der Motivation für eher technisch und fachlich orientierten Mitarbeitenden wie Ingenieuren, haben Fachkarrieren auch den Nutzen der Wissenssicherung im Unternehmen. «In Linienlaufbahnen geht das Fachwissen mit den Jahren verloren, während Fachkarrieren die ideale Voraussetzung bieten, um in einem hochsensiblen Bereich wie der Kraftwerktechnologie das Knowhow zu sichern», so Jürg Schmidli Vize Präsident des Alstom Gasturbinengeschäfts.

Vergegenwärtigt man sich einmal die persönliche Lebenssituation der betroffenen Beschäftigten ab 45-50 Jahren, so muss ihr Verhalten als teilweise irrational eingestuft werden. Von ihrer persönlichen Situation aus betrachtet, befindet sich dieser Personenkreis nämlich häufig in einer Umbruchphase, aus der sie nochmals große Motivation für persönliche und berufliche Ziele ziehen könnte. Oft ist dies die Lebensphase in der die Kinder das Haus verlassen und in der es eigentlich darum gehen müsste, neue Ziele für die zweite Lebenshälfte zu entwickeln.

Dem erfahrenen Beschäftigten in Unternehmen gilt es zu einer Reflexion zu seinen persönlichen Stärken, Präferenzen und auch möglichen weiteren Karrieremöglichkeiten auf Fach- und Führungsebene anzuregen. Primär muss es darum gehen, neue Herausforderungen zu definieren um Motive für eine weitere Entwicklung im Berufsleben zu haben. Diese Herausforderungen müssen nicht mehr zwangsläufig in einem hierarchischen Aufstieg bestehen, sondern können auch in einer Mitarbeit in Unternehmens- oder Arbeitsbereich oder in der Aneignung von neuen Wissen durch Aus- und Weiterbildung bestehen. Letztendlich geht es darum an

---

[87] Vgl. Bähler (2005).

3 Erfolgreiches Altern im Erwerbsleben – Personenbezogene Aspekte

Hand der persönlichen Potenziale und Stärken eine individuelle Lebens- und Berufsplanung zu entwickeln.

Ein gutes Beispiel für Maßnahmen, die den einzelnen Mitarbeitenden bei der persönlichen Karriere- und Lebensphasenplanung unterstützen können, sind die Standortbestimmungsseminare 45+ der Helvetia Versicherung. Die Helvetia Patria ist eine führende Schweizer Allbranchenversicherung. Mit 29 Generalagenturen, rund 2'200 Mitarbeitenden und über 750'000 Kundinnen und Kunden zählt die Helvetia Patria zu den fünf größten Versicherungsunternehmen der Schweiz.

Die Teilnahme an dieser Seminarreihe wird jedem Mitarbeitenden ab 45 Jahren seit dem Jahr 2006 angeboten. Begleitet durch einen externen Trainer findet eine 2,5 Tage dauernde Standortbestimmung in einer Gruppe von maximal 19 Teilnehmern statt. Ziel der Veranstaltung ist es, für den einzelnen Mitarbeitenden eine Zwischenbilanz zu ziehen und über seine beruflichen und privaten Ziele und Perspektiven in den nächsten 10-20 Jahren zu reflektieren und daraus Strategien für sein weiteres Berufsleben zu entwickeln. Dabei geht es darum, eigene Präferenzen, Lebensvorstellungen sowie Entwicklungspotentiale, wie sie von einem selbst und von anderen wahrgenommen werden, zu erkennen.

Erfahrene Mitarbeitende können so realisieren, dass eine weitere Karriere nicht unbedingt ausschließlich mit einem künftigen Aufstieg auf höhere Hierarchiestufen verbunden ist, sondern auch die Form einer Fach- oder Bogenkarriere annehmen kann. Die Teilnehmer werden in der Folge des Seminars aktiv bei der Suche nach einer beruflichen Veränderung unterstützt. Des Weiteren werden auch Tandems und Lerngruppen unter den Teilnehmern gebildet, die über einen Zeitraum von einem halben Jahr nach dem Seminar miteinander weiterarbeiten. So schaffen es viele Mitarbeitende, ihre eigene wahrgenommene Arbeitssituation zu relativieren, indem sie sehen, dass Kollegen in ähnlichen Situationen befinden, und verhindern so die Entstehung von Demotivation und Frustration.

Nach Aussagen der Leiterin der Personalentwicklung bei der Helvetia Gruppe, ist das Programm sowohl aus der Sicht des Unternehmens als auch der teilnehmenden Mitarbeitenden ein großer

3.5 Individuelle Ansatzpunkte für erfolgreiches Altern am Arbeitsplatz

Erfolg. Rund 15 Prozent der Teilnehmer des Programms entschließen sich das Unternehmen zu verlassen und 35 Prozent planen große Veränderungsabsichten in ihrer Tätigkeit. Die restlichen Teilnehmer (50 Prozent) nehmen nur marginale Veränderungen vor. Mittelfristig ist geplant, ein solches Standortbestimmungsseminar in jeder Dekade anzubieten, als mit 25, 35, 45 und 55 Jahren.

Das Praxisbeispiel zeigt auf, wie wichtig es ist, dass sich Mitarbeitende ab einem mittleren Lebensalter in einem Prozess der Selbstreflexion auf ihre persönlichen Präferenzen und Motive besinnen. Nur so kann es gelingen, im fortgeschritten Alter persönliche Ziele zu definieren, die auch realisierbar sind und damit erfolgreich im Beruf zu sein. Individuelle Veränderungen in der Tätigkeit können so auch pro-aktiv vom einzelnen Beschäftigten angestrebt werden und die Karriere auch im letzten drittel der Erwerbsbiographie positiv gestaltet werden.

Wer sich seinen eigenen Präferenz, Stärken, aber auch möglichen Defiziten, im Alter bewusst ist, dem fällt es leichter, gegen die noch in vielen Unternehmen vorherrschenden Altersvorurteile zu bestehen und seinen Beitrag zur Unternehmensleistung zu bringen.

3.5.3 Individuelles Gesundheitsmanagement

Jüngere und ältere Menschen können mit ihrem Verhalten einen erheblichen Einfluss auf die Entwicklung ihrer körperlichen Fitness nehmen. Wichtig ist, dass mit Maßnahmen der Gesundheitsförderung nicht erst begonnen wird, wenn es schon zu spät ist, das heißt, wenn Erkrankungen oder im schlimmsten Fall sogar eine Arbeitsunfähigkeit eingetreten sind. Für die individuelle Betrachtung der Leistungsfähigkeit der Beschäftigten stellt sich die Frage, wie diese objektiv und zukunftgewandt erfasst werden kann. Allein die Kennzahlen der Arbeitsunfähigkeits- oder Fehltage pro Mitarbeitenden zu nutzen greift zu kurz, da sie eine vergangenheitsbezogene Betrachtung darstellen. Wenn man als Mitarbeitender schon von Arbeitsunfähigkeit und häufiger Krankheit betroffen ist, ist es oft schon zu spät, entsprechende Gegenmaßnahmen einzuleiten. Erforderlich sind vielmehr Frühindikatoren für die (mangelnde Fitness) des einzelnen Mitarbeitenden.

Ein innovatives Instrument zur Messung der Arbeitsfähigkeit ist der Arbeitsfähigkeitsindex, der auf Basis einer 11-jährigen Langzeitstudie vom Finnischen Institute of Occupational Health entwickelt und wissenschaftlich validiert wurde.[88] Der Index setzt sich aus sieben Dimensionen zusammen, die jeweils mit einer oder mehreren Fragen erhoben werden:

1. Derzeitige Arbeitsfähigkeit im Vergleich mit dem Maximum während des gesamten Erwerbslebens
2. Arbeitsfähigkeit im Vergleich mit den Ansprüchen der Arbeitsaufgabe
3. Anzahl der aktuell diagnostizierten Erkrankungen
4. Subjektiv eingeschätzte Arbeitseinschränkungen aufgrund von Erkrankungen
5. Krankheitsbedingte Ausfälle im vergangenen Jahr
6. Eigene Prognose zur Arbeitsfähigkeit zwei Jahre in die Zukunft
7. Aktuelle geistige, mentale Ressourcen

Für jede der sieben Kategorien werden Punkte vergeben, die dann zu einem Gesamtwert zusammengefasst werden und die aktuelle Arbeitsfähigkeit eines Mitarbeitenden abbilden. Dies kann von schlecht (7-27 Punkte) und mäßig (28-36) über gut (37-43) bis zu hervorragend (44-49 Punkte) reichen. Der Arbeitsfähigkeitsindex ist deshalb ein so sinnvolles Instrument, weil er es ermöglicht, frühzeitig defizitäre Entwicklungen im Bereich der Arbeitsfähigkeit zu erkennen und eventuell gegenzusteuern. Der einzelne Mitarbeitende kann feststellen, ob für ihn spezifische Maßnahmen zur Steigerung und Verbesserung – bei niedriger Arbeitsfähigkeit – oder Maßnahmen zur Unterstützung und Erhalt – bei mittlerer und hoher Arbeitsfähigkeit – sinnvoll sind.

---

[88] Vgl. Ilmarinen/Tempel (2002).

3.5 Individuelle Ansatzpunkte für erfolgreiches Altern am Arbeitsplatz

Verschiedene Unternehmen nutzen Arbeitsfähigkeitsindex schon als Bewertungsinstrument für die Arbeitsfähigkeit des einzelnen Mitarbeitenden.

Ein Beispiel ist das Spital Bern-Ziegler in der Schweiz.[89] Das Spital Bern-Ziegler ist mit über 100 Mitarbeitenden eines von vier Krankenhäusern der Spitalgruppe RSZ Bern AG, die alle öffentlichen Krankenhäuser im Bezirk Bern betreibt. Der Pflegedienst wird dort in Schichtarbeit erledigt. Auffälligkeiten zur Arbeitsfähigkeit und Arbeitsbelastung traten dort zu Tage indem wiederholt Patienten in der Nachtschicht abgewiesen wurden, obwohl ausreichend Kapazitäten vorhanden waren. Mitarbeitergespräche in Folge dieser Vorfälle ergaben, dass die betroffenen Mitarbeitenden offenbar physisch überbelastet waren. Aus Angst vor dem Verlust ihres Arbeitsplatzes hatten insbesondere ältere Beschäftigte versucht, ihre körperlichen Defizite zu überspielen – „Sie erledigten ihre Aufgaben so gut es eben ging, aber nicht wirklich gut", so die Aussage eines Mitglieds der Unternehmensleitung. Für die Spitalleitung gab es zwei Szenarien zur Behebung der Problematik:

1. Die Entlassung der älteren und weniger leistungsfähigen Beschäftigen und Einstellung leistungsstärkerer Mitarbeitenden.

2. Die Arbeitsanforderungen und Arbeitsfähigkeit der bestehenden Mitarbeitenden in einen besseren Einklang zu bringen.

Die erste Option erwies sich nicht als realistisch, da 60 Prozent der betroffenen Mitarbeitenden älter als 40 Jahre waren und eine Rekrutierung von einer solch großen Anzahl neuen Pflegepersonals schwierig und äußerst kostspielig gewesen wäre.

Die Spitalleitung entschied sich für den flächendeckende Einsatz des Arbeitsbewältigungsindex zur Verbesserung der Gesundheit und Arbeitsfähigkeit der Mitarbeitenden. Bei der Einführung des Arbeitsbewältigungsindex wurde starkes Gewicht auf Datenschutz und die individuelle Freiwilligkeit gelegt, um Ängste bei den Beschäftigten vor einem Missbrauch der Daten zur eigenen Gesundheit durch die Unternehmensleitung vorzubeugen.

---

[89] Vgl. Bundesanstalt für Arbeitsschutz und Arbeitsmedizin (2007).

Die Nutzung des Arbeitsfähigkeitsindex wird jedem Mitarbeitenden individuell auf der Homepage des Spitals angeboten, um seinen eigenen gesundheitlichen Zustand zu ermitteln. Wer aufgrund eines schlechten oder mäßigen Arbeitsfähigkeitswerts Rat sucht, findet diesen beim betrieblichen Vertrauensarzt, der entweder medizinische Maßnahmen oder Aktivitäten aus dem Maßnahmenkatalog zur betrieblichen Gesundheitsförderung empfehlen kann. Von der Unternehmensleitung werden inzwischen vorausschauend leichtere Arbeitsplätze für weniger leistungsfähige Mitarbeitende frei gehalten. Chronisch Kranke werden ihrem Leistungsvermögen entsprechend eingesetzt. So gelang es, Ängste bei den Mitarbeitenden abzubauen und die Beschäftigten können Schwächen mittlerweile offen signalisieren. Auf Grund dessen können frühzeitig Interventionen gestartet werden, um die Leistungsfähigkeit auch älterer Mitarbeitenden zu sichern beziehungsweise zu verbessern. Zu den größten Erfolgen zählt, dass die Langzeitkranken heute wieder zu 50 Prozent arbeitsfähig sind. Da für die Arbeitgeber die Pflicht zur Lohnfortzahlung im Krankheitsfall besteht, rechnet sich diese Teilzeitarbeit der Beschäftigten auch betriebswirtschaftlich für das Spital.

Neben der Diagnose der gesundheitlichen Veränderungen durch den Alterungsprozess ist es aber auch wichtig, dass der einzelne Mitarbeitende zum Gesundheitsselbstmanagement im betrieblichen und privaten Bereich ermuntert wird. Neben der betrieblichen Gesundheitsförderung ist es nämlich auch immens wichtig, dass der Einzelne auch in seiner Freizeit an seiner Gesundheit arbeitet. Hierzu gehören regelmäßige sportliche Aktivitäten, genauso wie eine möglichst gesundheitsförderliche Ernährung. Leider ist nur ein geringer Teil der älteren Bevölkerung sportlich aktiv. Diese Zahl ist noch niedriger für die Gruppe der Arbeiter ist, die am meisten von körperlichen Einschränkungen am Arbeitsplatz betroffen ist.[90]

Vorbildlich sind hier die Angebote der DekaBank.[91] Diese in Frankfurt ansässige Bank mit 3500 Mitarbeitenden, hat ihr gesamtes Personalmanagement an die Lebensphasen der Mitarbeitenden angepasst. Ein wichtiger Bestandteil diese Ansatzes ist es, den Mit-

---

[90] Vgl. Ilmarinen (2001).
[91] Vgl. Büdel (2007); INQUA (2008).

arbeitenden zu ermöglichen, ihre geistige und körperliche Fitness bis zum Ruhestand auszubauen und zu erhalten. „Die Gesundheit der Belegschaft insgesamt zu stärken, insbesondere auch der Mitarbeitenden ab dem 50. Lebensjahr, liegt im Interesse des Unternehmens", sagt Oliver Büdel, Leiter Personal der DekaBank. Denn über eine gezielte Vorsorge können langfristige Erkrankungen wie Bandscheibenvorfälle, Herz- und Kreislaufprobleme teilweise verhindert und damit die Arbeitsfähigkeit bewahrt werden. Ab einem Alter von 40 Jahren rückt damit das Thema Gesundheit in seinen unterschiedlichen Ausprägungen in den Vordergrund. Kernbestandteil des Gesundheitsmanagementkonzepts ist der Deka Health Center, der im Jahr 2008 mit einem externen Partner in unmittelbarer Nähe der Konzernzentrale in Frankfurt neu gegründet wurde. Hier können die Mitarbeitenden Angebote aus dem Bereichen Entspannung, Ernährungsberatung und Bewegung wahrnehmen. Vor der Arbeit, während den Pausen und nach der Arbeit, können die Angestellten Fitness und Gesundheitschecks, Expertenberatungen, Kursprogramme und individuelles Training mit Cardio- und Ausdauergeräten vornehmen. Außerdem wird auch ein selbständiges Trainieren der Mitarbeitenden in bereits 15 Betriebssportgemeinschaften gefördert. Zu der Gesundheitskultur, die in dem Unternehmen etabliert werden soll, gehören aber auch ein striktes Alkohol und Rauchverbot, Wiedereingliederungsmaßnahmen für Mitarbeitenden die längere Zeit krank waren, Seminarangebote zu den Themen Mobbing, Beziehungs- und Konfliktmanagement sowie Stressbewältigung und gesundes Essen in der Kantine.

3.6 Kernaussagen des Kapitels

Zusammenfassend lassen sich folgende Kernaussagen aus diesem Kapitel festhalten:

- **Viele der gängigen Altersvorurteile sind Mythen**, die einer realistischen empirischen Betrachtung nicht standhalten.
- **Das Defizitmodell des Alterns trifft nicht zu**, vielmehr ist es möglich, dass ältere Mitarbeitende die gleiche oder sogar eine

- verbesserte Leistungsfähigkeit im Vergleich zu jüngeren Mitarbeitenden besitzen.
- Die individuelle Leistungsfähigkeit, nicht nur im Alter, hängt entscheidend von den drei Faktoren - **Motivation, Erfahrung und Fähigkeiten sowie körperlichen Konstitutionen** - ab.
- Für die eigene Entwicklung der drei Haupteinflussfaktoren im Alter ist der einzelne Mitarbeitende zumindest zum Teil selbstverantwortlich.
- Für die **individuelle Motivation** stehen die Entwicklung von Zielen und Perspektiven auch im fortgeschrittenen Alter im Mittelpunkt.
- Um die **individuelle Erfahrungen und Fähigkeiten** zu erhalten, ist ein Prozess des lebenslangen Lernens in allen Altersstufen notwendig, der am besten durch individualisierte, alter(n)sgerechte Lernformen erreicht werden kann.
- Ansatzpunkte für die **körperliche Konstitutionen** sind ein individuelles Prävention- und Gesundheitsmanagement, dessen Wirkung über den Arbeitsfähigkeitsindex gemessen werden können

Für die Entwicklung seiner Motivation, Qualifikation und körperliche Fähigkeiten ist der einzelne Mitarbeitende natürlich nicht ausschließliche alleine verantwortlich. Eine große Rolle dürften auch die Rahmenbedingungen spielen, mit denen er am Arbeitsplatz konfrontiert wird. Von entscheidender Bedeutung dürfte insbesondere der Umgang in der Vorgesetzten-Mitarbeitenden Beziehung sein, der wir uns im kommenden Kapitel ausführlich widmen werden.

Führung von fünf Generationen am Arbeitsplatz

Kapitel 4

4.1 Führung und Zusammenarbeit unterschiedlicher Generationen

Betrachtet man die möglichen Auswirkungen des demographischen Wandels auf die Unternehmenswelt im Hinblick auf Folgen für Führung und Zusammenarbeit fällt zunächst eine mögliche veränderte Vorgesetzten-Mitarbeitenden-Beziehung ins Auge. Mit Mitarbeitenden von bis zu fünf unterschiedlichen Generationen gleichzeitig in ihrer täglichen Arbeit umzugehen, stellt einige Führungskräfte vor ganz neue Herausforderungen. Anzunehmen ist, dass Mitarbeitende unterschiedlicher Generationen, aufgrund ihrer generationalen Prägung sowie der schon diskutierten Alterungseffekte, verschiedene Vorstellungen von einem guten Führungsverhalten haben. Insbesondere wenn ein großer Altersunterschied besteht, kann sich die Gestaltung der Führungsbeziehung als besonders schwierig erweisen. Hinzu kommt, dass es in der heutigen Arbeitswelt immer häufiger zu einer Umkehrung des Senioritätsprinzips kommt – der Vorgesetzte ist nicht mehr zwingend der Ältere. Diese Konstellation ist besonders konfliktgefährdet, da sie nicht der traditionellen Ordnung entspricht, die sich über Jahrhunderte in unserer Gesellschaft entwickelt hat.[92] In diesem Kapitel werden wir versuchen, Ansätze für eine *Generationale Führung* aufzuzeigen. Ziel eines solchen Ansatzes ist es, ein Führungsverhalten zu definieren, das den Mitarbeitenden in den verschiedenen Alterskohorten gerecht wird, generationale Gräben zwischen den Altersgruppen überwindet und es ermöglicht, die Potenziale aller fünf Generationen in der heutigen Arbeitswelt zur Entfaltung zu bringen.

Interessanterweise hat die bisherige Forschung zu den Themen „Altern und Arbeit" zu Tage gefördert, dass ein alter(n)sgerechtes Führungsverhalten einen immens großen Einfluss auf die langfristige Arbeitsfähigkeit des einzelnen Mitarbeitenden hat. Eine Finnische Längsschnittstudie zu Alter und Arbeitsfähigkeit hat gezeigt, dass Führungsverhalten der einzige hochsignifikante Faktor zur Verbesserung der Leistungsfähigkeit älterer Mitarbeitender ist.

---

[92] Vgl. DGFP (2004).

4 Führung von fünf Generationen am Arbeitsplatz

Wie in Abbildung 18 dargestellt.[93], entwickelt sich der Arbeitsfähigkeitsindex (ABI), der in sieben Dimensionen die derzeitige und zukünftige physische und psychische Arbeitsfähigkeit misst, ab einen Alter von 50 Jahren sehr unterschiedlich. Die Entwicklung hängt stark davon ab, ob keinerlei Maßnahmen, eine individuelle Gesundheitsförderung oder zusätzlich auch ein verbessertes Führungsverhalten stattfinden. Allerdings bleiben die Autoren in der Ausgestaltung einer solchen Führung eher vage und diskutieren letztendlich nur eine alleinige Anpassung von Führung auf die Generation der älteren Mitarbeitenden. Ein solcher Ansatz greift in unseren Augen jedoch zu kurz. Vielmehr muss es darum gehen, ein angepasstes Führungsverhalten für alle Generationen in der heutigen Arbeitswelt zu entwickeln.

Abbildung 18	Führung und Arbeitsfähigkeit; Quelle: Ilmarinen/Tempel; 2002.

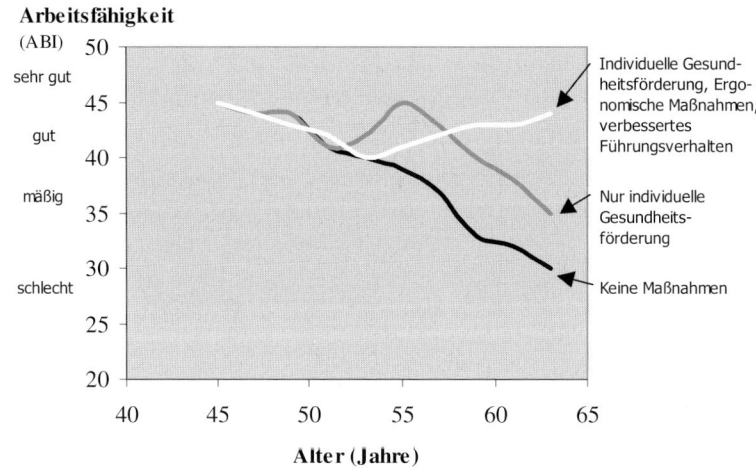

Um eine solche Anpassung zu erreichen, ist es zunächst einmal wichtig, die unterschiedlichen Generationen abzugrenzen und die jeweiligen Einstellungen, Werte, Lebensphasen und Alterszustände,

---

[93] Vgl. Illmarinen/Tempel (2002).

aus denen sich die Führungspräferenzen der Generationen ergeben, genau zu kennen. Dies wird zu Beginn des Kapitels vorgenommen.

Neben der Vorgesetzten-Mitarbeitenden-Beziehungen gibt es aber auch Beziehungen von Mitarbeitenden auf gleicher Hierarchieebene, die durch eine zunehmende Alters- und Generationenvielfalt in den Unternehmen betroffen sein werden. Auch diese Beziehungen gilt es zum Wohle des Unternehmens und der Mitarbeitenden auszugestalten. Als wichtigster Punkt ist hier der Wissenstransfer zwischen Generationen zu nennen, der durch Kooperationen zwischen Mitarbeitenden unterschiedlicher Altersgruppen erfolgen kann. Hiermit beschäftigen wir uns im zweiten Teil dieses Kapitels.

4.2 Generationsbegriff

Nachdem in den vorherigen Kapiteln die Unterschiede zwischen generationalen Altersgruppen wiederholt angerissen wurden, soll hier nun eine genaue Definition dieses Begriffes und seiner unterschiedlichen Dimensionen erfolgen.

Zu Beginn möchten wir noch anmerken, dass wir uns der Gefahr der Stereotypisierung durch die folgende Generationenbeschreibung bewusst sind. Es steht außer Frage, dass es unmöglich ist, alle Menschen einer Alterskohorte als gleichartig zu betrachten. Vielmehr hat jeder Mensch seine individuellen Besonderheiten, Stärken und Schwächen, die zum Teil stark von den typischen generationalen Eigenschaften abweichen können. Ebenso gibt es in vielen Bereichen keine klare Trennlinie zwischen den Alterskohorten wie es für eine genaue Generationendefinition wünschenswert wäre. Die Forschung zu Generationenzusammenhängen ist weitgehend von populärwissenschaftlicher Literatur und weniger von exakter, empirischer Fundierung geprägt. Das wird z.B. dadurch deutlich, dass die Diskussion zur „Generation Golf" durch die Veröffentlichung des gleichnamigen Buches von Florian Illies geprägt wurde, das nach Einschätzung des Professors Markus

Klein „völlig atheoretisch ist, und darüber hinaus auf jede Form der Beweisführung, die über das unmittelbare Erleben des Autors hinausgeht, verzichtet".[94] Vor allem wird die Diskussion zu generationalen Unterschieden am Arbeitsplatz aber von einer Vielzahl von praxisorientierten Veröffentlichungen aus den Vereinigten Staaten dominiert, die auch meistens auf der Ebene der anekdotischen Beweisführung verbleiben.[95] Trotzdem sollte es möglich sein, und es erscheint uns auch sehr sinnvoll, ein Grobcluster von Generationeneinteilungen zu bilden, das eine praxisrelevante Vereinfachung für die Führung von unterschiedlichen Generationen am Arbeitsplatz ermöglicht.

Eine Generation kann als eine Alterskohorte beschrieben werden, die Geburtsperiode und prägende gesellschaftliche und historische Ereignisse in den entscheidenden persönlichen Entwicklungsstufen, der Kindheit, Jugend und jungen Erwachsenenzeit, miteinander teilt. Aufgrund dieser Ereignisse entwickeln Generationen unterschiedliche Einstellungen und Identitäten, die sie voneinander abgrenzen.[96] Im Speziellen hat die wissenschaftliche Forschung zu Tage gefördert, dass unterschiedliche Wertvorstellungen und Präferenzen in Bezug auf Arbeit in verschiedenen Generationen bestehen.[97] Zeitlich teilt sich eine Generation in drei Teilgruppen - die erste Welle, die Kerngruppe sowie die Nachzügler - ein, die jeweils 5-7 Jahre auseinander liegen.[98] Dies entspricht einem *historisch-gesellschaftlichen Generationenbegriff*, der von dem *genealogischen Generationenbegriff*, der Abstammungen in Familien und dem *pädagogisch-anthropologischen Generationsbegriff*, in dem es um das Grundverhältnis der Erziehung, das Verhältnis zwischen vermittelnder und aneignender Generation geht, zu unterscheiden ist.[99]

---

[94] Klein (2003): 102.
[95] Vgl. z.B. Coupland (1995); Zemke/Raine/Filipczack (1999).
[96] Vgl. Smolla/Sutton (2002).
[97] Vgl. Kanfer/Ackermann (2000); Cherrington/Spencer/England (1979).
[98] Vgl. Kupperschmidt (2000).
[99] Vgl. Höpflinger (1999).

4.3 Generationen-, Alters- oder Lebensphaseneffekte

Wenn im Folgenden von unterschiedlichen Einstellungen und Werten verschiedener Altersgruppen am Arbeitsplatz gesprochen wird, stellt sich die Frage, wo diese Unterschiede herrühren.

Prinzipiell gibt es drei potenzielle Hypothesen zur Erklärung solcher Unterschiede:

- Zum ersten sind *reine Alterseffekte* denkbar, wie wir sie ausführlich in Kapitel 3 beschrieben haben. Diese Hypothese erklärt also Veränderungen in Einstellungen ausschließlich über Alterung, die sich bei jeder Person mit der Zeit gleich einstellen sollten.

- Zweitens sind neben den individuellen Alterungseffekten auch *Lebensphaseneffekte* vorstellbar, die einen Mitarbeitenden in seinem Verhalten am Arbeitsplatz prägen. So hat zum Beispiel ein ungebundener Single mit 25 Jahren aufgrund seiner Lebensphase andere Bedürfnisse und Motivationsstrukturen als junge Eltern oder sogar Erwerbstätige mittleren Alters, die sich gleichzeitig um ihre pflegebedürftigen Eltern und ihre noch nicht erwachsenen Kinder kümmern müssen.

- Drittens gibt es *generationale Effekte*. Dies sind sogenannte Koherteneffekte, die davon ausgehen, dass eine gemeinsame Sozialisierung in prägenden Lebensphasen wie der Kindheit, Jugend und jungen Erwachsenenzeit dazu führt, dass in einer Altersgruppe bestimmte Einstellungen und Werte entstehen, die für den Rest des Lebens erhalten bleiben.

Um diese konkurrierenden Hypothesen zu testen, sind Längsschnittstudien über mehrere Jahre, wenn nicht gar Dekaden notwendig. Aufgrund des Aufwands sind solche Untersuchungen bisher jedoch nur sehr selten durchgeführt worden. Häufiger sind Rückschlüsse auf der Basis von Querschnittsbetrachtungen anzutreffen, die es zumindest ermöglichen zwischen Alters- und Koherteneffekten zu unterscheiden. Die wenigen Studien, die eine Aussage zulassen, kommen zu keinen einheitlichen Aussagen. So kommen Smola und Sutton (2002) durch eine Replikaktion einer Studie aus den 70er Jahren zu dem Ergebnis, dass Arbeitswerte mehr durch generationale Prägung als durch Alterungsprozesse beeinflusst werden. Andererseits berichten Van der Velde, Feij und Emmerik (1998) in einer Kohortenstudie über acht Jahre mit jungen Erwachsenen, dass eher Alterungsprozesse als gesellschaftliche und soziale Prägungen für eine Veränderung der Arbeitswerte verantwortlich sind.

Die Ergebnisse dieser Studien legen nahe, dass alle drei Faktoren eine Rolle bei der Prägung von Einstellungen und Arbeitswerten von spezifischen Altersgruppen am Arbeitsplatz spielen. Deshalb erscheint es uns folgerichtig, bei der Beschreibung der Altersgruppen auf alle drei Faktoren einzugehen. Ziel ist es, den derzeitigen Zustand der generationalen Prägung, Lebensphase und Alterung für die fünf Altersgruppen, die wir im Folgenden definieren, zu beschreiben.

4.4 Fünf Generationen in der Arbeitswelt

Welche sind nun die unterschiedlichen Generationen, die in der heutigen deutschsprachigen Arbeitswelt anzutreffen sind und wie sehen ihre gesellschaftlichen Prägungen, Alterungseinflüsse und derzeitigen Lebensphasen aus?

Für den deutschsprachigen Raum hat sich noch keine einheitliche wissenschaftliche Gliederung der Generationen nach dem zweiten Weltkrieg herausgebildet. In praxisnaher Literatur werden häufig einfach die US-amerikanischen Idealtypen der Generationenforschung unhinterfragt auf den europäischen Kontext übertragen.[100] Prinzipiell mag es sinnvoll sein, sich an den vier Idealtypen der US-amerikanischen Generationenforschung - Veterans, Baby Boomer, Generation X und Generation Y - zu orientieren. Allerdings scheint eine Anpassung an die deutschsprachige Arbeitswelt angebracht, da sich die prägenden sozialen und gesellschaftlichen Ereignisse von nationaler zu nationaler Kultur stark unterscheiden. So setzten z.B. die wirtschaftlichen Boomjahre in den USA schon direkt nach dem zweiten Weltkrieg ein, wohingegen in

---

[100] Vgl. z.B. Voelpel/Leipold/Früchtenicht (2007) und DGFP (2004) für eine solche Anwendung.

4.4 Fünf Generationen in der Arbeitswelt

Westdeutschland das „Wirtschaftswunder" erst Anfang der 50er Jahre begann. Deshalb sind die geburtenstarken Jahrgänge der Baby Boomer auch im deutschsprachigen Raum im Gegensatz zu den Vereinigten Staaten um zehn Jahre verschoben und entsprechen den Geburtsjahrgängen 1955-1965.

Eine erste systematische Einteilung der derzeitigen Generationen in der deutschen Erwerbsbevölkerung hat Julia Oertel vorgenommen.[101] Aufbauend auf dem soziologischen Forschungsprojekt „Wandel der Sozialisationsbedingungen seit dem 2. Weltkrieg"[102] hat sie eine Klassifizierung von fünf Nachkriegsgenerationen, den Kriegskindern, Konsumkindern, Krisenkindern, Medienkindern und Netzkindern, aufgestellt. In einer ersten empirischen Studie konnte die Existenz dieser Generationen in der westdeutschen Erwerbsbevölkerung nachgewiesen werden. Eine weitere Kategorisierung, allerdings in Bezug auf politische Generationen in Westdeutschland, hat Professor Helmut Fogt (1982) vorgenommen, der bei seiner Einteilung zu ähnlichen Abgrenzungen wie Oertel (2007) gelangt.

Für unsere eigene Kategorisierung haben wir uns an diesen Konzepten orientiert, jedoch einige, aus unserer Sicht sinnvolle Anpassungen in Bezug auf Jahrgänge und Generationenbezeichnungen vorgenommen. Demnach gehen wir von den folgenden fünf unterschiedlichen Generationen aus, die sich derzeit im erwerbsfähigen Alter befinden:

- Die **Nachkriegsgeneration** (Geburtsjahrgänge ca. 1935-1945)
- Die **Wirtschaftswundergeneration** (Geburtsjahrgänge ca. 1946-1955)
- Die **Baby Boomer Generation** (Geburtsjahrgänge ca. 1956-1965)
- Die **Generation Golf** (Geburtsjahrgänge ca. 1966-1980)
- Die **Internetgeneration** (Geburtsjahrgänge ab ca. 1981)

Entscheidend dafür, ob eine generationale Identität in einer Altergruppe entsteht, sind prägende historische und zeitgeschicht-

---

[101] Vgl. Oertel (2007).
[102] Vgl. Preuss-Lausitz et al. (1994).

liche Ereignisse sowie der Lebensstil und Zeitgeist in der Kinder-, Jugend- und jungen Erwachsenenzeit, die etwa mit dem 30. Lebensjahr abgeschlossen ist. Oft gibt es bestimmte Ereignisse, wie z.B. das Kriegsende, die erste Mondlandung oder die deutsche Wiedervereinigung, die so einprägsam für alle Mitglieder einer Alterskohorte sind, dass jedes Mitglied sich ein Leben lang daran erinnern kann, wo es sich zu diesem Zeitpunkt aufgehalten hat.[103] Häufig entsteht aus solchen Ereignissen ein besonderer Zeitgeist, der die Menschen langfristig in ihren Einstellungen beeinflusst. Dieser theoretische Ansatz geht auf den deutschen Soziologen Karl Mannheim zurück, der in den 20er Jahren als Erster die Möglichkeit eines Generationenzusammenhalts von verschiedenen Alterskohorten thematisierte.[104] Neben der Voraussetzung der gleichen Geburtsjahrgänge geht Mannheim auch davon aus, dass es ein gemeinsames Ziel oder eine Idee geben muss, wie z.B. die Veränderung der gesellschaftlichen Verhältnisse auf die sich die 68er Bewegung gründete, um einen Generationenzusammenhang zu schaffen. Allerdings wollen wir für unseren Zweck von dieser sehr engen Definition Abstand nehmen und uns auf die Prägung durch zeitgeschichtliche Ereignisse konzentrieren. Abbildung 19 zeigt auf, wann die Sozialisationsphasen der einzelnen Generationen erfolgten.

Da es für uns besonders interessant ist, welche Prägungen die Altersgruppen in Bezug auf ihre Arbeitswerte erhalten, ist es neben der Kinder- und Jugendzeit zusätzlich interessant, von welchen Organisations- und Managementprinzipien die Arbeitswelt bei dem jeweiligen Berufsantritt der Alterskohorte geprägt war.

Die nun folgende Beschreibung der Spezifika, der einzelnen Generationen bezieht sich auf die Bundesrepublik Deutschland. Für die Schweiz hat eine detaillierte Beschreibung der Generationenbeziehung bisher nicht stattgefunden. Allerdings ist davon auszugehen, dass es speziell für den deutschschweizer Sprachraum relativ große Überschneidungen geben dürfte.

---

[103] Vgl. Zemke/Raine/Filipczack (1999).
[104] Vgl. Mannheim (1928).

Fünf Generationen in der Arbeitswelt

4.4

Fünf Generationen und ihre geschätzte Sozialisations- und Erwerbsphase

Abbildung 19

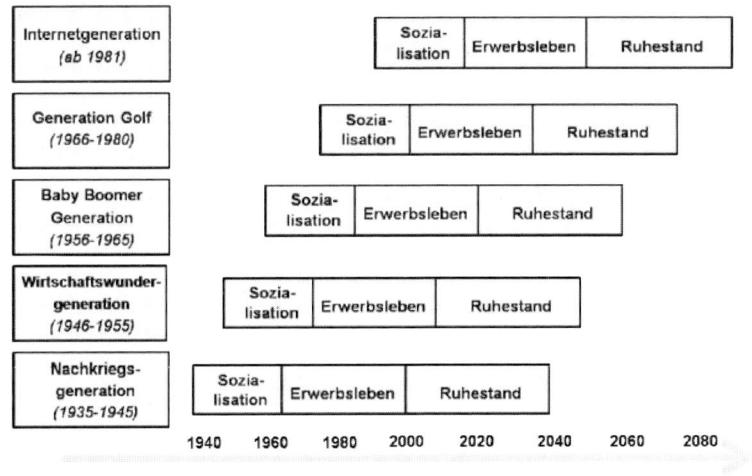

4.4.1 Die Nachkriegsgeneration

Alle Mitglieder der Nachkriegsgeneration haben inzwischen das 60. Lebensjahr überschritten und befinden sich demnach in der heutigen Arbeitswelt inzwischen am Übergang in den Ruhestand oder sind bereits aus dem aktiven Arbeitsleben ausgeschieden.

Diese Generation ist zum Teil mit derjenigen Generation vergleichbar, die in der amerikanischen Generationenforschung als *Veterans* bezeichnet wird. Zu dieser Alterskohorte zählen alle von 1935 bis 1945 Geborenen. In ihrer Kindheit und Jugendzeit wurde diese Generation zum einen von den Entbehrungen der Kriegsjahre und der Nazizeit und zum andern von den ereignisreichen Wiederaufbaujahren Ende der 40er und Anfang der 50er Jahre geprägt. Die wichtigsten historischen Ereignisse stellen sicherlich das Kriegsende im Jahr 1945 und die Gründung der Bundesrepublik Deutschland im Jahr 1949 dar.

Nicht viele Mitglieder dieser Generation haben die Kindheit und Jugend an einem Ort verbracht. Man wurde ausgebombt, vertrieben und zog nach Kriegsende wieder an gänzlich neue Orte. Die Väter dieser Generation waren häufig im Krieg gefallen oder in Gefangenschaft, so dass viele ohne männliches Elternteil aufwuchsen und früh Verantwortung in der Familie übernehmen mussten. Personen dieser Altersgruppe genossen häufig noch eine traditionelle, auf Werten und Hierarchien basierende Erziehung, die auch die Prügelstrafe mit einschloss.[105] Die direkte Nachkriegszeit war von einem Kampf um das tägliche Überleben geprägt, von dem sich diese Generation bis heute einen gewissen Pragmatismus und eine gewisse Zielstrebigkeit erhalten hat. Ebenso ist diese Generation eher sparsam, höflich und in ihrer Arbeitsweise von einer starken Loyalität und Gewissenhaftigkeit geprägt.[106]

Gleichzeitig war auch die Arbeitswelt der 50er Jahre, in der sie ihre ersten beruflichen Gehversuche unternahmen, von einer starren Hierarchie und Autoritätsprägung beeinflusst. Die deutsche Wirtschaft war noch stark durch industrielle Produktion geprägt. Das vorherrschende Organisations- und Managementprinzip war der Taylorismus, welcher eine mechanistische Sicht auf den einzelnen Mitarbeitenden hatte. Nach den Vorstellungen dieser Managementschule sollten Arbeitnehmer ähnlichen Gesetzen gehorchen wie Teile einer Maschine, die nach Bedarf austauschbar sein sollten.[107] Kommunikation mit den Mitarbeitenden, insbesondere über mehrere Hierarchieebenen hinweg, war unüblich und zumeist formalisiert, eine „Duz-Kultur" war in den meisten Unternehmen nicht vorstellbar. Es fand eine klare Trennung zwischen Privat- und Berufsleben statt und Arbeit wurde mehr als Mittel zum Zweck und weniger als Möglichkeit zur individuellen Selbstverwirklichung gesehen. Ebenso war die Arbeitswelt stark von Männern dominiert. Frauen fand man lediglich in wenigen geschlechtstypischen Berufen, etwa als Krankenschwestern, Lehrerinnen oder Sekretärinnen.[108]

Die persönliche Lebensphase betreffend, dürften die eigenen Kinder dieser Generation inzwischen aus dem Haus sein und bei vielen schon Enkelkinder zu erwarten oder angekommen sein. Der

---

[105] Vgl. Schütze/Geulen (1995).
[106] Vgl. Oertel (2007).
[107] Vgl. Taylor (1977).
[108] Vgl. Zemke/Raine/Filipczack (1999).

Generation werden für diese Lebensphase typische Bedürfnisse wie eine höhere Freizeitorientierung und ein Streben nach beruflicher Entlastung, welches letztendlich in den Ruhestand führen soll, zugeschrieben.[109] Durch eigene Erfahrungen mit schwerwiegenden Erkrankungen oder denen nahestehender Bekannter oder Verwandter, im speziellen der Elterngeneration, wurde diese Alterskohorte auch zum Großteil schon mit dem Tod konfrontiert. Dadurch ergibt sich ein Bewusstsein für die Endlichkeit der eigenen Existenz, das zu einem bewussteren Umgang mit der Lebenszeit führt. Allerdings liegt der Fokus von vielen Individuen in dieser Generation eher auf Sicherheit oder der Verhinderung von körperlichen und psychischen Verlusten bzw. eines finanziellen und sozialen Abstiegs. Große Veränderungen sowohl im privaten als auch im beruflichen Bereich werden deshalb von vielen Arbeitnehmern in der Nachkriegsgeneration nicht mehr angestrebt.

Vom Alterungsprozess gesehen ist die Nachkriegsgeneration in einer kritischen Phase für ihre Leistungsfähigkeit im Berufsleben. Die Wahrscheinlichkeit körperlicher Beschränkungen und gewisser Defizite bei den körperlichen Fähigkeiten nimmt zu. Andererseits verfügt diese Generation über ein immenses Erfahrungswissen, das sie über die lange Zeit ihres Berufslebens angesammelt hat und ihr bei einer Vielzahl von Tätigkeiten zu Gute kommt.

4.4.2 Die Wirtschaftswundergeneration

Die Wirtschaftswundergeneration, die sich aus den Geburtsjahrgängen von 1946-1955 zusammensetzt, befindet sich heute im fortgeschrittenen Erwerbsalter. Ihre Mitglieder sind häufig in Führungspositionen in allen gesellschaftlichen Bereichen angekommen und stehen auf dem Höhepunkt ihres Berufslebens.

Diese Generation forderte in ihrer Jugendzeit eine Veränderung der gesellschaftlichen Zustände, wie eine Ausweitung der Partizipationsrechte, eine gerechtere Reichtums- und Vermögensverteilung und einen steigenden Schutz von Minderheiten. Sie war also stark

---

[109] Vgl. Oertel (2007).

an postmaterialistischen Werten orientiert.[110] Außerdem wurde sie durch eine Auseinandersetzung mit der Generation der Eltern und deren Rolle in der Zeit des Nationalsozialismus geprägt. Dies führte zu den starken Generationenkonflikten in den 60er Jahren, die in der 68er Revolte gipfelten. Allerdings kann der harte Kern der 68er Bewegung, der für seine Überzeugungen auf die Straße ging, auf weniger als 10.000 Personen beziffert werden, die überwiegend aus dem akademischen Umfeld stammten.[111] Aber auch wenn sich andere Altersgenossen nicht aktiv beteiligten, so stimmten doch viele mit dem damaligen Lebensgefühl und den politischen Zielsetzungen überein.[112] Diese sozialkritischen, postmaterialistischen Einstellungen ergaben sich vor allem aus dem Zeitgeist der ökonomischen Sorglosigkeit und des Überflusses. Der Wirtschaftsaufschwung und damit der Wohlstandszuwachs in den 50er und 60er Jahren schien ohne Unterhalt immer weiter zu gehen. Über seine eigene persönliche ökonomische und berufliche Zukunft musste sich in Zeiten der Vollbeschäftigung kaum jemand Gedanken machen. Zusätzlich förderte der expandierende Wohlfahrtsstaat das Gefühl der persönlichen Sicherheit noch weiter. Nach den Anstrengungen, die zum Wiederaufbau unternommen werden mussten, rückte jetzt eine Orientierung hin zu Freizeit und persönlicher Verwirklichung immer mehr in den Vordergrund. Es kam zu einem Paradigmenwechsel vom „Leben um zu Arbeiten" zu „Arbeiten um zu Leben".

Die Arbeitswelt, in der diese Generation sozialisiert wurde, nahm zunehmend eine Abkehr von dem hierarchischen Taylorismus vor. So begann sich in vielen Unternehmen eine Ausrichtung der Unternehmensführung an der Human Relations Bewegung durchzusetzen, die eine humane, an den Bedürfnissen der Mitarbeitenden orientierte Personalführung in den Vordergrund stellte.[113] In den Betrieben zeigte sich entsprechend eine zunehmende Mitarbeitendenorientierung, die sich auch in einer wachsenden betrieblichen Mitbestimmung der Arbeitnehmer ausdrückte.

---

[110] Vgl. Klein (2003).
[111] Vgl. Lüscher/Liegle (2003).
[112] Vgl. Oertel (2007).
[113] Vgl. Kieser/Walgenbach (2007).

Betreffend der persönlichen Lebenssituation dürften auch bei dieser Generation die Kinder inzwischen zumeist erwachsen sein. Allerdings stehen Mitglieder dieser Alterskohorte am stärksten von allen Altergruppen vor der Herausforderung, den Spagat zwischen der noch nicht abgeschlossenen Erziehung und Ausbildung ihrer Kinder und der eventuellen Pflege ihrer Eltern zu bewältigen. Diese mögliche Doppelbelastung als „Scharniergeneration"[114] im Privatleben dürfte auch starke Auswirkungen auf das berufliche Leistungsvermögen und Engagement dieser Alterskohorte haben.

Materielle Anreize spielen für diese Generation in der Regel keine allzu große Rolle mehr für ihre berufliche Motivation. Vielmehr haben viele Mitglieder der Wirtschaftswundergeneration finanzielle Polster geschaffen. Bei ihrer Altersvorsorge dürften sie sich im Gegensatz zu den nachfolgenden Generationen weitestgehend auf den bestehenden Generationenvertrag verlassen können. Deshalb stehen für die Protagonisten dieser Kohorte häufig Selbstverwirklichung und persönliche Anerkennung im Beruf im Vordergrund. Diese Einschätzung deckt sich mit der Beschreibung in der Fachliteratur nach der dieser Generation vor allem Sinnfindung, Selbstbestimmung und auch Emanzipation im Privaten, aber auch im beruflichen Bereich nachgesagt wird.[115] Daraus folgt, dass sie in der Arbeitswelt selbstbewusst auftritt und nach einem Mitspracherecht strebt, aber auch genauso Anerkennung für ihre Lebensleistung und berufliche Stellung erfahren will.[116]

Bezüglich der physischen und psychischen Alterungsprozesse befindet sich die Wirtschaftswundergeneration in einer Phase, in der erste körperliche und geistige Rückgänge zu Tage treten können und insbesondere die Schwankungen zwischen einzelnen Individuen stark zunehmen, wie wir sie in Kapitel 3 beschrieben haben. So ist die körperliche und geistige Leistungsfähigkeit vom 50 bis zum 65 Lebensjahr bei einigen konstant, während sie bei anderen in demselben Zeitraum sogar stark abfällt. Andererseits befindet sich diese Generation auch in der Lebensphase, in der ein hohes Leistungsvermögen auch unter Belastung möglich ist, da die

---

[114] Lüscher/Liegler (2003): 80.
[115] Vgl. Oertel (2007).
[116] Vgl. Ebd.

Vertreter der Wirtschaftswundergeneration in der Regel in der Lage sind, die noch in geringem Maße auftretenden Defizite durch Routine, Einsatzbereitschaft und ein großes Erfahrungswissen in vielen Bereichen zu kompensieren.

4.4.3 Die Baby Boomer Generation

Da, wie schon zuvor beschrieben, die Zeit der geburtenstarken Jahrgänge im Gegensatz zu den Vereinigten Staaten erst Mitte der 50er Jahre einsetzte, werden in der Bundesrepublik Deutschland nur die Gruppe der 1956-1965 geborenen Kinder zu der Generation der Baby Boomer gerechnet. Das Jahr 1964 war in der Bundesrepublik Deutschland mit 1.357.304 Lebendgeborenen der Höhepunkt des Baby Booms, der 1965 abrupt mit dem sogenannten Pillenknick endete. In der Schweiz setzte der Baby Boom, aufgrund der weniger entbehrungsreichen Nachkriegszeit schon etwas früher ein. Diese Alterskohorte befindet sich derzeit im mittleren Erwerbsalter und kann teilweise schon auf über 20 Jahre Berufserfahrung zurück blicken. Viele Arbeitnehmer aus dieser Generation sind in Führungspositionen im Berufs- und gesellschaftlichen Leben angekommen.

Die Jugend und auch die Anfangsphase ihres Berufslebens fällt in eine Zeit der ersten wirklichen wirtschaftlichen Krisen der Nachkriegszeit. Die Zeit Ende der 70er Jahre und Anfang der 80er Jahre war durch eine wirtschaftliche Stagnation und die Ölkrise, die ein zukünftiges kontinuierliches Wachstum der westlichen Volkswirtschaften in Frage stellte und den Beginn des Phänomens der Massenarbeitslosigkeit in Westeuropa geprägt. Zusätzlich kam es in der Bundesrepublik Deutschland zu dem linksterroristischen Widerstand der Roten Armee Fraktion, der in den Geiselnahmen des „Deutschen Herbst" 1977 gipfelte. Aufgrund dieser Erfahrungen wird diese Generationengruppe auch als Generation der „Krisenkinder" bezeichnet.[117] Ihnen wurde damit im Gegensatz zu der Vorgängergeneration bewusst, dass sich für ihre persönliche und berufliche Zukunft auch Unsicherheiten ergeben können. Damit war kein

---

[117] Preuss-Lausitz et al. (1994).

so unbeschwertes postmaterialistisches, politisches und gesellschaftliches Engagement wie bei der Vorgängergeneration mehr möglich. Allerdings setzte diese Generation eine Reihe von Forderungen ihrer Vorgängergeneration, insbesondere im Bereich der Gleichberechtigung sowie der Sozial- und Umweltbewegung, um.[118] In den 1980er Jahren stellte die Gruppe der Baby Boomer als Schüler und Studenten den Hauptbestandteil der Friedens- und Umweltbewegung, die zu einer erheblichen Veränderung der politischen Landschaft in Deutschland führte. Insofern kann ihnen eine relativ starke Umsetzungskompetenz zugesprochen werden.

Im Gegensatz zu der vorhergehenden Wirtschaftswundergeneration mit ihrer politisierten 68er Bewegung gibt es keine so starke generationale Identität bei den Baby Boomern, die sich zum Beispiel aus einem gemeinsamen politischen oder gesellschaftlichen Ziel ergibt. Auch fehlte bis vor kurzem eine prominente Beschreibung dieser Generation, wie bei der Generation Golf, aus der sich eine gemeinsame Identität hätte ableiten können.[119]

Die Arbeitswelt, in der die Generation der Baby Boomer ihre ersten Schritte im Berufsleben machte, unterschied sich nicht stark von derjenigen der Wirtschaftswundergeneration. Die neo-klassischen Organisationsbedingungen mit ihrer stärkeren Mitarbeitendenorientierung und partizipativen Unternehmensführung begannen sich immer mehr durchzusetzen. Dies drückte sich auch insbesondere in der stärkeren Rolle der Gewerkschaften aus, die in der Lage waren immer bessere Tarifabschlüsse für ihre Mitglieder über fast alle Branchen hinweg durchzusetzen. Zweistellige Tarifabschlüsse, wie die 11% Lohnsteigerung im öffentlichen Dienst 1974, waren in den 70er Jahren keine Seltenheit. Ebenso kam es zu einer kontinuierlichen Verkürzung der Wochenarbeitszeit in vielen Branchen, zuerst auf 40 Stunden Ende der 70er Jahre bis hin zum Arbeitskampf um die 35 Stunden Woche Mitte der 80er Jahre.[120]

---

[118] Vgl. Oertel (2007).
[119] Das im Februar 2008 erschienene Buch „Wir Babyboomer. Die wahre Geschichte unseres Lebens" von Martin Rupps (2008) könnte sich möglicherweise zu einer identitätsstiftenden literarischen Publikation für diese Generation entwickeln.
[120] Vgl. WSI-Tarifarchiv (2008).

Da es sich bei dieser Generation wie beschrieben, um die geburtenstarken Jahrgänge handelt, waren ihre Protagonisten früh mit Konkurrenzsituationen in ihrer Kohorte konfrontiert: ob in der Familie mit mehreren Geschwistern, im Kindergarten, in der Schule, der Universität oder später auf dem Arbeitsmarkt, überall gab es einen Wettbewerb um knappe Ressourcen. Der US-amerikanische Baby Boomer Forscher Ken Dychtwald beschreibt es als Hauptherausforderung für diese Generation, dass sie sich zu jeder Phase ihres Lebens „durch einen Flaschenhals kämpfen musste, den ihre eigene große Anzahl verursacht hat".[121] Aufgrund ihrer großen Anzahl musste diese Alterskohorte früh lernen, zu kooperieren, was ihnen heute tendenziell bei ihrer Teamfähigkeit zu Gute kommt. Ebenso wird ihnen aus diesem Grund eine höhere Sozialkompetenz zugesprochen, die sich in Hilfsbereitschaft und Kooperationsfähigkeit ausdrückt. Mitarbeitende anderer Generationen arbeiten mit Baby Boomern vergleichsweise gerne zusammen.[122]

Persönlich befindet sich diese Generation in einer Phase der Lebensmitte in der häufig eine Bilanz über den bisherigen Lebensverlauf gezogen wird. Für den Einzelnen werden Erfolge, aber auch Fehlentscheidungen und Enttäuschungen, deutlich. Investitionen in Bildung und Beruf sollten sich bis zu diesem Zeitpunkt ausgezahlt haben. In der verbleibenden Lebenszeit wird es schwieriger werden als in der vergangenen Zeit, noch neue Lebensziele zu verwirklichen.[123] Privat ist diese Generation in der Lebensphase, in der die eigenen Kinder aufwachsen, falls sie sich für solche entschieden haben. Aus ihr rekrutiert sich der größte Bestandteil der heutigen Elterngeneration. Teilweise sind diese Altersgruppen auch schon der Belastung als „Scharniergeneration" zwischen der Eltern- und Kindergeneration ausgesetzt, wie wir sie bereits bei der Wirtschaftswundergeneration beschrieben haben.

Wenn man die Alterungseffekte betrachtet, ist die Generation der Baby Boomer noch in keiner Phase, in der es schon merkliche Einschränkungen aufgrund von physischen und psychischen Beeinträchtigungen geben sollte. Zwar ist auch bei dieser Generation der

---

[121] Dychtwald (2003): 8.
[122] Vgl. Oertel (2007).
[123] Vgl. Kohli/Rosenow/Wolf (1981).

Höhepunkt der körperlichen Leistungsfähigkeit und fluiden Intelligenz schon überschritten, aber für die Vielzahl der Tätigkeiten, wie sie in unserer heutigen Wissens- und Dienstleistungsgesellschaft zu erbringen sind, sollte dies keine entscheidende Rolle spielen. Vielmehr sind die Baby Boomer derzeit in einer Periode, in der sie kurz vor dem Höhepunkt ihrer beruflichen Leistungsfähigkeit stehen und sie das Rückgrat der Erwerbsbevölkerung im deutschsprachigen Raum bilden.

4.4.4 Die Generation Golf

Der Name dieser Generation ergibt sich aus dem Bestsellerroman von Florian Illies (2000), der damit das Lebensgefühl der zwischen 1966 bis Ende der 70er Jahre geborenen Generation beschreibt. Sie ist ungefähr mit dem gleichzusetzen, was in der amerikanischen Generationenbeschreibung zurückgehend auf den Roman von Dennis Coupland als Generation X bezeichnet wird.[124] Heute haben sich die Mitglieder dieser Generation zum Teil bereits im Berufsleben etabliert und vereinzelt schon beträchtlich Karriere gemacht. Nach Illies zeichnet sich diese Generation vor allem durch eine „Abgrenzung gegen die Vorgängergeneration mit ihrer Moralhoheit ab".[125]

Die sozialen und wirtschaftlichen Rahmenbedingungen, unter der diese Generation aufwuchs, unterschieden sich stark von den vorhergehenden Geburtskohorten, insbesondere derjenigen der Wirtschaftswundergeneration. Zwar gab es auch in den 80er Jahren noch einen beträchtlichen wirtschaftlichen Wohlstand, der sich auch weiterhin in Lohnsteigerungen und Arbeitszeitverkürzungen für viele Beschäftigte ausdrückte. Allerdings konnte die heranwachsende Generation in Zeiten steigender Arbeitslosigkeit nicht mehr davon ausgehen, dass ihr die berufliche Etablierung ebenso reibungslos gelingen würde, wie ihrer Vorgängergenerationen in den 60er und 70er Jahren. Vom politischen und gesellschaftlichen Umfeld her ist diese Generation noch vergleichsweise behütet auf-

---

[124] Vgl. Coupland (1995).
[125] Illies (2000): 101.

gewachsen, trotz zunehmender Scheidungsraten und Berufstätigkeit beider Eltern. Die Wiedervereinigung und die sich daraus ergebenden Umwälzungen erlebten sie größtenteils schon im Erwachsenenalter.[126]

Im Gegensatz zu Teilen ihrer Vorgängergenerationen, die stark von einem Streben nach postmaterialistischen Werten geprägt waren, ist diese Generation vor allem auf der Suche nach Wohlstand, Karriere und Sicherheit. Es rücken also wieder mehr materialistische Werte in den Vordergrund.[127] Kritisch wird deshalb häufig angemerkt, dass dieser Generationen, im Gegensatz zu ihren politisierten Vorgängern aus der Wirtschaftswundergeneration, eine gemeinsame, politische und gesellschaftliche Idee für das gemeinschaftliche Handeln fehle, um eine wirkliche Generationeneinheit zu bilden.[128] Trotzdem halten wir es für sinnvoll, diese Altersjahrgänge als eine gemeinsame Generation zu betrachten.

Nach den Ergebnissen von Klein (2007) nähert sich diese Generation mit ihrem Streben nach materiellen Werten wieder der Nachkriegsgeneration an. Dies wird darauf zurück geführt, dass diese Alterskohorte nach dem Ausscheiden aus den Bildungseinrichtungen mit einer angespannten Arbeitsmarktssituation, der Entwertung formaler Bildungszertifikate, der beginnenden Globalisierung und der fortschreitenden Krise des Wohlfahrtsstaates konfrontiert wurde.[129]

Die Berufs- und Arbeitswelt, in der diese Generation in den 80er Jahren sozialisiert wurde, ist gezeichnet von einer Dezentralisierung und Enthierarchisierung. Die Organisations- und Ablaufstrukturen sollten effizienter und flexibler werden, um einer zunehmenden Marktdynamik zu genügen und auch die wirtschaftlichen Krisen der 70er und 80er Jahre besser bewältigen zu können. Neben der klassischen Hierarchie gewinnen immer mehr neue Organisationsformen wie teilautonome Arbeitsgruppen oder Projektarbeitsgruppen an Bedeutung.[130] Durch den zunehmenden techno-

---

[126] Vgl. Oertel (2007).
[127] Vgl. Klein (2003).
[128] Vgl. Oertel (2007).
[129] Vgl. Klein (2007).
[130] Vgl. Schreyögg (2003)

logischen Wandel gehen die körperlichen Belastungen für fast alle Tätigkeiten zu Gunsten einer steigenden Wissensorientierung in fast allen Bereichen zurück. Das arbeitsrelevante Wissen für viele Tätigkeiten ist einem immer schneller werdenden Wandel unterworfen, der ein kontinuierliches Lernen unausweichlich erscheinen lässt.

Sowohl im beruflichen Bereich als auch im privaten Bereich muss sich die Generation Golf mit der in unserer Gesellschaft stattfindenden Medienrevolution auseinandersetzen. Die modernen Kommunikations- und Informationstechnologien begannen sich ab Mitte der 80er Jahre in vielen Bereichen zu etablieren. So ist der Umgang mit Computern am Arbeitsplatz und die Bereitschaft, sich beständig mit neuen Technologien vertraut zu machen, bei dieser Generation besonders ausgeprägt.[131]

Im privaten Bereich ist die Generation Golf derzeit im mittleren Erwachsenenalter. Viele haben Versuche unternommen, die Phase der Jugend und die damit verbundene Unabhängigkeit so lange wie möglich zu verlängern. Nach Zeiten steiler Karriereverläufe in den 80er und 90er Jahren sieht sich diese Generation nun zum ersten Mal auch von potenzieller Arbeitslosigkeit bedroht. Die Krise der „New Economy" und die sich daraus ergebende Phase der wirtschaftlichen Stagnation führte auch dieser Generation vor Augen, dass ständiges Wachstum nicht selbstverständlich ist. Dies ging häufig mit dem Gefühl des Nachholbedarfs im privaten Bereich einher, wo oft die Entscheidung für Kinder und Familie lange hinaus gezögert wurde.[132]

In Hinblick auf Alterungseffekte befindet sich die Generation Golf in einer eher komfortablen Situation. Auch wenn Einzelne bereits mit ersten Anzeichen eines fortschreitenden Alterungsprozess, wie Haarausfall oder Gewichtsveränderungen konfrontiert werden, so sind sie generell noch in einer Phase hoher körperlicher und geistiger Leistungsfähigkeit zu verorten. Insbesondere die männlichen Protagonisten befinden sich noch in einer Phase, in der sie sich selber unbezwingbar finden und deshalb auch bereit sind, hohe

---

[131] Vgl. Oertel (2007).
[132] Vgl. Oertel (2007).

Investitionen an Zeit und körperlichen Fähigkeiten für ihr persönliches Vorankommen in Kauf zu nehmen.

Aufbauend auf den oben beschriebenen Merkmalen werden mit der Generation Golf vor allem die Attribute Selbständigkeit, Gleichberechtigung, Ehrgeiz, Rationalität, Individualismus, Pragmatismus und Zuverlässigkeit in Verbindung gebracht.

4.4.5 Die Internetgeneration

Ab den Geburtsjahrgängen Anfang der 80er Jahre bildete sich eine neue Generation im deutschsprachigen Raum heraus, für die sich noch keine einheitliche Bezeichnung herauskristallisiert hat. Im englischen Sprachraum wird häufig von der Generation Y, in Abgrenzung zu der Generation X, gesprochen.[133] Andere Bezeichnungen sind Netzkinder[134] oder auch „Nexters"[135]. Wir finden den Begriff der Internetgeneration aufgrund der starken Beeinflussung der Altersgruppe durch diese neue Kommunikationsform am treffendsten. Diese Generation hat ihre Berufsausbildung und ihr Studium inzwischen beendet und befindet sich zum größten Teil am Beginn ihrer beruflichen Karriere.

In ihrer Sozialisationsphase, die noch andauert, wurden sie zuerst von der deutschen Wiedervereinigung und dem Übergang vom Ost-West-Konflikt zu einer Vorherrschaft der westlichen Kultur durch die voranschreitende Globalisierung weltweit geprägt. Sie ist die erste Generation, die vollständig von den Vorteilen der Globalisierung, wie weltweite Vernetzung und Mobilität, profitiert. Gleichzeitig wird sie aber auch mit den Nachteilen der Globalisierung, wie zunehmendem Wettbewerbsdruck für die westlichen Volkswirtschaften und auch den Sozialstaat, konfrontiert. Die Chancen und Unsicherheiten, die sich aus dieser Entwicklung ergeben, zwingen die Internetgeneration ihr Leben und insbesondere auch ihre berufliche Karriere auf kurzfristige Planung und Flexibilität auszurichten. Klare und voraussehbare, über mehrere Jahre oder

---

[133] Vgl. Huntley (2006).
[134] Vgl. Oertel (2007).
[135] Vgl. Zemke/Raine/Filipczack (1999).

Jahrzehnte vorgezeichnete Berufs- und Karrierewege sind für diese Generation selten geworden. Vielmehr führt eine zunehmende rechtliche und zeitliche Deregulierung zu einer Instabilität und Unkalkulierbarkeit der Arbeitsverhältnisse, im Speziellen für gut qualifizierte Arbeitnehmer. Die eigene Kontrolle über den Berufs- und Lebensweg weicht einem immer stärker steigenden Anspruch an Flexibilität, Mobilität und Innovativität, die die jungen Erwerbstätigen fast bei jedem Berufswechsel zwingen, sich an neue Bedingungen anzupassen. Aufgrund der Unsicherheit zu Beginn ihres Berufslebens und der Vielzahl von kurzfristigen und schlecht bezahlten Beschäftigungsverhältnissen in der sich diese Generation befindet, wird sie in der gesellschaftlichen Diskussion auch als „Generation Praktikum" bezeichnet.[136]

Neben der Wiedervereinigung und ihren Folgen sind die terroristischen Anschläge des 11. September das zweite prägende Ereignis für diese Generation. Dieses Ereignis und die darauf folgenden Auseinandersetzungen haben der Generation vor Augen geführt, dass es keinesfalls ein „Ende der Geschichte"[137] mit Stabilität, Frieden und Dominanz der westlichen Werte, wie liberale Demokratie und Marktwirtschaft weltweit, geben wird. Trotzdem wird die jüngste Generation generell als optimistisch, kontaktfreudig, idealistisch sowie auch als tolerant und multikulturell, aufgrund ihrer frühzeitigen Berührungspunkte mit anderen Kulturkreisen und Nationalitäten in der Globalisierung, eingeschätzt.[138]

Die Arbeitswelt, mit der die Internetgeneration konfrontiert wird, ist stark durch die neuen Möglichkeiten des Internets geprägt. Kommunikation über E-Mail oder andere moderne Formen des Internets, wie Bloggs, „Voice-over-IP-Dienste" oder Soziale Online Netzwerke (z.B. Facebook oder StudiVZ), sind für Mitglieder dieser Altersgruppe eine Selbstverständlichkeit, sowohl im privaten als auch im beruflichen Bereich, da sie mit der sprunghaften Entwicklung des Internets seit 1993 quasi aufgewachsen sind. Ebenso haben sie sich an die dezentralen Organisationsstrukturen, die sich aus der weltweiten Vernetzung ergeben, sowie die immer schneller

---

[136] Vgl. Stolz (2005).
[137] Vgl. Fukuyama (1992).
[138] Vgl. Oertel (2007).

schwindenden Grenzen zwischen Berufs- und Privatleben gewöhnt. Durch den Börsenboom der New Economy Ende der 90er Jahre haben sie wahrgenommen, welche Möglichkeiten auch finanzieller Art sich aus den neuen Technologien ergeben, wodurch sie in ihrem Streben nach Innovation und neuen Technologien weiter bestärkt wurden. Ebenso ist diese Generation im Vergleich zu ihren Vorgängern „multi-tasking"-fähiger, d.h. in der Lage, eine Vielzahl von Aufgaben und Anwendungen gleichzeitig zu bewältigen.[139]

Von ihrer privaten Lebensphase ausgehend, befindet sich diese Generation zum großem Teil noch in der Periode der relativen Unabhängigkeit vor der Familiengründung. Allerdings wird diese Lebensphase, in der die berufliche Etablierung mit der privaten Partnerfindung und Familiengründung zusammenfallen, auch als „rush-hour" des Lebens bezeichnet.[140] Innerhalb eines kurzen Zeitraums von 5-10 Jahren müssen eine Vielzahl von Entscheidungen gefällt werden, die für die weitere berufliche und private Entwicklung wegweisend sind. Diese Doppelbelastung von erstrebenswerter Sicherheit und Stabilität für eine Familiengründung und die oben beschriebenen Mobilitäts- und Flexibilitäts-Anforderungen der modernen Arbeitswelt können für die jungen Menschen belastend sein.

Betrachtet man Alterungseffekte der Internetgeneration, so befindet sich diese Generation rein chronologisch auf dem Höhepunkt ihrer körperlichen und geistigen Leistungsfähigkeit. Die Protagonisten dieser Generation sind bei der Arbeit mehrheitlich hoch belastbar sowohl für körperliche Anstrengungen als auch für psychische Belastungen. Außerdem haben sie die Fähigkeit, sich schnell in neue Aufgabenbereiche einzuarbeiten, da sie eine herausragende kognitive Lernfähigkeit besitzen. Ihr einziges Problem ist ein Mangel an Erfahrung, unter anderem im Treffen weitreichender Entscheidungen oder auch in der Mitarbeitendenführung.

Tabelle 3 bietet einen Überblick zu den fünf unterschiedlichen Generationen in der heutigen Arbeitswelt.

---

[139] Vgl. Gursoy/Maier/Chi (2008).
[140] Vgl. Bertram (2005); Schuler (2006).

4.4 Fünf Generationen in der Arbeitswelt

Überblick: Fünf Generationen am Arbeitsplatz — Tabelle 3

Generation	Generationseigenschaften	Lebensphase	Alterungseffekte
Nachkriegsgeneration (Geburtsjahrgänge 1935-1945)	▪ Zuverlässig ▪ Loyal ▪ Pflichtbewusst ▪ Respekt für Hierarchie und Vorgesetzte ▪ Materielle Werte	▪ Kurz vor dem Ruhestand ▪ Kinder sind aus dem Haus ▪ Bewusstsein über Endlichkeit des Daseins	▪ Kritische Phase für psychische und physische Leistungsfähigkeit ▪ Immenses Erfahrungswissen
Wirtschaftswundergeneration (Geburtsjahrgänge 1946-1955)	▪ Idealistisch ▪ Skeptisch gegenüber Autoritäten ▪ Postmaterielle Werte ▪ Anspruchsvoll ▪ Selbstbestimmung und Mitspracherecht wichtig	▪ Auf dem Höhepunkt des Berufslebens ▪ In der zweiten Lebenshälfte angekommen ▪ Scharniergeneration	▪ Rückgänge der körperliche und geistige Leistungsfähigkeit vorhanden, aber stark inter-individuelle Differenzen ▪ Großes Erfahrungswissen
Baby Boomer Generation (Geburtsjahrgänge 1956-1965)	▪ Durchsetzungsfähig ▪ Gute Teamfähigkeit ▪ Konkurrenz- und konflikterprobt ▪ Umweltbewusstsein und Emanzipation	▪ Größte Elterngeneration ▪ Mittlere Lebensphase in der eine erste Lebensbilanz gezogen wird	▪ Erste Rückgänge der Leistungsfähigkeit können durch Einsatzbereitschaft und Erfahrungswissen ausgeglichen werden
Generation Golf (Geburtsjahrgänge 1966-1980)	▪ Individualismus und materielle Werte ▪ Karriereorientierung ▪ Pragmatisch und Rational ▪ Nur kurzfristig loyal	▪ Mittlere Lebensphase ▪ Im Berufsleben etabliert ▪ Späte Familienplanung	▪ Im besten Erwerbsalter ▪ Noch kaum Rückgänge der Leistungsfähigkeit ▪ Sehr leistungsfähig und von ihrer Kompetenz überzeugt
Internetgeneration (Geburtsjahrgänge ab 1981)	▪ Lernbereit ▪ Technologieaffin ▪ Hohe Flexibilität und Mobilität ▪ Tolerant	▪ Etablierung im Berufsleben ▪ Unabhängigkeit vor der Familiengründung ▪ „Rush-hour" des Lebens	▪ Körperlich und geistig sehr leistungsfähig ▪ Hohe Lernfähigkeit ▪ Wenig Erfahrungswissen

4.5 Generationenunterschiede in der Vorgesetzten-Mitarbeitenden-Beziehung

Was bedeuten nun diese unterschiedlichen generationalen Identitäten für die Führungsbeziehung zwischen Vorgesetzten und Mitarbeitenden?

Wir gehen davon aus, dass ein Ansatz der generationalen Führung sinnvoll ist, der sowohl die generationale Prägung, die Lebenssituation als auch Alterungseffekte des einzelnen Mitarbeitenden berücksichtigt. Ein solcher Ansatz, der sich an den Bedürfnissen des einzelnen Mitarbeitenden orientiert, steht konträr zu vielen bisher propagierten Führungsansätzen, die sich vornehmlich an dem Verhalten der Führungskraft orientiert haben, mit der impliziten Annahme, dass spezifische Führungsstile für alle Altersgruppen gleich effektiv sind.

Unser Modell der generationalen Führung folgt einem neuen Ansatz in der internationalen Führungsforschung, der davon ausgeht, dass eine Individualisierung des Führungsverhaltens für den einzelnen Mitarbeitenden sinnvoll ist.[141] Dieser individualisierte Führungsansatz postuliert, dass eine Austauschbeziehung zwischen Vorgesetzten und Mitarbeitenden stattfindet. Dabei werden die Mitarbeitenden individuell motiviert, indem die Führungskraft den Selbstwert der Mitarbeitenden fördert. Diese erbringen im Gegenzug Leistungen, welche die Erwartungen der Führungskraft erfüllen. Die Führungskraft erkennt die individuellen Stärken, Schwächen und Bedürfnisse ihrer Mitarbeitenden und geht auf diese ein, indem sie Vertrauen in ihre Integrität und ihre Fähigkeiten ausdrückt. Die Mitarbeitenden „tauschen" also ihre Leistung gegen einen durch ihre Führungskraft geförderten Selbstwert.[142]

Nach unserer Auffassung kann bei den fünf unterschiedlichen Generationen in der heutigen Arbeitswelt eine solche Führung nur erfolgreich sein, wenn sie die unterschiedlichen Führungspräferenzen dieser Altersgruppen berücksichtigt und spezifisch auf den einzelnen Mitarbeitenden eingehen. Wie in Abbildung 20 dar-

---

[141] Vgl. Dansereau et al. (1995).
[142] Vgl. Ebd.

gestellt, kann es zu einer erfolgreichen Führungsbeziehung zwischen Vorgesetzten und Mitarbeitenden unterschiedlicher Generationen einzig kommen, wenn es zu einer Übereinstimmung zwischen generationalen Führungspräferenzen der Mitarbeitenden und dementsprechend angepasstem Führungsverhalten der Vorgesetzten kommt. Ausschließlich mit einem solchen individuell angepassten Führungsstil kann es gelingen, den Bedürfnissen der verschiedenen Generationen gerecht zu werden und damit ihre unterschiedlichen Potenziale und Stärken zur Entfaltung zu bringen.

Implizite Führungstheorie zur erfolgreichen Führung Mitarbeiter unterschiedlicher Generationen   *Abbildung 20*

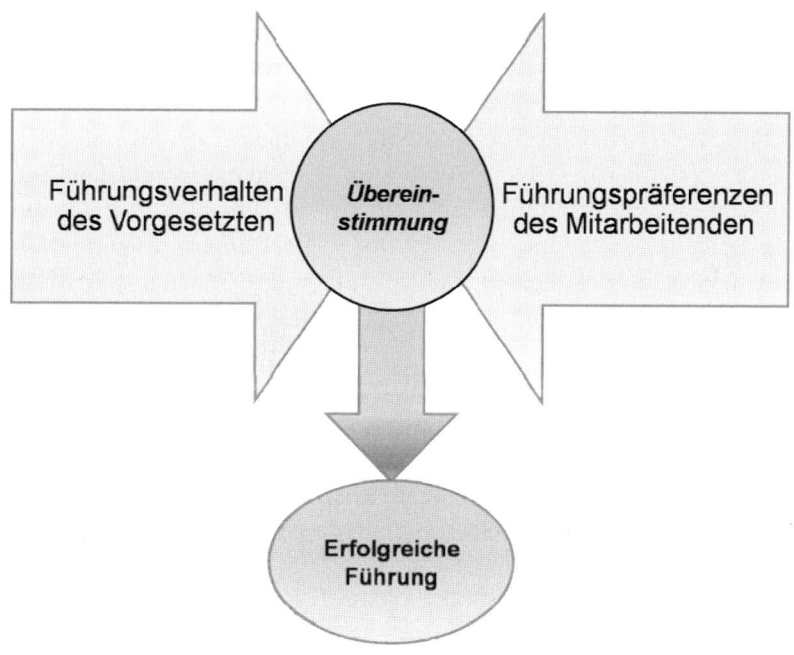

4.6 Führung unterschiedlicher Generationen

Ausgehend von den beschriebenen Bedürfnisstrukturen der unterschiedlichen Generationen und dem Ansatz der individualisierten Führungstheorie geht es nun darum, ein spezifisches Führungsverhalten für die fünf Generationen zu beschreiben, um Führungskräften eine Handlungsanleitung für ihren alltäglichen Umgang mit Mitarbeitenden unterschiedlicher Generationen zu geben. Durch diese generationale Führung sollte es gelingen, die Potenziale aller Generationen zu nutzen und eine Arbeitsumgebung zu schaffen, in der sie zufrieden sind und damit auch lange leistungsfähig bleiben. Wir gehen in der Beschreibung der Führungsstile von einem weiten Führungsbegriff aus, der alle Maßnahmen der Führungskraft, die dem Arbeitseinsatz, der Zielsetzung, der Entwicklung und damit letztendlich auch der Motivation der Mitarbeitenden dienen, mit einschließt. Konkret werden deshalb im Folgenden insbesondere spezifische *Stärken der Generation*, denen besondere Wertschätzung entgegengebracht werden sollte, *Kommunikation und Führungsverhalten* sowie die beste Form der *Leistungsbewertung* für die jeweilige Generation erläutert werden.

4.6.1 Nachkriegsgeneration – Erfahrungsorientierte Führung

Wenn sich Personen aus der Nachkriegsgeneration heute noch im Erwerbsleben befinden, so sind sie zum Großteil kurz vor dem Übergang zum Ruhestand. Aufgrund der Sozialisierung in einer Zeit, in der noch eine mechanistische, hierarchische Unternehmenskultur dominierte, dürften sie eine stärkere Präferenz für einen klaren und zielorientierten Führungsstil haben. Sie sind es gewohnt, Respekt vor einem Vorgesetzten zu haben und dessen Vorgaben wenig in Frage zu stellen. Gleichzeitig erwarten die Mitglieder dieser Generation aber auch, dass ihre Lebens- und Arbeitserfahrung gewertschätzt wird und dass sie in Bereichen, in denen sie Kompetenzen haben, auch in Entscheidungsfindungen involviert werden. Hier erkennen sie eine jüngere Führungskraft nur an, wenn diese sie von ihrer Kompetenz überzeugen kann. Auch ihre

4.6 Führung unterschiedlicher Generationen

weiteren Vorzüge, wie Loyalität gegenüber dem Unternehmen, eine hohe Lösungskompetenz, Zuverlässigkeit, Stressresistenz und soziale Kompetenzen sollten von der direkten Führungskraft anerkannt werden.

Viele Mitglieder dieser Generation streben keine großen Karriereziele mehr an und sehen sich deshalb auch nicht in einer Konkurrenzsituation mit anderen Mitarbeitenden. Dies sollte bei der Bewertung ihrer Leistungen berücksichtigt werden, bei der nach Möglichkeit eher ein individueller als ein kollektiver Bezugsrahmen gewählt werden sollte. Ziele und deren Erfüllung sollten demnach im Bezug auf die individuelle Leistung sowie Entwicklung des Mitarbeitenden und nicht im Vergleich zum Team oder Gesamtunternehmen bewertet werden. Es sollte zum Beispiel auch anerkannt werden, wenn sie Mentoring-Funktionen für Mitglieder jüngerer Generationen übernehmen.

Bei der Kommunikation dürften viele Mitglieder dieser Generation eine persönliche Beziehung zu ihren Vorgesetzten präferieren und lieber direkt mit Führungskräften und Kollegen kommunizieren, anstatt sich vorrangig über Mail, Fax oder Handy auszutauschen.

Bei der Lösung von Problemen greift diese Generation verständlicherweise eher auf bisherige Erfahrungen zurück und ist deshalb schwieriger für neue Methoden und Lösungswege zu begeistern. Trotzdem sollte es nicht unterlassen werden, auch diese Generation weiter- und fortzubilden. Insbesondere im Umgang mit neuen Technologien sollte sie geschult werden, da die Nachkriegsgeneration in ihrer Sozialisationsphase in der Schule und zu Beginn ihrer Arbeitstätigkeit keinerlei Kontakt mit modernen Informationstechnologien hatte. Allerdings sollte man nicht erwarten, dass sie aufgrund neuer Erkenntnisse einen vollständigen Wandel ihrer Einstellung zu bestimmten Themen und Vorgehensweisen vollziehen. Es ist aber sehr wohl möglich, dass sie ihr Handeln anpassen, ohne grundlegende Einstellungen zu ändern.[143]

Bei der weiteren Karriereplanung für diese Generation sollte die jeweilige Führungskraft immer einen möglichst flexiblen Übergang in den Ruhestand im Auge behalten. Im Speziellen bei Leistungs-

---

[143] Vgl. Zemke/Raine/Filipczack (1999).

trägern des Unternehmens, die über großes implizites Wissen verfügen, sollten Lösungen geschaffen werden, die es ermöglichen, dieses Wissen im Unternehmen zu binden. Dies kann zum Beispiel über Teilzeitangebote geschehen, die es den Mitarbeitenden ermöglichen, ihr Streben nach mehr Freizeit im privaten Bereich und der Weitergabe von Wissen und Erfahrung im Unternehmen zu verbinden. Wenn über Anreizstrukturen für die Nachkriegsgeneration nachgedacht wird, sollte deshalb Freizeitausgleich gegenüber finanziellen Anreizen im Vordergrund stehen. Für bereits aus dem Unternehmen ausgeschiedene kompetente Mitarbeitende sind sogenannte Senior-Expert-Modelle denkbar, die es gestatten, erfahrene Mitarbeitende aus der Rente für wichtige Projekte in das Unternehmen zurück zu holen. Detailliert wird auf diese auch nochmals in Kapitel 6.3 eingegangen.

Schon vergleichsweise lange hat ABB Schweiz ein Senior-Experten-System etabliert.[144] ABB gehört zu den weltweit führenden Unternehmen im Bereich Automations- und Energietechnik mit ca. 100.000 Mitarbeitenden in mehr als 100 Ländern. In der Schweiz sind derzeit rund 5.000 Mitarbeitende bei ABB beschäftigt. Da obere Führungskräfte traditionell mit 60 Jahren aus ihrer Position ausscheiden, machte sich das Unternehmen schon Anfang der 90er Jahre darüber Gedanken, wie die Potenziale dieser erfahrenen Mitarbeitenden weiterhin für das Unternehmen genützt werden können. Deshalb kam es 1994 zu der Gründung des externen Beratungsunternehmens Consenec AG, in das die pensionierten Mitarbeitenden automatisch eingegliedert werden. Bis zu ihrem vollständigen Ruhestand bleiben sie dem Unternehmen in dieser Funktion als externer Berater für wichtige Projekte erhalten. Sie dürfen ihr Arbeitspensum je nach individuellen Bedürfnissen selbst festlegen. Durch dieses Modell wird das Erfahrungswissen der Mitarbeitenden erhalten und gleichzeitig die Belastung reduziert. Die Consenec AG, in der inzwischen auch erfahrene Führungskräfte von Alstom und Bombardier arbeiten, stellt ihre Expertise nicht nur ABB, sondern auch externen Interessenten zur Verfügung. Nach Klaus Hörhager, einem der 45 Berater von Consenec reizt an der Arbeit besonders, dass man „ohne Druck, unabhängig vom Beruf,

---

[144] Vgl. Baldauf (2008).

tätig sein kann", aber dennoch seine große Profession weiter betreiben kann, die Entwicklung von Strategien und deren Umsetzung. Ebenso kann man vermeiden, was Führungskräfte, die wie er jahrelang 120% im Einsatz waren, scheuen: „Direkt vom fünften Gang in den Stillstand zu schalten".

Beim Arbeitseinsatz der Mitarbeitenden ist darauf zu achten, dass Arbeitsanforderungen und spezifische Fähigkeiten in Einklang gebracht werden. Es gibt, wie im vorherigen Kapitel beschrieben, gewisse körperliche und geistige Einschränkungen, die in diesem Alter auftreten können, aber nicht müssen. Deshalb sollte z.B. ein Einsatz in Tätigkeitsfeldern, wie wir sie vorher in Kapitel 3 als nicht alter(n)sgerecht beschrieben haben, vermieden werden. Kenntnisse über die physische und psychische Leistungsfähigkeit der Mitglieder dieser Generation zu haben, dürfte deshalb für die einzelne Führungskraft von großer Bedeutung sein.

4.6.2 Wirtschaftswundergeneration – Sinnorientiert-partizipative Führung

Die Wirtschaftswundergeneration hat sehr unterschiedliche Führungspräferenzen im Vergleich zu denjenigen Arbeitnehmern, die in der direkten Nachkriegszeit sozialisiert wurden. Wie wir zuvor festgestellt hatten, besitzt diese Generation die stärksten postmateriellen und idealistischen Werte. Ihr Respekt vor Hierarchie und Vorgesetzten ist dagegen tendenziell geringer ausgeprägt. Das sollte deshalb auch bei der Führung dieser Mitarbeitendengruppe Berücksichtigung finden. Die Präferenzen dieser Generation dürften deshalb klar auf einem eher partizipativen Führungsstil liegen. Dies sollte nicht nur aufgrund ihrer generationalen Prägung der Fall sein, sondern auch wegen des immensen Erfahrungswissens, das sie wie ihre Vorgängergeneration besitzen und für das sie gerne Wertschätzung erhalten möchten. Hierarchien gegenüber sind Mitarbeitende aus dieser Generation eher misstrauisch eingestellt und streben danach, diese zu nivellieren.

Bei der Anreizgestaltung ist noch mehr als bei der Nachkriegsgeneration auf eine Darstellung der Sinnhaftigkeit der Tätigkeiten zu achten. Die Wirtschaftswundergeneration dürfte nämlich sowohl durch ihr Alter als auch durch ihre postmaterialistischen Wertvorstellungen, die stärkste intrinsische Motivationsdisposition von allen Generationen im Erwerbsalter aufweisen. Deshalb sollte man als Führungskraft darauf achten, die Ziele immer in einen größeren Zusammenhang zu stellen, der auch mit den persönlichen Wertvorstellungen kongruent ist.

Was für die Kommunikation mit modernen Technologien für die Nachkriegsgeneration gesagt wurde, gilt in ähnlicher Weise für die Wirtschaftswundergeneration. Da sie noch ohne Computer und E-Mail aufgewachsen sind und am Arbeitsplatz sozialisiert wurden, sollte die Notwendigkeit der direkten Kommunikation nicht unterschätzt werden. In dieser sollten nach Möglichkeit immer wieder die spezifischen Stärken dieser Generation, wie kritisches Hinterfragen von Routinen, Durchsetzungsfähigkeit, Erfahrung und soziale Kompetenz, hervorgehoben und wertgeschätzt werden. Allerdings ist nicht zu unterschätzen, dass die Wirtschaftswundergeneration durch ihre eigenen Kinder aus der Generation Golf und Internetgeneration schon stärker mit Informationstechnologien und Computern in Kontakt gekommen ist als ihre Vorgängergenerationen.

Ihre Rolle als Scharniergeneration zwischen der Versorgung der eigenen Kinder, die auf dem Weg zur Selbständigkeit sind und der eventuellen Pflege der eigenen Elterngeneration, kann zu einer leistungs- und motivationsmindernden Doppelbelastung führen. Deshalb ist aus Sicht der Führungskraft darauf zu achten, dass in Phasen, in denen eine solche Belastung vorliegt, das Arbeitspensum entsprechend angepasst wird. Bisher haben nur wenige Unternehmen erkannt, dass neben der Kinderbetreuung auch die mögliche Pflege von älteren Angehörigen ein wichtiger Bestandteil familienfreundlicher Führungs- und Personalpolitik ist. Nach einer eigenen Befragung, die vom Institut für Führung und Personalmanagement der Universität St. Gallen im Jahr 2007 in 176 mittelständischen Unternehmen durchgeführt wurde, bieten nur 6% der Unternehmen flexible Möglichkeiten zur Betreuung von pflegedürftigen Angehörigen an.

4.6 Führung unterschiedlicher Generationen

Ein positives Praxisbeispiel hierfür sind die Ford Werke in Köln.[145] In Deutschland waren 2006 bei dem Automobilhersteller Ford mehr als 24.000 Personen beschäftigt. Im Jahre 2003 bildete sich dort eine Arbeitsgruppe, die sich mit der Vereinbarkeit der Pflege bedürftiger Angehöriger und dem Arbeitsleben auseinandersetzt. Auf Initiative dieser Arbeitsgruppe wurde ein vielfältiges Programm im Bereich der Personalarbeit und -führung unter dem Titel „Arbeit und Pflege" ins Leben gerufen. Neben flexiblen Arbeitszeitmodellen für die Pflege Angehöriger, gibt es spezielle Angebote zur Beratung und das Ziel, eine offene Kultur für private Probleme der Mitarbeitenden zu schaffen. Denn nach Rainer Ludwig, Personalvorstand der Ford Werke, „grenzt privates Engagement nicht aus, sondern bereichert. Denn die persönlichen Erfahrungen Einzelner kommen langfristig den Potenzialen und Kompetenzen des gesamten Unternehmens zu Gute". Ziel ist es, „allen Beschäftigten, die pflegerische Aufgaben wahrnehmen, mit Verständnis, Rücksicht und Wertschätzung zu begegnen". Auch während einer Pflegephase sollen Arbeits- und Privatleben in Einklang gebracht werden, um letztendlich zu vermeiden, dass erfahrene Mitarbeitende durch eine Pflege von Angehörigen dem Unternehmen ganz verloren gehen. Denn häufig besteht bei älteren weiblichen Beschäftigten die Gefahr, dass sie aufgrund der Pflegeaufgabe vollständig aus dem Berufsleben ausscheiden.

Insbesondere im Umgang mit Mitarbeitenden der Wirtschaftswundergeneration sollten Führungskräfte also darüber informiert sein, dass aufgrund der spezifischen Lebenssituation dieser Beschäftigten stärkere Belastungen auftreten können, die durch individuelle Anpassung der Arbeitszeit und Belastung ausgeglichen werden können. Neben dieser funktionalen Entlastung ist aber genauso eine emotionale Entlastung notwendig, indem der Betroffene sich in Gesprächen mit seinem Vorgesetzten sowie Kollegen über seine Sorgen und Probleme austauschen kann und auch auf Verständnis für sein Engagement trifft.

---

[145] Vgl. Jablonski (2008).

4.6.3 Baby Boomer - Entwicklungsorientiert-kooperative Führung

Die richtige Führung der Baby Boomer Generation stellt eine besonders wichtige Aufgabe dar, da sie das Rückgrat der heutigen Erwerbsbevölkerung bildet und sich in vielen Unternehmen an entscheidenden Positionen befinden. Noch bis zum Jahr 2015 dürfte die Dominanz dieser Generation in der Arbeitswelt anhalten.[146]

Aufgrund ihrer Sozialisation in der Konkurrenz von vielen Mitbewerbern in ihrer Geburtskohorte sind sie Herausforderungen und Konkurrenzsituationen von klein auf gewöhnt. Deshalb sehen sie ihre eigene Leistung gerne im Verhältnis zu anderen Mitarbeitenden bewertet und haben auch das Durchsetzungsvermögen, sich in schwierigen Situationen im Berufsleben zu behaupten. Darum sollte man auch ihre Leistungsbereitschaft nicht unterschätzen und ihnen kontinuierlich weitere Möglichkeiten zur Entwicklung im Unternehmen aufzeigen.

Neben ihrer Durchsetzungsfähigkeit hat diese Generation aber auch soziale Kompetenzen, die sie durch ihre frühzeitige Konfrontation mit der Begrenztheit von Ressourcen in der eigenen Altersgruppe entwickelt hat. Deshalb haben die Mitarbeitenden dieser Altersgruppe eben auch große Fähigkeiten in der Interaktion in Gruppen und sind tendenziell eher konsens- und kompromissfähig als die Mitglieder der Vorgängergeneration. Dies sollte bei ihrem Arbeitseinsatz berücksichtigt werden, indem sie zum Beispiel die Rolle als Vermittler zwischen unterschiedlichen Generationen in einem Team oder in einem Bereich zugeteilt bekommen. Für solche Aufgaben sollten Mitglieder dieser Generation gezielt von Führungskräften eingesetzt werden.

Von der Wertestruktur sind sie ähnlich wie die Wirtschaftswundergeneration orientiert, wenn auch einen Tick pragmatischer. Sie haben zwar noch eine postmaterialistische Einstellung, denken aber nicht zu idealistisch, sondern immer auch an die Umsetzung einer Idee. Dies zeigt sich auch bei ihrer Motivationsdisposition am Arbeitsplatz; sie legen auf intrinsische Anreize Wert behalten aber immer auch das eigene Vorankommen im Blick.

---

[146] Vgl. Zemke/Raine/Filipczack (1999).

Führung unterschiedlicher Generationen   **4.6**

Wie schon eingangs erläutert, befinden sich die Mitglieder dieser Generation in einer mittleren Lebensphase, in der häufig Bilanz über das bisher Erreichte und das noch Kommende gezogen wird. Ob aus dieser Phase des Übergangs neue Motivation geschöpft wird oder im schlimmsten Fall Enttäuschungen und depressives Verhalten entstehen, dürfte in entscheidendem Maße davon abhängen, wie die Begleitung durch die direkte Führungskraft ausgestaltet wird. Ein positives Beispiel, wie eine Unterstützung durch das Unternehmen ausgestaltet werden kann, haben wir am Beispiel der Helvetia Versicherung in Kapitel 3 gesehen, wo Standortsbestimmungsseminare für diese Altersgruppe angeboten werden. Aber auch in der täglichen, individuellen Führungsbeziehung muss der Vorgesetzte ein Gespür dafür entwickeln, wann sich der einzelne Mitarbeitende in privaten und beruflichen Umbruchphasen befindet und entsprechende Ziele oder Perspektiven formulieren. Deshalb sind besonders für diese Altersgruppe regelmäßige Zielgespräche unerlässlich.

Die Baby Boomer sind auch die erste Generation, die wirklich von der verlängerten Lebensarbeitszeit bis 67 Jahre und darüber hinaus betroffen sein wird. Deshalb ist es gerade für diese Generation wichtig, dass ein notwendiger Bewusstseinswechsel für solche veränderten Regelungen erfolgt und der Übergang in den Ruhestand mit 55 Jahren eher als eine wenig wahrscheinliche Perspektive gesehen wird.

Körperliche Probleme im Arbeitsprozess aufgrund ihres Alters dürften für diese Generation aktuell noch keine größere Rolle spielen. Allerdings sollte auch hier eine frühzeitige Sensibilisierung für diese Problematik stattfinden, um später auftretenden Problemen vorzubeugen.

4.6.4 Generation Golf - Pragmatisch-zielorientierte Führung

Die Führungspräferenzen der Generation Golf unterscheiden sich stark von denjenigen der Vorgängergenerationen. Im Gegensatz zu den Baby Boomern und auch im besonderen der Wirtschaftswundergeneration setzen sie Arbeit nicht mehr mit individueller Selbsterfüllung gleich. Sie haben vielmehr durch die ersten Krisen-

4 Führung von fünf Generationen am Arbeitsplatz

jahre Ende der 70er und Anfang der 80er Jahre gelernt, dass man trotz guter Qualifikation vor Entlassung und Arbeitslosigkeit nicht gefeit ist. Aus diesem Grund haben sie eine pragmatischere und realistischere Einstellung zur Arbeit, die mehr von extrinsischen und individualistischen Motiven geprägt ist. Dies sollte auch bei der Anreizgestaltung für Vertreter dieser Generation berücksichtigt werden. Materielle Leistungsanreize und auch Statussymbole, wie ein repräsentativer Dienstwagen, dürften für diese Generation wichtiger für Leistung und Zufriedenheit am Arbeitsplatz sein, als für die Vorgängergeneration.

Die Generation Golf mag zwar auch keine großen Hierarchien am Arbeitsplatz, ist aber nicht so konsensorientiert wie ihre beiden Vorgängergenerationen. Was diese Generation auszeichnet, ist eine zum Teil „brutale Ehrlichkeit".[147] Bei der Führung dieser Altersgruppe sollte dies über eine klare Kommunikation von Erwartungen und Zielen zum Ausdruck kommen. Deshalb scheint ein partizipativer Führungsstil, wie er für die drei älteren Generationen propagiert wurde, weniger angebracht und sollte durch eine stärkere Delegation von Aufgaben ersetzt werden. Aufgrund der Gewöhnung an neue Medien kann die Kommunikation zum großen Teil über moderne Informationstechnologien erfolgen.

Besonders wichtig für die Generation Golf sind auch klare Karriereziele, da Karriere eine wichtige Rolle für die soziale Anerkennung in ihrer Altersgruppe spielt.

Eine Fähigkeit, die sie sehr gut beherrschen, ist viele Informationen zur gleichen Zeit zu verarbeiten und in Ideen und Handlungen umzusetzen. Diese Qualifikation haben sie sich als erste Generation, die in der Welt der modernen Medien, wie Computer, Fernsehen und Internet groß geworden ist, erworben.[148] Diese Fähigkeit sollte man sich als Führungskraft zu nutze machen und diese Generation, die auch noch von ihren kognitiven Fähigkeiten her über eine hohe Informationsverarbeitungskompetenz verfügt, genau in solchen Aufgabenbereichen einsetzen. Dazu zählen zum Beispiel Recherchetätigkeiten sowie eine Vielzahl von konzeptionellen und

---

[147] Arsenault (2004): 130.
[148] Vgl. Zemke/Raine/Filipczack (1999).

innovativen Aufgabenbereichen. Ebenso sind sie weitaus internationaler orientiert und versiert in Fremdsprachen und deshalb für viele Aufgaben, die sich in einem globalisierten Wirtschaftssystem ergeben, bestens gerüstet.

Durch die zunehmende Unsicherheit bei gleichzeitig steigenden Möglichkeiten für leistungsstarke Mitarbeitende, hat die Generation Golf eine viel geringere Loyalität zum Unternehmen als ihre Vorgängergenerationen. Häufige Arbeitgeberwechsel, auch über Landesgrenzen hinweg, sind für Mitglieder dieser Generation nichts Ungewöhnliches. Die lebenslange Beschäftigung in einem einzigen Betrieb ist für sie kein erstrebenswertes Modell mehr. Unternehmen und Führungskräfte sollten deshalb versuchen, ihre zukünftigen Leistungsträger aus dieser Generation durch die richtigen Leistungsanreize und Karriereperspektiven an sich zu binden.

Von ihrer Lebensphase her betrachtet befinden sie sich in einer Periode, in der sie entweder schon eigene Kinder haben, oder wie oben erwähnt, nach einer langen Phase der Priorisierung von Karriere jetzt noch einen Nachholbedarf bei der Familienplanung haben. Deshalb spielt für sie die Vereinbarkeit von Beruf und Familie eine wichtige Rolle. Durch ihre große räumliche Mobilität haben sie häufig nicht mehr dieselben familiären Netzwerke vor Ort, auf die frühere Generationen für die Kinderbetreuung zurückgreifen konnten. Folglich ist es insbesondere für die weiblichen Mitglieder dieser Generation wichtig, dass ihre Führungskraft auf die privaten Belastungen, die sich aus der Kinderbetreuung ergeben, Rücksicht nimmt und vom Unternehmen entsprechende Betreuungsangebote bereitgestellt werden. Denn wie bei der Altenpflege, kann es nicht im Interesse des Unternehmens sein, Mitarbeiterinnen mittel- und langfristig aus dem Arbeitsleben ausscheiden zu lassen, weil sie Familie und Beruf nicht verbinden können.

4.6.5 Internetgeneration - Visionsorientierte Führung

Die jüngste Alterskohorte der Internetgeneration tritt gerade in die heutige Arbeitswelt ein. Aufgrund ihrer relativ geringen Lebens- und Arbeitserfahrung benötigt sie die stärkste direkte Führung von

4 Führung von fünf Generationen am Arbeitsplatz

allen beschriebenen Generationen. Mitglieder dieser Generation wollen von ihren Vorgesetzten klare Vorgaben, aber auch visionäre Ziele für ihrer Zukunft aufgezeigt bekommen. Eine konsensorientierte Einbindung dieser Generation in wichtige Entscheidungen ist deshalb nicht sinnvoll. Von der Führungskraft erwarten Sie eine klare Vorgabe von Perspektiven und Zielen, aber auch Regeln und Leitlinien an die sie sich halten können und die es ihnen ermöglichen, sich im Berufsleben zu integrieren.

Ebenso mag diese Generation gerne Herausforderungen, auch im Arbeitsleben. Deshalb kann man ihnen sehr gut Tätigkeiten übertragen, die anspruchsvoll und herausfordernd sind. Wegen der oben beschriebenen „multi-tasking"-Fähigkeit kann es sinnvoll sein, dieser Generation mehrere Aufgaben gleichzeitig zu geben und ihnen die Priorisierung selbst zu überlassen.[149]

Neben der optimistischen Sicht auf die Zukunft und dem starken Willen, etwas bewegen zu wollen, zeichnet sich die Generation der Internetkinder auch durch eine hohe Lernbereitschaft aus. Deshalb ist es wichtig, dass im Unternehmen genügend Angebote zur Verfügung stehen, um den Hunger nach neuem Wissen zu befriedigen.

Da es diese Generation gewöhnt ist, über neue Medien zu kommunizieren, sind klare Anweisungen per Mail häufig eine passende Kommunikationsform. Insbesondere aber für das Aufzeigen von langfristigen Zielen, Visionen und Karriereperspektiven ist eine persönliche Kommunikation auch für diese Altersgruppe unerlässlich.

Auch sollte dieser Generation ebenso wie den Vorherigen, Wertschätzung für ihre spezifischen Fähigkeiten entgegengebracht werden, die zum Beispiel in hoher Dynamik, Innovationsfähigkeit, Belastbarkeit, schneller Auffassungsgabe und technischer Affinität liegen. Die Internetgeneration mag es, in einem dynamischen, sich wandelnden und risikoreichen Umfeld zu arbeiten. Dementsprechend sollten sie auch eingesetzt werden.

Analog zu der Generation Golf hat auch die Internetgeneration ein relativ geringes Loyalitätsempfinden gegenüber ihrem Arbeitgeber

---

[149] Vgl. Gursoy/Maier/Chi (2008).

Führung unterschiedlicher Generationen **4.6**

und ist schnell bereit, sich bei Widerständen und Problemen nach einem neuen Arbeitsplatz umzusehen. Sie ist die erste Generation, die davon profitieren wird, dass sich der Arbeitsmarkt in einzelnen Segmenten von einem Nachfrage- zu einem Angebotsmarkt aus der Sicht des Arbeitnehmers wandelt. Deshalb ist es genauso wichtig, den leistungsstarken Mitgliedern dieser Alterskohorte langfristige Karriereperspektiven im Unternehmen aufzuzeigen. Dies kann insbesondere auch durch Mentoringprogramme geschehen, in denen ihnen eine erfolgreiche Führungskraft als Vorbild vor Augen geführt wird. Ebenso kann eine solche Mentoringbeziehung dazu genutzt werden, das Erfahrungswissen der älteren Generation an die Internetgeneration weiterzugeben, als auch den Mitgliedern älterer Generationen die Scheu vor neuen Technologien, durch den spielerischen Umgang der Internetgeneration mit diesen zunehmen.

Bezüglich ihrer Lebensphase befindet sich die jüngste Generation in einer Phase relativer Unabhängigkeit. Diese ermöglicht einen starken Fokus auf die Arbeit und die damit verbundene eigene Etablierung im Berufsleben. Andererseits sollte aus Sicht der Führungskraft nicht unterschätzt werden, dass sich die Mitglieder der Internetgeneration in einem wichtigen, wenn nicht sogar in dem entscheidenden Zeitabschnitt zur Weichenstellung für ihren weiteren Lebensweg befinden. Dies sollte bei der Führung der Internetgeneration Berücksichtigung finden.

Tabelle 4 bietet einen Überblick über die Führung der fünf unterschiedlichen Generationen entsprechend der zu Beginn des Kapitels genannten drei Kategorien, *Stärken, Führung und Kommunikation* sowie *Leistungsbewertung*.

4 Führung von fünf Generationen am Arbeitsplatz

Tabelle 4 *Überblick: Führung der Generationen*

Generation	Stärken	Kommunikation und Führung	Leistungs-bewertung
Nachkriegs-generation (Geburtsjahrgänge 1935-1945)	■ Erfahrung ■ Zuverlässigkeit ■ Loyalität ■ Gelassenheit	■ Persönliche Kommunikation ■ Hierarchie wichtig, aber Einbindung von Erfahrung in Entscheidungen ■ Flexiblen Übergang in den Ruhestand ermöglichen	■ Individuelle Leistungsbewertung
Wirtschafts-wunder-generation (Geburtsjahrgänge 1946-1955)	■ Erfahrung ■ Soziale Kompetenz ■ Hohe Arbeitsmoral	■ Persönliche Kommunikation ■ Hierarchie wird kritisch gesehen, deshalb eher partizipative Führung ■ Sinnhaftigkeit der Tätigkeit klar machen.	■ Individuelle Leistungsbewertung
Baby Boomer Generation (Geburtsjahrgänge 1956-1965)	■ Durchsetzungsfähigkeit ■ Soziale Kompetenz ■ Gute Teamarbeiter	■ Weitere Entwicklungschancen aufzeigen, um Demotivation zu verhindern ■ Konsensorientierte Führung	■ Kompetitive Leistungsbewertung
Generation Golf (Geburtsjahrgänge 1966-1980)	■ Leistungsbereitschaft ■ Flexibilität ■ Stressresistenz	■ Kommunikation über neue Medien ■ Klarheit in Zielen und Führung	■ Kompetitive Leistungsbewertung
Internet-generation (Geburtsjahrgänge ab 1981)	■ Innovationsfähigkeit ■ Flexibilität ■ Multitaskingfähigkeit	■ Kommunikation über neue Medien ■ Starke und visionäre Führung, aufgrund geringer Lebens- und Arbeitserfahrung	■ Kompetitive Leistungsbewertung

4.7 Unterschiedliche generationale Führungskonstellationen

Nach dem bisherigen Fokus auf die Mitarbeitenden unterschiedlicher Generationen stellt sich auch die sehr interessante Frage wie sich starke Altersunterschiede in der Führungsbeziehung auswirken können.

Die Beziehungen von Generationen im Unternehmen werden vor allem durch die fachliche und hierarchische Position der Führungskraft bestimmt. In der Vergangenheit galt es als nahezu sicher, dass mit dem zunehmenden Alter nicht nur Fach- und Prozesswissen, sondern auch die hierarchische Position und das Einkommen zunahmen.[150] Dieses reine Senioritätsprinzip wird in vielen Unternehmen nicht mehr praktiziert. Vielmehr findet immer mehr eine Ausrichtung an Leistungsgesichtspunkten statt, und auch junge Nachwuchsführungskräfte werden mit der Führung von einzelnen Mitarbeitenden und Teams aus unterschiedlichen Generationen beauftragt. Im Gegensatz zu der klassischen hierarchischen Beziehung, in der ältere Mitarbeitende den jüngeren, weniger erfahrenen übergeordnet ist, und meistens von seiner natürlichen Autorität profitieren kann, ist diese neue Führungskonstellation eine Herausforderung für beide Seiten. Es besteht die Gefahr, dass diese jüngere Führungskraft von älteren Mitarbeitenden nicht akzeptiert wird und das Gefühl vorherrscht, dass ihre berufliche Erfahrung gegenüber den Qualifikationen der jüngeren Führungskraft gering geschätzt wird.[151] Jüngere Mitarbeitende werden dann nur unter dem Aspekt der Bevormundung bewertet, und es kann zu offenen und verdeckten Konflikten, destruktivem Verhalten und verminderter Motivation und Leistungsbereitschaft kommen.[152]

Im Rahmen unserer Forschung haben wir auch jüngere Führungskräfte untersucht, die mit der Führung älterer Generationen betraut sind. Als gutes Beispiel kann die Situation der folgenden Nachwuchsführungskraft gelten, die nach einer einführenden Ausbildung in der Konzernzentrale eines großen Pharmakonzerns die

---

[150] Vgl. Oertel (2007).
[151] Vgl. Senghaas-Knobloch/Nagler/Dohms (1996).
[152] Vgl. Görges (2004).

Führung von fünf Generationen am Arbeitsplatz

Führung eines Außendienstteams mit vielen älteren Mitarbeitenden übernahm.

Nach einem Trainerprogramm in der Konzernzentrale wurde die zur Generation Golf gehörende Nachwuchsführungskraft damit betraut, ein Außendienstteam mit zehn Mitarbeitenden zu leiten. Darunter ausschließlich solche, die sowohl ein höheres Alter als auch eine längere Berufserfahrung als er selbst hatten. Seine direkten Mitarbeitenden waren zwischen zwei und 25 Jahre älter als er selbst. Zu Beginn seiner Tätigkeit führte dies zu einigen Problemen. So war es nicht zu vermeiden, dass „Reibungspunkte und Konflikte aufgrund des unterschiedlichen Erfahrungshintergrundes entstehen". Deshalb entschied sich die Nachwuchsführungskraft zuerst einmal die Rolle des Beobachters und Lernenden einzunehmen. „Zwei bis dreimal habe ich meine neuen Mitarbeiter nur auf ihrer Außendiensttätigkeit begleitet und mir Einiges sagen und erklären lassen, ohne ihnen direkt Führung oder Anweisungen zu geben". Danach bemühte er sich eine zwischenmenschliche Beziehung zu seinen Mitarbeitenden aufzubauen, um ihnen als Coach Tipps und Verbesserungsmöglichkeiten zu offerieren. Er bemühte sich „durch Fragen und Gespräche den einzelnen Mitarbeitenden zum Reflektieren zu bewegen". Bei den besonders erfahrenen Mitarbeitenden in seinem Team, fünf an der Zahl, war er darum bemüht, dass sie „teamintern ungefragt ihr Wissen weitergeben und teilen". Das gelang ihm in den meisten Fällen sehr gut. Sehr hilfreich fand er, dass er im Vorfeld der neuen Aufgabe vom Unternehmen in der Form von Führungskräfteschulungen auf die möglicherweise schwierige zukünftige Führungsbeziehung zu erfahrenen Mitarbeitenden vorbereitet wurde. Da es innerhalb des Unternehmens üblich war, dass junge Mitarbeitenden mit solchen Aufgaben betraut wurden, fanden vor dem ersten Einsatz, als auch nach den ersten drei Monaten Workshops statt. In diesen wurden die Führungskräfte unter anderem mit den unterschiedlichen Rollen, die Mitarbeitenden aufgrund ihres Alter einnehmen, vertraut gemacht und erhielten Anregungen wie sie damit umgehen können.

4.7 Unterschiedliche generationale Führungskonstellationen

Um auch die andere Seite, die des erfahrenen Mitarbeitenden kennenzulernen, befragten wir einen älteren Mitarbeitenden in dem selben Unternehmen, wie er den Umgang mit weitaus jüngeren Führungskräften empfindet. Der 63-jährige Außendienstmitarbeiter gehörte noch der Nachkriegsgeneration an und konnte auf eine mehr als 30 Jahre dauernde Karriere in dem Unternehmen zurückblicken. Sehr häufig kam es vor, dass er mit sehr jungen Führungskräften in seinem Team zusammenarbeiten musste. Respekt konnte er diesen nur entgegen bringen „wenn das was sie vorgaben Hand und Fuß hatte". Er hatte das Gefühl, bei fast allen wichtigen Entscheidungen aufgrund seines Erfahrungswissens mit den jüngeren Vorgesetzten „auf Augenhöhe diskutieren zu können". Daraus sprach ein klares Verlangen, dass sein Wissen und seine Erfahrung wertgeschätzt werden und er bei wichtigen Entscheidungen involviert sein wollte. Für eine jüngere Führungskraft wird es immer schwer sein, von diesen altgedienten Mitarbeitenden akzeptiert zu werden. Seiner Meinung nach musste eine Führungskraft vor allen „kompetent sein aber auch Einfühlungsvermögen für den einzelnen Mitarbeiter haben".

Die Hauptherausforderung einer jüngeren Führungskraft beim Umgang mit erfahrenen Mitarbeitenden liegt in dem eigenen Erfahrungsdefizit. Deshalb scheint ein überhebliches Auftreten, verbunden mit einem autoritären Führungsstil gänzlich unangebracht. Vielmehr befindet sich die jüngere Führungskraft zu Beginn einer solchen neuen Konstellation häufig in einer Position des Lernenden, obwohl sie fachlich eventuell besser durch ihre kurz zurückliegende Schul- und Universitätsausbildung, qualifiziert ist. Ziel sollte es sein, zuzuhören und ältere und erfahrene Mitarbeitende bei wichtigen Entscheidungen mit ins Boot zu holen. Allerdings sollte auch klar gemacht werden, dass die Entscheidung letztendlich immer bei der Führungskraft verbleibt. Dies ist damit zu begründen, dass bei Mitarbeitenden der ältesten Generation ein gewisser Respekt vor Hierarchien vorhanden ist und sie trotz Konsultation bei Entscheidungen am Ende doch immer eine klare Entscheidung und Anweisung von Ihrem Vorgesetzen erwarten.

4.8 Generationale Führung in der Praxis

Die systematische Ausrichtung des Führungsverhaltens auf den demographischen Wandel hat in kaum einem Unternehmen bereits stattgefunden. Nur in wenigen Fällen werden die Unterschiede der Generationen in Führungskräftetrainings thematisiert und Handlungsempfehlungen für ein effizientes generationales Führungsverhalten gegeben. Nach unserem am Institut für Führung und Personalmanagement der Universität St. Gallen durchgeführten Umfrage in 176 mittelständischen Unternehmen werden in sehr wenigen Betrieben wirkliche Anstrengungen unternommen, Führungskräfte durch Schulungen auf den Umgang mit verschiedenen Generationen am Arbeitsplatz vorzubereiten. Demnach machen weniger als 25% der Unternehmen ihre Führungskräfte damit vertraut, wie sie mit erfahreneren Mitarbeitenden am besten umgehen. Dies liegt wahrscheinlich daran, dass der weiche Faktor der Führung am wenigsten greifbar für eine Veränderung als Reaktion auf den demographischen Wandel ist. Anpassungen im Bereich Gesundheitsmanagement oder ergonomischer Veränderung der Arbeitsplätze sind weitaus leichter zu definieren und umzusetzen und deshalb in mehr als 50% der befragten Unternehmen schon umgesetzt. Für eine Veränderung der Führungskultur innerhalb eines Unternehmens hingegen ist ein umfassenderes Konzept und ein langer Atem in der Umsetzung notwendig. Wir sind bei unserer Forschung nur auf wenige positive Beispiele im deutschsprachigen Raum gestoßen.

Eines davon ist die Bundesagentur für Arbeit, die zumindest plant, flächendeckende Führungskräftetrainings zum Umgang mit dem demographischen Wandel einzuführen. In einem Seminarprogramm sollen zuerst die oberen Führungskräfte der Bundesbehörde für den demographischen Wandel und daraus resultierende Führungsaufgaben sensibilisiert werden. Konkret geht es um den Abbau von Vorurteilen gegenüber unterschiedlichen Altersgruppen bezüglich Belastbarkeit, Fehlzeiten, Kreativität, Flexibilität und Kompetenz. Auch wird auf die spezifische Motivationsstruktur von älteren Arbeitnehmern eingegangen und wie bewusster mit Potentialanalysen und Kompetenzentwicklungen im Rahmen eines Erfahrungsmanagements von älteren Mitarbeitenden umgegangen werden kann. Oberziel ist es, im Rahmen eines organisationsweiten

Diversitäts-Managements die individuellen Kompetenzen der Mitarbeitenden aller Hintergründe zur Entfaltung zu bringen und gewinnbringend für das Gesamtunternehmen zu nutzen. Diversitäts-Management und insbesondere der richtige Umgang mit einer altersgemischten Belegschaft, soll so als zentrale Führungsaufgabe in der Organisation etabliert werden.

Ein weiteres Beispiel guter Praxis ist die Salzburg AG, ein großer Energiedienstleister in Österreich. Dort gibt es ein umfangreiches Programm namens „Genera" zum Umgang mit dem demographischen Wandel, das ganz bewusst auch die Schulung von Führungskräften mit einschließt. In Seminaren werden alle Führungskräfte zuerst für den demographischen Wandel sensibilisiert und im zweiten Schritt auch über mögliche Vorurteile, Konflikte und effiziente Führung von unterschiedlichen Generationen aufgeklärt. Laut dem Projektleiter bei der Salzburg AG Peter Buchmayer ist „das Programm „Genera" kein Spezialprojekt für Ältere, sondern für alle Altersgruppen im Unternehmen konzipiert. Denn der Generationenwandel ist eine betriebswirtschaftlich notwendige Führungsaufgabe".

Wichtig ist, dass wenn solche Programme für Führungskräfte durchgeführt werden, keine alleinige Konzentration auf die Gruppe der älteren Arbeitnehmer erfolgt, sondern alle Generationen im Betrieb mit eingeschlossen werden, wie dies im zweiten Praxisbeispiel der Fall ist. Zum einen kann so eine Stigmatisierung dieser Altersgruppe vermieden werden, zum anderen ist eine effiziente Führung wichtig und leistungsfördernd für alle Generationen im Unternehmen.

4.9 Wissensweitergabe in der Generationenbeziehung

Generationenlernen in Wirtschaft und Gesellschaft ist ein wichtiges Kapital zum Erhalt und Ausbau des Wissenskapitals der gesamten Volkswirtschaft und der Handlungsfähigkeit der nachwachsenden Generation. Die Übertragung von Wissen ist aber ein wechsel-

Führung von fünf Generationen am Arbeitsplatz

seitiges Phänomen, welches voraussetzt, dass nicht nur Wissen von der älteren auf die jüngere Generation übertragen wird, sondern in beide Richtungen ein Austausch stattfindet.

Deshalb soll in diesem Kapitel, nicht nur der alleinige Fokus auf der Vorgesetzten-Mitarbeitenden Beziehung liegen, sondern es sollen auch die Beziehungen zwischen Mitarbeitenden unterschiedlicher Generationen auf gleicher Hierarchieebene beleuchtet werden.

Wie wir jetzt schon wiederholt festgestellt haben, besitzen Mitarbeitende älterer Generationen oft entscheidendes Erfahrungs- und Prozesswissen, das durch ihr frühzeitiges Ausscheiden dem Unternehmen verloren gehen würde. Ein eindrucksvolles Beispiel hierfür ist die US Verteidigungswaffenindustrie, in der heute das Wissen zu atomaren Waffen ausschließlich in den Händen von älteren Mitarbeitenden ist. Nach dem Zitat eines ehemaligen Forschungsleiters für Atomwaffentechnik sind „schon fast alle die etwas von atomaren Waffen verstehen, entweder pensioniert oder tot".[153] Dies stellt für diesen Sektor der amerikanischen Wirtschaft natürlich eine vergleichsweise existenzbedrohende Situation dar.

Aber auch in Deutschland und der Schweiz stellt in vielen Unternehmen der Wissenstransfer zwischen älteren und jüngeren Generationen einen entscheidenden Faktor für die zukünftige Wettbewerbsfähigkeit dar. Insbesondere geht es um den rechtzeitigen Transfer von impliziten Wissensbeständen, also solche Wissensbestandteile in Organisationen, die nicht explizit in Datenbanken oder Handbüchern festgehalten sind.

Die institutionalisierte Wissensweitergabe ist eine der am weitesten verbreiteten Praktiken im Umgang mit dem demographischen Wandel auf. So haben wir durch eine Studie, die vom Institut für Führung und Personalmanagement der Universität St. Gallen in 176 klein und mittelständischen Unternehmen durchgeführt wurde, festgestellt, dass mehr als 80% der befragten Unternehmen schon systematische Anstrengungen im Bereich Wissensmanagement unternehmen. Während unserer Untersuchungen in verschiedenen Unternehmen sind wir deshalb auf eine Reihe von Best Practice Beispielen in diesem Bereich gestoßen.

---

[153] Scott (2000): 6.

4.9 Wissensweitergabe in der Generationenbeziehung

Besonders beeindruckend fanden wir hier das Vorgehen der Thyssen Krupp Nirosta GmbH. Zum einem werden dort klassische Tandemmodelle zur Wissensweitergabe zwischen einem jungen Mitarbeitenden und einem erfahrenen Mitarbeitenden gebildet. Zeitweise werden aus diesem Grund Stellen von in nächster Zeit ausscheidenden Mitarbeitenden doppelt besetzt. Wichtig für eine erfolgreiche Wissensweitergabe ist ein vertrauensvolles Verhältnis zwischen den beiden Mitarbeitenden unterschiedlicher Generationen. Interessanterweise findet aber zum anderen bei der Thyssen Krupp Nirosta GmbH eine Wissensweitergabe nicht nur von alt zu jung, sondern auch in umgekehrter Richtung statt. Als neues Pilotprojekt hat die Personalleitung hierfür die Schulung von erfahrenen Mitarbeitenden durch Auszubildende im dritten Lehrjahr im Bereich EDV angestoßen. Derzeit sind drei Auszubildende als Referenten tätig. Nach Aussagen von Herrn Wevers, Personalleiter bei Thyssen Krupp Nirosta, ist die Resonanz auf diese Form der Wissensvermittlung sowohl bei den Auszubildenden als auch bei den älteren Teilnehmern der Schulungen „ausgesprochen positiv". Durch die Wissensweitergabe in beide Richtungen können Mitarbeitende aller Altersgruppen sowohl neue Fähigkeiten erlernen als auch Wertschätzung für ihr eigenes Wissen und Können erfahren.

Besonders wichtig ist die rechtzeitige Wissensweitergabe zwischen Mitarbeitenden, auch gerade in mittleren und kleinen Unternehmen. Hier gibt es oft nur wenige entscheidende Wissensträger in wichtigen Positionen, deren Wissen von großer Relevanz für das Unternehmen ist. Bevor diese in den Ruhestand gehen, muss nach Möglichkeit ein geordneter Transfer des Wissens zu jüngeren Generationen stattfinden.

Aus diesem Grund ist es interessant, sich Erfolgsbeispiele für den Wissenstransfer auch in kleinen und mittleren Unternehmen zu betrachten.

Ein gutes Beispiel ist die Wicke GmbH & Co KG, ein mittelständischer Hersteller von Rollen und Rädern im deutschen Sprockhövel mit 240 Mitarbeitenden.[154] Mit Hilfe eines

---

[154] Vgl. Alms/Pior/Steinmann (2007).

Softwaretools und externer Beratung wurden bei dem Industrieunternehmen die zentralen Wissensträger identifiziert. Dabei kam heraus, dass viele dieser zentralen Kompetenzträger kurz vor dem Ruhestand stehen und damit akuter Handlungsbedarf im Bereich Wissensmanagement besteht. Der Wissenstransfer zu Mitarbeitenden jüngerer Generationen fand dann über ein strukturiertes Verfahren statt. Nachdem jüngerer Mitarbeitende als potenzieller Wissensnehmer identifiziert waren, fand unter Anleitung der direkten Führungskraft und eines externen Moderators ein erstes Gespräch zwischen den beiden Partnern statt, in welchem über das Vorgehen und den Inhalt des Wissenstransfers gesprochen wurde. Wichtig war es hierbei festzustellen, was die beruflich-fachliche Expertise des Wissensgebers genau ausmacht. Eine adäquate Methode hierfür kann der sogenannte Wissensbaum sein, der von den Wurzeln (Ursprünge der beruflichen und fachlichen Identität) über den Stamm (Kernkompetenzen) bis hin zu den Blättern und Früchten (die sichtbaren Ergebnisse der Kompetenzen für das Unternehmen) alle Vorzüge des Mitarbeitenden für das Unternehmen darstellt.[155] Auf Basis dieser Darstellung und der Diskussion wurde dann ein gemeinsamer Transferplan zur Wissensübergabe erstellt. In diesem wurden die einzelne Schritte der Übergabe detailliert herausgearbeitet und ein Zeit- und Meilensteinplan entwickelt, der zwischen zwei und zwölf Monaten schwanken kann. Wichtig ist nach Aussage der Beteiligten in dem Unternehmen, dass genaue Lernziele für die einzelnen Teilbereiche festgelegt werden. Nach der Durchführung des Wissenstransfers wurde dann ein Abschlussgespräch durchgeführt, in dem neben den beiden Transferpartnern auch wieder der externe Moderator und die Führungskraft anwesend waren. In diesem ging es vor allem darum, von der Seite der Führungskraft her festzustellen, ob der Transfer wirklich stattgefunden hat und der Wissensnehmer nun wirklich mit seinen neuen Kompetenzen entsprechend eingesetzt werden kann.

Das Beispiel zeigt, dass der Prozess der Wissensweitergabe zwar zuerst einmal die dyadische Interaktion zwischen zwei Mitarbeitenden verschiedener Generation stattfindet, jedoch immer auch die direkte Führungskraft als wichtigen Akteur mit einschließt.

---

[155] Vgl. Willke (2004).

Diesem fällt die Rolle eines Moderators zu, der dafür sorgen muss, dass ein Klima des Vertrauens entsteht, in dem der Wissenstransfer vollzogen werden kann. Schlussendlich darf nämlich nicht vergessen werden dass der Wissensgeber immer auch eine Machtposition aufgeben muss, wenn er das Wissen an die nächste Generation transferiert. Durch das explizit machen seiner impliziten Kenntnisse macht er sich selbst ersetzbar und kann auch das Gefühl vermittelt bekommen, nicht mehr gebraucht zu werden. Der Führungskraft kommt daher die Aufgabe zu, dem Wissensgeber solche Ängste zu nehmen und ihm in dem Prozess möglichst Wertschätzung für seine berufliche sowie für sein Lebensleistung entgegen zu bringen. Gleichzeitig muss aber auch der Wissensnehmer zur Wissensaufnahme motiviert werden. Bei diesem kann nämlich der Eindruck entstehen, nicht mehr gut genug für seine Aufgabe zu sein und deshalb auf die Hilfe und das Wissen von erfahrenen Mitarbeitenden angewiesen zu sein. Beide Fallgruben können vermieden werden, indem die Führungskraft sowohl der Leistung des jüngeren als auch des älteren Mitarbeitenden Wertschätzung entgegenbringt sowie auch für eine größtmögliche Transparenz im Prozess und der Zielvorstellung des Transfers sorgt.[156]

4.10 Kernaussagen des Kapitels

Zusammenfassend lassen sich folgende Kernaussagen aus diesem Kapitel festhalten:

- Der demographische Wandel wird zu einer noch **nie dagewesenen Generationenvielfalt** in den Unternehmen führen. Diese wirkt sich auf die **dyadische Beziehung zwischen Mitarbeitenden und Führungskraft und Mitarbeitenden verschiedener Generationen** untereinander aus.

- Derzeit sind fünf Generationen in der Arbeitswelt aktiv: Die **Nachkriegsgeneration,** die **Wirtschaftswundergeneration,** die

---

[156] Vgl. Ebd.

Baby Boomer Generation, die **Generation Golf** und die **Internetgeneration.**

- Jede dieser Generationen hat spezifische **generationale Prägungen** und **Werte**, befindet sich in einer spezifischen **Lebensphase** und ist in unterschiedlicher Weise von **Alterungseffekten** betroffen.

- Für eine effiziente Führung muss jeder dieser **drei Faktoren individuell für die Mitarbeitenden berücksichtigt werden**. Nur wenn die Führungspräferenzen der Mitarbeitenden der einzelnen Generationen und das individuell angepasste Führungsverhalten übereinstimmen, kann es zu Führungserfolgen kommen, die sich in Zufriedenheit, Motivation, Leistungsfähigkeit und dem Nutzen der Potenziale aller Generationen im Unternehmen ausdrücken.

- Eine besondere Herausforderung ist die **asymetrische Führungsbeziehung zwischen einer jungen Führungskraft und einem älteren Mitarbeitenden**. Hier ist besonderes Fingerspitzengefühl und Einfühlungsvermögen von der Führungskraft gefragt.

- Auf gleicher Hierarchieebene ist **Wissensweitergabe zwischen den Generation** in beide Richtungen ein wichtiger Faktor für die zukünftige Wettbewerbsfähigkeit. Auch hier kommt der Führungskraft eine wichtige Rolle zur Schaffung der richtigen Rahmenbedingungen zu.

Entwicklung und Führung alters-gemischter Teams

Kapitel 5

5.1 Erfolgsfaktor altersgemischte Teams

Am 23. Mai 2007 gewann der AC Mailand mit einem 2:1 Sieg gegen den FC Liverpool das Finale der europäischen Champions League. Vor 63.000 Zuschauern im ausverkauften Olympiastadion von Athen wurde so zum siebten Mal die europäische Fußballkrone errungen. Gleichzeitig gelang die Revanche für die bittere Niederlage im Finale von 2005, in welcher der AC Mailand gegen den gleichen Gegner trotz einer 3:0 Führung den Sieg noch verschenkte.

Einen zentralen Anteil am Sieg des AC Mailands hatte nach einhelliger Expertenmeinung die sicher stehende Abwehr der Mannschaft, welche von Paolo Maldini angeführt wurde: „[…] gegen den FC Liverpool glänzte Maldini nicht nur mit dem gewohnt genialen Stellungsspiel und sauberem Tackling, sondern er kam auch als gelernter Offensivverteidiger immer wieder zu Flankenläufen und Vorstößen gegen die vermeintlich schnellsten Angreifer der Premier League. Gegen die Übersicht von Milans bejahrtem Defensivstrategen konnte es die systematisch verjüngte Truppe von Arsène Wenger nicht aufnehmen."[157] Paolo Cesare Maldini, geboren am 26. Juni 1968 in Mailand/Italien, gilt als einer der erfahrensten und besten Abwehrspieler der Welt. In seiner inzwischen mehr als 25-jährigen Profi-Karriere beim AC Mailand hat er bereits mehr als 1.000 Pflichtspiele für seinen Verein bestritten, ist zudem alleiniger Rekordnationalspieler mit 126 Einsätzen und war 2009 mit 41 Jahren einer der ältesten aktiven Fußballprofis in Europa. Bis heute hat er alleine die Champions League fünfmal gewonnen.

Mit dieser enormen Erfahrung steht Maldini beim AC Mailand jedoch nicht alleine. Im gewonnenen Champions League Finale von 2007 waren acht der insgesamt 14 eingewechselten Spieler älter als 30 Jahre alt. Das Team kam so auf ein vergleichsweise hohes Durchschnittsalter von 30,5 Jahren, während der unterlegene FC Liverpool ein Durchschnittsalter von nur 25,9 Jahren aufwies. Selbst im hoch professionalisierten Spitzensport ist zunehmendes Alter also nicht automatisch mit abnehmender Leistung verbunden. Doch was sind

---

[157] Frankfurter Allgemeine Zeitung (2008): 20.

die Faktoren, die die „Old Boys" des AC Mailand so erfolgreich machen, und was können Unternehmen davon lernen?

Zunächst gilt es festzuhalten, dass Fußball ein typischer Team-Sport ist. Anders als z.B. in der Leichtathletik, wo es auf die Leistungsfähigkeit des Einzelnen ankommt, ist der Erfolg im Fußball vom Zusammenspiel einer ganzen Gruppe abhängig, die wechselseitig auf einander angewiesen sind und sich gegenseitig ergänzen und unterstützen kann. So ist es vermutlich kein Zufall, dass beim AC Mailand vor allem die Abwehrspieler und der Torwart ein vergleichsweise hohes Alter aufweisen, während die Angreifer zumeist jünger sind. Während schon in regulären Liga-Spielen ein solcher Mix aus Erfahrung und Übersicht in der Abwehr und Spritzigkeit sowie Schnelligkeit im Sturm sicher sinnvoll ist, ist diese Diversität noch entscheidender in so zentralen Spielen wie einem Champions League Finale, in welchen Millionen von Zuschauern im Stadion bzw. an den TV-Geräten dabei sind und die Spieler unter einem enormen Leistungsdruck stehen. Hier kann der erfahrene Team-Kapitän oder der routinierte Abwehr-Chef, der die jüngeren Spieler mentorengleich an die Hand nimmt und ihnen so Sicherheit und Selbstvertrauen vermittelt, den entscheidenden Unterschied machen. Altersdiversität auf Team- und Gruppenebene kann so zu einem Wettbewerbsvorteil werden. Tatsächlich wies der AC Mailand im besagten Finale eine mehr als doppelt so hohe Altersvarianz wie der FC Liverpool auf (13,5 gegenüber 6,4), dessen Spieler fast alle um die 26 Jahre alt waren.

Altersdiversität alleine reicht jedoch nicht aus, um Erfolg zu garantieren. Vielmehr setzen sowohl der AC Mailand wie auch erfolgreiche Unternehmen auf ein ganzes Bündel von Maßnahmen, um einerseits die Leistungsfähigkeit älterer Teammitglieder zu erhalten, gleichzeitig die Potenziale der Jüngeren voll zur Entfaltung zu bringen und insgesamt für eine gute Zusammenarbeit zu sorgen. Im Fall des AC Mailands spielt hier unter anderem das sogenannte „Milan Lab" eine wichtige Rolle – ein eigenes Forschungslabor, in welchem täglich die Fitness- und Gesundheitsdaten jedes Spielers umfassend dokumentiert und ausgewertet werden. Auch auf mentale Aspekte wird spezifisch eingegangen, so wird unter anderem regelmäßig die psychologische Befindlichkeit jedes Spielers durch Fragebögen gemessen, und es werden Übungen zur Steigerung der Aufmerksamkeitsspanne absolviert. Durch den integrierten Ansatz im Milan Lab lassen sich die Ernährungs- und Trainingspläne für jeden Spieler maßgerecht zuschneiden, wodurch sowohl maximale Leistungen erzielt, als auch Verletzungsrisiken frühzeitig erkannt und verhindert werden sollen. So ging nach eigenen Angaben die Zahl an nicht-traumatischen Verletzungen um 90% zurück.[158] Durch das hohe Maß an Individualisierung und Systematisierung kann auf die unterschiedlichen psychologischen und körperlichen Bedürfnisse von jüngeren wie von älteren Spielern gleichermaßen eingegangen werden, wodurch ein effektives altersgemischtes Team geformt werden kann.

Selbstverständlich stellen solche Strukturen und Systeme einen wichtigen Baustein für den Erfolg von altersdiversen Teams dar. Alleine greifen diese jedoch zu kurz, da es gerade in Teams und Arbeitsgruppen aus jüngeren und älteren Mitarbeitenden oder Spielern durchaus zu gewissen Konflikten kommen kann. Im Falle eines Fußballklubs kommen hier dem Trainer und dem Kapitän wichtige Rollen zu, im Falle von Unternehmen stehen hier unter anderem das Top-Management, die Führungskräfte sowie der Personalbereich in der Verantwortung.

Im Folgenden sollen die Potenziale und möglichen Probleme von altersgemischten Teams analysiert werden, bevor mögliche Strategien zu deren optimalem Einsatz im Unternehmenskontext erarbeitet werden.

5.2 Zunehmende (Alters-)Diversität in Teams und Arbeitsgruppen

Unternehmen sehen sich in West-Europa heute mit einer zunehmenden Altersdiversität ihrer Belegschaft konfrontiert. Dieser Trend wird sich mit hoher Wahrscheinlichkeit in den nächsten Jahrzehnten noch verstärken. Gleichzeitig stellen team- bzw. gruppenbasierte Formen der Zusammenarbeit heute bei den meisten Unternehmen die betriebliche Normalität dar,[159] welche sich zudem als

---

[158] Vgl. Tagesspiegel (2008).
[159] Vgl. Alper/Tjosvold/Law (1998); Kirkman et al. (2004).

5 Entwicklung und Führung altersgemischter Teams

höchst effektiv erwiesen haben.[160] Die Kombination dieser beiden Entwicklungen führt dazu, dass zunehmend jüngere und ältere Mitarbeitende in Teams intensiv zusammenarbeiten. Dies gilt gleichermaßen für Teams in der Produktion, in welchen beispielsweise junge Auszubildende und erfahrene Meister gemeinsam an Problemstellungen arbeiten, als auch für den Management-Bereich, wo junge Nachwuchskräfte der Internetgeneration auf Manager der Wirtschaftswundergeneration treffen.

Während die Unterschiede zwischen den einzelnen Generationen und Altersgruppen bereits im vorangegangenen Kapitel thematisiert wurden, gilt es nun auf die Besonderheiten der Zusammenarbeit in altersdiversen Teams einzugehen. Diversität kann generell als Eigenschaft oder Merkmal einer sozialen Einheit (z.B. Team, Organisation, Gesellschaft) verstanden werden, welche das Maß an objektiven oder subjektiven Unterschieden zwischen den Gruppenmitgliedern widerspiegelt (z.B. Alter, Geschlecht, Nationalität, Ausbildung, Funktion).[161] Je unterschiedlicher die einzelnen Mitglieder dabei von einander sind, desto höher ist die Diversität der Gruppe. Faktoren wie die steigende individuelle Mobilität, die zunehmende Globalisierung, neue Gesetze gegen Ausgrenzung und Diskriminierung am Arbeitsplatz und nicht zuletzt die demographische Entwicklung sorgen dafür, dass die Diversität (und speziell Altersdiversität) in europäischen Unternehmen stark steigt.[162]

Während das zunehmende Maß an Diversität eine unbestreitbare Entwicklung darstellt, sind deren Folgen für Individuen, Teams und Unternehmen weit weniger eindeutig. So ist sich die Managementforschung bis heute uneinig, wie zunehmende Diversität die Zusammenarbeit, Zufriedenheit und Produktivität einer Gruppe beeinflusst. So gibt es sowohl eine große Anzahl von Studien, welche die positiven Folgen von Gruppendiversität beschreibt, während es beinahe ebenso viele Arbeiten gibt, welche sogar Effekte von Diversität nahe legen.[163] Besonders in Bezug auf Altersdiversität sind

---

[160] Vgl. Bettenhausen (1991); Campion/Medsker/Higgs (1993).
[161] Vgl. Van Knippenberg/Schippers, (2007).
[162] Vgl. Jackson/Joshi/Erhardt, (2003); Williams/O'Reilly (1998).
[163] Für einen Überblick siehe Van Knippenberg/Schippers (2007).

5.3 Chancen und Herausforderungen von altersgemischten Teams

die Folgen noch weitgehend unklar, weshalb diese im folgenden Kapitel genauer analysiert werden.

5.3 Chancen und Herausforderungen von altersgemischten Teams

Chancen und Herausforderungen altersgemischter Teams	Abbildung 21

Prozesse der kognitiven Diversität

- Verbesserte Entscheidungsfindungs- und Problemlösefähigkeit sowie Vermeidung von Gruppendenken
- Steigerung der Kreativität & Innovationsfähigkeit
- Höheres Kundenverständnis
- Wissenstransfer
- Wechselseitiges Lernen und gegenseitige Motivation

+

Prozesse der sozialen Anziehung
Prozesse der sozialen Identität

- Kommunikations- und Koordinationsprobleme
- Gruppenkonflikte durch Vorurteile, Stereotypisierung, Misstrauen und Missverständnisse
- Individuelle Unzufriedenheit
- Hoher Zeitaufwand und Produktivitätsverluste

−

Im folgenden Abschnitt sollen die Chancen bzw. Risiken altersgemischter Teams im einzelnen dargestellt werden. Abbildung 21 zeigt diese überblicksartig auf.

5.3.1 Chancen altersgemischter Teams

Wie das eingangs beschriebene Beispiel des AC Mailand zeigt, kann Team- oder Gruppendiversität durchaus große Vorteile mit sich bringen. So kann der AC Mailand unter anderem von den unterschiedlichen Stärken und Erfahrungen seiner Spieler profitieren, die das Team als Ganzes stärker machen als die Summe seiner Teile.

Diese Idee ist auch auf den Unternehmenskontext übertragbar. Zahlreiche Autoren weissen darauf hin, dass gemischte Teams bessere Leistungen erzielen können, als homogene Einheiten.[164] Auch für Altersdiversität konnten solche positiven Leistungseffekte bereits gezeigt werden.[165]

Die theoretische Begründung hierfür findet sich in Form der sogenannten „Informations/Entscheidungsfindungs-Perspektive" die auch als „kognitive Diversitäts-Hypothese" bezeichnet wird.[166] Diese geht davon aus, dass heterogene Teams über einen breiteren Pool an relevanten Informationen, Perspektiven, Erfahrungen, Fähigkeiten und Wissen verfügen.[167] Die einzelnen Team-Mitglieder bringen dabei zusätzliche, sich ergänzende Informationen ein, die die Leistungsfähigkeit der Gruppe steigern.[168] Hierdurch können sie die Leistung von homogenen Teams übertreffen, insbesondere wenn es sich um die Lösung von anspruchsvollen Aufgabenstellungen handelt, die über die tägliche Routine hinausgehen.[169]

Speziell für altersdiverse Teams scheint eine solche Sichtweise sinnvoll und einleuchtend, da gerade jüngere und ältere Mitarbeitende über unterschiedliches Wissen und verschiedenartige Kompetenzen verfügen. Wie in Kapitel 4 erläutert, zeichnen sich junge Mitarbeitende der Generation Golf oder der Internetgeneration durch eine hohe Lernbereitschaft und Technologieaffinität aus. Darüber hinaus verfügen sie meist über aktuellstes theoretisches Wissen aus Ausbildung oder Studium. In Ergänzung hierzu verfügen die Mitarbeitenden der Baby Boomer Wirtschaftswunder- oder Nachkriegsgeneration über ein sehr breites Erfahrungswissen, vielfältige, bewährte Problemlösungsstrategien sowie umfassende soziale und berufliche Netzwerke.

Diese grundsätzlichen Vorteile oder Chancen von altersdiversen Teams lassen sich noch detaillierter aufschlüsseln:

---

[164] Vgl. Devine et al. (1999); Easely (2001).
[165] Vgl. Kilduff/Angelmar/Mehra (2000).
[166] Vgl. Miller/Burke/Glick (1998).
[167] Vgl. Van Knippenberg/Schippers (2007).
[168] Vgl. Hambrick/Cho/Chen (1996).
[169] Vgl. Bowers/Pharmer/Salas (2000).

5.3 Chancen und Herausforderungen von altersgemischten Teams

- **Verbesserte Entscheidungsfindungs- und Problemlösefähigkeit sowie Vermeidung von Gruppendenken (Groupthink)**

Ein erste Chance altersgemischter Teams zeigt sich in Form einer gestärkten Fähigkeit zur Problemlösung. Obwohl ein gewisses Maß an Übereinstimmung eine Voraussetzung für die erfolgreiche Arbeit von Teams darstellt, tendieren homogene Arbeitsgruppen mitunter dazu, den Gruppenkonsens zu stark zu betonen, woraus suboptimale Entscheidungen resultieren können. Janis (1972) beschreibt solche Entwicklungen als „Gruppendenken (Groupthink)", welches immer dann auftreten kann, wenn Teams abweichende Meinungen und mögliche Alternativen nicht ausreichend diskutieren, um den Zusammenhalt und die Stimmung im Team nicht zu gefährden. Während ein solches Verhalten das Team kurzfristig stärken kann, gefährdet es doch seine langfristige Entscheidungsqualität solcher. Altersgemischte Teams sind dieser Gefahr häufig weniger ausgesetzt, da durch den Mix an Erfahrungen, Meinungen und Betrachtungsperspektiven tiefgreifendere Diskussionen entstehen können, die versteckte Problematiken frühzeitig aufdecken und tragfähigere Lösungen entwickeln können. Dooley und Fryxell (1999) sowie Peterson und Kollegen (1998) konnten in diesem Zusammenhang zeigen, dass anfängliche Meinungsverschiedenheiten und gesteigerte Diskussionen tatsächlich zu einer erhöhten finalen Entscheidungsqualität beitragen.

Die Problemlösungsfähigkeit von heterogenen Teams wird ferner durch breitere Wahrnehmungsfähigkeiten, unterschiedliche Wissensstrukturen sowie durch sich ergänzende methodische Kompetenzen gestärkt, über die Mitglieder unterschiedlicher Altersgruppen idealerweise verfügen. Hierdurch verbreitern sich die angedachten Lösungsalternativen, und die Qualität der Entscheidungsfindung steigt.[170]

- **Steigerung der Kreativität und Innovationsfähigkeit**

In Zeiten von Globalisierung, sich stetig intensivierendem Wettbewerb und immer kürzeren Produktlebenszyklen ist die Steigerung der eigenen Innovationsfähigkeit eine überlebensnotwendige Aufgabe für praktisch alle Unternehmen. Auch hierzu

---

[170] Vgl. Cox/Blake (1991); Eisenhardt/Schoonhoven (1990); Keck (1997).

kann der Einsatz altersgemischter Teams in hohem Maße beitragen. Zahlreiche Studien konnten zeigen, dass Teams, welche aus heterogenen Mitgliedern mit unterschiedlichen Perspektiven und Einstellungen bestehen, kreativere und innovativere Lösungen hervorbringen können, als homogene Teams dies vermögen.[171] Aufgrund ihrer Zugehörigkeit zu unterschiedlichen Generationen und Altersgruppen verfügen altersgemischte Teams über eben diesen Mix an unterschiedlichem Einstellungen, Perspektiven und Wissensbasen. Während homogene Teams vielfach Gefahr laufen, sich mit einer naheliegenden Lösung zufrieden zu geben, welche letztlich aber nur den Status quo fortführt, können altersgemischte Teams durch die unterschiedlichen kognitiven und praktischen Beiträge ihrer Teammitglieder echte Innovationen hervorbringen.

Zudem verfügen altersgemischte Teams neben einer erhöhten Kreativität vor allem auch über eine gesteigerte Innovationsfähigkeit, d.h. die Kompetenz, neue Ideen auch tatsächlich in innovative Produkte oder Dienstleistungen umzusetzen. Gerade bei der Entwicklung von Innovationen kommen den Praxiserfahrungen von älterer Mitarbeitender entscheidende Bedeutung zu, da sie die Stellhebel und Schrauben kennen, die über den tatsächlichen Erfolg oder Misserfolg eines Innovationsprojekts entscheiden können. Im Idealfall verfügt ein altersgemischtes Team damit sowohl über ehrgeizige, neuartige und an den Kundenwünschen orientierte Ideen, als auch über einen gesunden Sinn für die Machbarkeit sowie die notwendigen Kompetenzen zur Realisierung.

▪ Gesteigertes Kundenverständnis

Verbunden mit einer solchen gesteigerten Kreativität geht ferner ein besseres Verständnis für interne und externe Kunden einher. Altersgemischte Teams besitzen einen reichen, komplementären Erfahrungsschatz, der es ihnen ermöglicht, sich in unterschiedliche Kunden hineinzuversetzen und deren Bedürfnisse und Präferenzen besser zu erkennen. Dies scheint umso bedeutender, da auch die Kunden sich durch eine wachsende Diversität auszeichnen.

Wurden beispielsweise Automobile früher tendenziell von jüngeren Leuten bis maximal 50 Jahre gekauft, so ist heute eine klare Ent-

---

[171] Vgl. Triandis/Hall/Ewen, (1996); Richard et al. (2003).

Chancen und Herausforderungen von altersgemischten Teams 5.3

wicklung feststellbar, dass auch Senioren im Alter von über 60 Jahren ein wachsendes Interesse an Mobilität haben und vermehrt neue Autos kaufen. So zeigt eine Studie von B+D Forecast, dass bis zum Jahr 2015 die über 60-Jährigen die prozentual größte Gruppe der Autokäufer stellen werden (Zuwachs von 26% im Jahr 2002 auf 34% im Jahr 2015). Ferner stellen die heutigen Senioren eine der vermögensstärksten Bevölkerungsgruppen dar und pflegen einen zunehmend konsumorientierten Lebensstil.[172]

Gleichzeitig wird es jedoch nach wie vor auch viele junge Leute geben, die sich neue Autos anschaffen, weshalb es für Automobilhersteller von großem Interesse sein muss, über Teams zu verfügen, die sich gleichzeitig in die Bedürfnisse verschiedener Kundengruppen hineinversetzen können. Dies gilt zum Beispiel für die Beratung und den Verkauf, wobei ältere Mitarbeitende besser und glaubhafter auf die Erwartungen von Senioren eingehen können, während jüngere Mitarbeitende eventuell besser die Vorstellungen von jungen Familien ansprechen können.

Doch auch für andere Unternehmensbereiche, wie z.B. Forschung und Entwicklung, sind solche Vorteile nicht von der Hand zu weisen, da bestimmte Bedürfnisse der jeweiligen Zielgruppe schon früh in die Produktplanung und -gestaltung einbezogen werden können.

■ **Weitergabe von implizitem Wissen**

Weiterhin besteht ein nachhaltiger Erfolgsfaktor für Unternehmen in der möglichst optimalen Ausnutzung sowie Weiterentwicklung ihrer Wissensbasis. Vielfach wird die heutige Wirtschaft als Wissensökonomie bezeichnet, in welcher Wissen die zentrale Ressource von Unternehmen darstellt, welche über ihre langfristige Wettbewerbsfähigkeit entscheidet.[173]

Von besonderer Bedeutung ist hierbei das sogenannte „implizite Wissen" – d.h. das in den Köpfen der Mitarbeitenden gespeicherte, durch Erfahrung untermauerte Wissen – welches nicht ohne weiteres abstrahiert, dokumentiert und weitergegeben werden

---

[172] Vgl. GFK (2005); Geisler (2005).
[173] Vgl. Drucker (1999).

kann.[174] Aufgrund des demographischen Wandels und dem bevorstehenden, gleichzeitigen Ausscheiden einer großen Gruppe von Mitarbeitenden (Babyboomer) aus dem Berufsleben stehen Unternehmen zunehmend vor der Herausforderung, ihre Wissensbasis zu schützen und dafür zu sorgen, dass das implizite Wissen ihrer erfahrenen Angestellten nicht verloren geht.[175]

Die Schaffung altersgemischter Teams stellt hierbei einen höchst erfolgversprechenden Weg dar, um die Weitergabe dieses impliziten Erfahrungsschatzes zu unterstützen. Im Gegensatz zu explizitem Wissen ist es für die Unternehmen sowie die Mitarbeitenden sehr schwierig, ihr implizites Wissen in Worte zu fassen oder in Datenbanken einzupflegen. Altersgemischte Teams hingegen ermöglichen und erfordern eine tägliche Interaktion, gegenseitige Beobachtung und Unterstützung sowie gemeinsame Diskussionen und Problemlösungsversuche, wodurch die Wissensvorräte der „alten Hasen" für die jüngeren Mitarbeitenden zugänglich und damit für das Unternehmen langfristig nutzbar werden.

Die schweizerische Firma Schindler mit Sitz in Ebikon/Luzern gehört mit ihren 45.000 Mitarbeitenden zu den Weltmarktführern in der Produktion, Montage und Wartung von Aufzügen und Rolltreppen.

Bei Schindler werden seit einigen Jahren bewusst Zweier-Teams aus jungen und älteren Monteuren zusammengestellt. Hierbei erhalten die jungen Mitarbeitenden die Chance, das implizite Wissen der Älteren im gemeinsamen Arbeitseinsatz vor Ort aufzunehmen und direkt auf praktische Problemstellungen anzuwenden. Während einem Zeitraum von mindestens einem Jahr haben die jüngeren Mitarbeitenden so die Gelegenheit, alle relevanten Techniken sowie die erprobten Herangehensweisen ihrer Kollegen kennen zu lernen.

■ **Wechselseitiges Lernen und gegenseitige Motivation**

Ein solches „Voneinander Lernen" muss selbstverständlich keine „Einbahnstrasse" darstellen. Vielmehr zeigen unsere Untersuchungen in verschiedenen Unternehmen, dass gerade auch die

---

[174] Vgl. Nonaka/Takeuchi (1995).
[175] Vgl DeLong (2004).

5.3 Chancen und Herausforderungen von altersgemischten Teams

älteren Mitarbeitenden in hohem Maße vom spezifischen Wissen ihrer jüngeren Kollegen profitieren wollen und können. So profitieren ältere Mitarbeitende nicht nur vom aktuellen theoretischen Wissen, über welches junge Mitarbeitende tendenziell verfügen, sondern vor allem auch von deren Erfahrungsschatz in Bezug auf moderne Technologien oder Markenwicklungen (unter anderem IT- und Kommunikationstechnologien).

Ein interessantes Projekt verfolgt hier beispielsweise eine grosse europäische Airline. Bei der Fluggesellschaft werden bewusst junge Auszubildende damit betraut, den Vorstand des Unternehmens im Umgang und in der effektiven Nutzung des Internets zu schulen und ihnen die neuesten „Tricks und Kniffe" der Internetgeneration nahe zu bringen. Hierdurch ergibt sich für die jungen Auszubildenden die große Chance, mit Vertretern des Top-Managements zu interagieren und von ihren Erfahrungen zu profitieren, während die Top-Führungskräfte ihrerseits die Chance erhalten, aktuellstes Wissen in einer 1:1 Beziehung vermittelt zu bekommen. Zudem ergeben sich so neue Informations- und Kommunikationskanäle im Unternehmen, die sich sonst mit hoher Wahrscheinlichkeit nicht entwickeln würden.

Ein solcher gegenseitiger Austausch muss sich dabei nicht auf Wissen und Fähigkeiten beschränken, vielmehr können auch Einstellungen und Wertvorstellungen weitergegeben werden.

So haben Mitarbeitende der Firma Thyssen Krupp Nirosta positive Erfahrungen bei der Zusammenstellung altersgemischter Produktionsteams gemacht, da die jüngeren Auszubildenden die Zuverlässigkeit, Genauigkeit und Ausdauer der älteren Meister wahrnahmen und zunehmend den gleichen Arbeitsethos zeigten, während sich die älteren Mitarbeitenden ihrerseits durch die Neugier, Schnelligkeit und den Ehrgeiz der jungen Teammitglieder inspirieren ließen. So sorgte die intensive Zusammenarbeit für eine gewisse Form von positivem Gruppendruck, der die besten Eigenschaften von Jüngeren und Älteren verband und in Einklang brachte.

5.3.2 Herausforderungen altersgemischter Teams

Trotz dieser prinzipiell großen Vorteile stellt der Einsatz altersdiverser Teams die Unternehmen vor vielfältige Herausforderungen. Nicht ohne Grund wird Diversität vielfach auch als „zweischneidiges Schwert"[176] bezeichnet, welches verschiedene Problemkreise wie zunehmende Spannungen und Gruppenkonflikte, Koordinationsschwierigkeiten sowie Produktivitätsverluste nach sich ziehen kann.[177] Auch in Bezug auf Altersdiversität konnten solche negativen Leistungseffekte nachgewiesen werden,[178] weshalb die möglichen Risiken von Altersdiversität sowie deren theoretische Gründe im Folgenden näher beleuchtet werden sollen.

Ein erster Erklärungsansatz für mögliche Probleme in altersdiversen Teams liegt in Form der Sozialen Identitäts- bzw. der Selbstkategorisierungs-Theorie vor.[179] Diese erklärt, wie es zur Entstehung von Konflikten und Diskriminierung zwischen Gruppen kommen kann. Dabei wird davon ausgegangen, dass Individuen nach einer positiven Selbsteinschätzung streben und darum bemüht sind, ihr Selbstbild zu erhalten, bzw. noch weiter zu verbessern. Ein bedeutender Teil dieser Selbsteinschätzung beruht dabei auf der sozialen Identität von Individuen, die sich aus ihrer Mitgliedschaft in verschiedenen sozialen Gruppen ergibt. Diese Gruppen oder Kategorien können sowohl vergleichsweise abstrakt sein (z.B. Geschlecht, Nationalität, Altersgruppe), als auch sehr spezifisch (z.B. Arbeitgeber/Unternehmen, Sportvereine, Clubs).

Um das eigene Selbstbild zu verbessern, tendieren Menschen nun dazu, sich selbst einer bestimmten Gruppe zugehörig zu fühlen (Kategorisierung) und anschließend ihre sogenannte „In-Group" von anderen relevanten Gruppen abzugrenzen und sich mit diesen sogenannten „Out-Groups" zu vergleichen. Dabei wird jeweils versucht, ein positives Vergleichsergebnis zu erzielen, das heißt die eigene In-Group als überlegen wahrzunehmen, da nur auf diese Weise das eigene Selbstwertgefühl gesteigert werden kann.

---

[176] Horwitz/Horwitz (2007): 988.
[177] Vgl. Jackson/May/Whitney (1995); Jehn/Chadwick/Thatcher (1997).
[178] Vgl. u.a. Ely (2004); Leonard/Levine/Joshi (2004); Timmerman (2000); West et al. (1999).
[179] Tajfel/Turner (1979, 1986); Haslam (2004).

Chancen und Herausforderungen von altersgemischten Teams 5.3

Anhänger von Fußballvereinen können als klassisches Beispiel für ein solches Verhalten angesehen werden. Zunächst erfolgt eine Zuordnung zu einem bestimmten Verein (die z.B. durch Schals und Trikots auch nach außen kommuniziert wird), anschließend wird der bewusste Vergleich mit anderen relevanten Gruppen gesucht (zumeist gegnerische Fans bei einem Fußballmatch). Durch die Kategorisierung als Anhänger eines bestimmten Clubs können die Fans dabei nicht nur ihr Selbstwertgefühl verbessern, sondern auch Unsicherheit durch die Zugehörigkeit zu einer Gemeinschaft reduzieren.[180] Innerhalb der Gruppe herrschen meist ähnliche Vorstellungen, Werte, Gefühle und Verhaltensweisen, die über einen breiten internen Konsens verfügen und so Orientierung für die Gruppenmitglieder bieten.

Problematisch hierbei ist, dass Individuen nicht nur dazu tendieren, die Mitglieder der eigenen Gruppe zu bevorzugen (z.B. durch mehr Vertrauen zu ihnen, intensivere Kommunikation und Interaktion, etc.), sondern sie vor allem auch die Mitglieder anderer Gruppen bewusst oder unbewusst zurücksetzen. Dies kann von Vorurteilen, Stereotypisierung und emotionalen Vorbehalten bis hin zu verminderter Kooperation und echter Diskriminierung reichen.[181]

Übertragen auf den Unternehmenskontext bedeutet dies, dass sich in Teams oder Abteilungen jederzeit unterschiedliche Subgruppen bilden können, die sich in gewisser Form diskriminieren. Je diverser eine Arbeitsgruppe ist, je mehr potenzielle Kategorien liegen vor, die zur Bildung solcher Subgruppen führen können. Hierzu gehören unter anderem das Alter, das Geschlecht oder die Nationalität. Je geringer die Durchlässigkeit einer bestimmten Kategorie ist – d.h. je schwieriger ein Individuum von einer Kategorie zur anderen wechseln kann – desto höher ist das Potenzial für die Bildung von sich diskriminierenden Subgruppen.[182] Hierbei kann das Alter als eine vergleichsweise undurchlässige Kategorie angesehen werden, welche zudem noch leicht sichtbar ist. Daher muss angenommen werden, dass sich im Arbeitskontext leicht Subgruppen entwickeln können, welche auf dem Alter der Mitarbeitenden basieren.

---

[180] Vgl. Abrams/Hogg (1988); Hogg (2001).
[181] Vgl. Brewer/Brown, (1998); Tajfel/Turner (1986).
[182] Vgl. Pelled/Eisenhardt/Xin (1999).

Ergänzt wird die Theorie der Sozialen Identität und Selbstkategorisierung durch die Ähnlichkeits-Anziehungs-Perspektive.[183] Diese zielt nicht primär auf die Prozesse innerhalb von Gruppen ab, sondern untersucht die Auswirkungen von Ähnlichkeiten zwischen einzelnen Individuen. Dabei konnte gezeigt werden, dass Individuen sich eher zu solchen Personen hingezogen fühlen, die ihnen selbst ähnlich sind. Diese wahrgenommene Ähnlichkeit bezieht sich dabei primär auf Werte, Einstellungen und Verhaltensweisen, kann aber auch demographische Faktoren wie das Alter einschließen.[184] In verschiedenen Studien konnte gezeigt werden, dass Heterogenität zwischen Personen sowohl zu verminderter Kommunikation als auch zu mehr Fehlern in der Kommunikation führen kann.[185] In Situationen, in welchen eine freie Wahlmöglichkeit herrscht, tendieren Menschen praktisch immer dazu, mit möglichst ähnlichen Individuen zu interagieren. Dieser Effekt der sogenannten Homophilität (Vorliebe für Gleiches) konnte gleichermaßen für private und freundschaftliche Beziehungen nachgewiesen werden[186] als auch für Arbeits- und Organisationskontexte.[187] So kann typischerweise davon ausgegangen werden, dass Mitarbeitende die Zusammenarbeit mit Kollegen ähnlichen Alters bevorzugen würden.

Übertragen auf altersgemischte Teams könnten die Prozesse der sozialen Identität und der Selbstkategorisierung dafür sorgen, dass jüngere Mitarbeitende bevorzugt mit jüngeren Mitarbeitenden zusammenarbeiten, während ältere Mitarbeitende lieber mit ihren gleichermaßen erfahrenen Kollegen arbeiten würden. Die unterschiedlichen Altersgruppen würden sich jeweils als überlegen wahrnehmen und die Potenziale der anderen negieren. Statt echter Zusammenarbeit und einem regen Austausch käme es zu einem Grüppchendenken, welches eher auf den Erfolg der Subgruppe abzielt und weniger das Team als Ganzes in den Mittelpunkt stellt. Durch die soziale Anziehung könnten diese negativen Gruppeneffekte noch verstärkt werden. Jüngere und ältere Mitarbeitende

---

[183] Vgl. Williams/O'Reilly (1998).
[184] Vgl. Berscheid/Reis, (1998); Byrne (1971).
[185] Vgl. Barnlund/Harland (1963); Triandis (1960); Zanger/Lawrence (1989).
[186] Vgl. Blau (1977).
[187] Vgl. Ibarra (1992); Mehra/Kilduff/Brass (1998).

Chancen und Herausforderungen von altersgemischten Teams

könnten auch auf der individuellen Ebene den Umgang mit gleichaltrigen Kollegen vorziehen, wodurch eine teambasierte Zusammenarbeit weiter erschwert würde.

Die eingangs erläuterten Vorteile altersgemischter Teams würden damit weitgehend verhindert, während vielfältige Risiken entstehen, welche im Folgenden näher erläutert werden sollen.

- **Kommunikations- und Koordinationsprobleme**

Die Bildung von altersbasierten Subgruppen zieht zunächst eine nachhaltige Hemmung der Kommunikation im Team nach sich. Wenn die Mitarbeitenden sich nicht mehr als ein Team begreifen, sondern sich emotional als „Alte" versus „Junge" verstehen, so wird die Kommunikation, Interaktion und gegenseitige Hilfe stark zurückgehen. Die Vorteile der kognitiven Diversität können in diesem Fall nicht mehr ausgespielt werden, da die älteren und jüngeren Mitarbeitenden ihre Ideen, Einschätzungen und Meinungen nicht mehr teilen und diskutieren. Gerade bei komplexen arbeitsteiligen Aufgaben, die einen starken Wissensaustausch erfordern (z.B. in der Forschung & Entwicklung), kann dies sehr nachteilig wirken. Dabei führen Probleme in der Kommunikation mittel- bis langfristig fast immer auch zu Schwierigkeiten in der Koordination und gegenseitigen Abstimmung, die für erfolgreiche Teamarbeit jedoch zentral ist (z.B. hinsichtlich nächster Projektschritte, zukünftiger Ressourcenallokation).[188]

- **Gruppenkonflikte durch Vorurteile, Stereotypisierung, Misstrauen und Missverständnisse**

Ein weiteres großes Risiko besteht in einer wachsenden Zahl an Gruppenkonflikten, welche unter anderem durch Vorurteile, Stereotypisierung und Missverständnisse hervorgerufen werden können. Wenn die Mitarbeitenden weniger interagieren und sich in der Folge weniger gut kennen, so kann dies leicht den Nährboden für emotionale Konflikte schaffen. Statt bestehende, aber unbegründete Vorurteile in der täglichen Zusammenarbeit abzubauen, würden solche Gruppen ihre gegenseitigen Befangenheiten eher pflegen und

---

[188] Vgl. Tuckman (1965); Jehn/Mannix (2001).

ausbauen. Leicht kann es dabei auch zu Missverständnissen kommen, wodurch unterschwellige Vorbehalte in echte Auseinandersetzungen umschlagen können. So kann in der Praxis immer wieder beobachtet werden, dass ältere bzw. jüngere Mitarbeitende anfangs gewisse Ressentiments und Vorurteile gegen andere Altersgruppen hegen, die bei echter Zusammenarbeit jedoch schnell abgebaut werden könnten (z.B. „Unzuverlässigkeit von Jüngeren" vs. „Trägheit von Älteren"). Falls diese Form der Zusammenarbeit nicht stattfindet, so kann das notwendige Vertrauen für eine erfolgreiche Zusammenarbeit nicht aufgebaut werden.

- **Individuelle Unzufriedenheit und nachlassende Organisationsbindung**

Ferner können solche negativen Gruppenprozesse dazu führen, dass die Mitarbeitenden auch auf der individuellen Ebene zunehmend enttäuscht von ihrer Arbeit sind. So konnten verschiedene Studien zeigen, dass Mitarbeitende in schlecht funktionierenden heterogenen Teams eher zu Unzufriedenheit und Frustration am Arbeitsplatz neigen. Dies führt fast unmittelbar zu verringertem Wohlbefinden, erhöhten Fehlzeiten und zunehmenden Krankheitstagen.[189] Die Einsatzbereitschaft der Mitarbeitenden sowie deren Bindung an das Unternehmen nehmen ab, es kommt zu eine Form von innerer Kündigung und „Dienst nach Vorschrift". Eine echte Identifikation mit der Aufgabe, dem Team und der Firma findet oftmals nicht mehr statt. Langfristig schlägt sich dies auch auf die Fluktuationsrate im Unternehmen nieder, wodurch hohe soziale und finanzielle Kosten entstehen.

- **Erhöhter Zeitaufwand und Produktivitätsverluste**

Zusammen genommen können diese negativen Effekte auf individueller und kollektiver Ebene dazu führen, dass die Zusammenarbeit in altersheterogenen Teams deutlich erschwert wird. Notwendige Abstimmungen dauern länger, Kommunikationsflüsse werden unterbrochen und Konflikte zwischen alten und jungen Mitarbeitenden sind an der Tagesordnung. Um Entscheidungen herbeizuführen, müssen unzählige, oft überflüssige Diskussionen geführt werden, die zu großen Zeitverlusten bei der Verfolgung der

---

[189] Vgl. Tsui/Egan/ O'Reilly (1992); Zenger/Lawrence (1989).

Teamziele führen. Eine Konzentration auf die zu erfüllenden Aufgaben kann kaum erfolgen, stattdessen beschäftigt sich die Gruppe mit Mikropolitik, Besitzstandswahrung und internen Kämpfen. Zwangsläufig leidet die Produktivität des Teams unter solchen Beziehungskonflikten in erheblichem Maße, die Teamziele können kaum erreicht werden und die Produktivität sinkt nachhaltig.[190]

5.4 Effektiver Einsatz altersgemischter Teams

So scheint es aufgrund der vielfältigen Herausforderungen bei weitem nicht sicher, dass altersheterogene Teams automatisch von ihrem Diversitätspotenzial Gebrauch machen und die unterschiedlichen Stärken von älteren und jüngeren Mitarbeitenden voll zur Geltung bringen können.[191] Insofern besteht für Unternehmen und Führungskräfte eine hohe Motivation darin, Bedingungen zu schaffen, die eine konfliktfreie Zusammenarbeit ermöglichen und den verbreiterten Pool an Wissen, Fähigkeiten und Kompetenzen nutzbar machen. Hierbei ist es von zentraler Bedeutung, die verschiedenen sozialpsychologischen Prozesse zu berücksichtigen, die solche Konflikte auslösen können. Hierdurch wird es möglich, gezielte Schritte zur Vermeidung bzw. zur Überwindung von Spannungen in altersgemischten Teams einzuleiten.

Im Folgenden sollen einige der wichtigsten Hebel zur Schaffung funktionierender und effektiver altersgemischter Teams vorgestellt werden. Dabei wird eine zeitliche Logik gewählt, die am Lebenszyklus der Teams orientiert ist. Je nach Entwicklungsphase des Teams müssen unterschiedliche Strategien und Hebel angewendet werden, um effektive altersgemischte Einheiten zu schaffen bzw. diese in ihrer Arbeit zu unterstützen. Selbstverständlich können sich einzelne Phasen und Aufgaben dabei auch überlappen bzw. parallel auftreten.

---

[190] Vgl. u.a. Jehn (1995); Jehn/Mannix (2001); Wilson et al. (1986).
[191] Vgl. Stewart (2006).

Entwicklung und Führung altersgemischter Teams

In Phase 1 wird die **Zusammenstellung altersgemischter Teams** analysiert, da bereits hier wichtige Vorentscheidungen bzgl. des späteren Funktionierens solcher Teams fallen.

In Phase 2 werden die **organisatorischen Rahmenbedingungen** betrachtet, unter welchen altersgemischte Teams zusammenarbeiten. Je nach ihrer Gestaltung können sie einen starken positiven oder negativen Effekt auf die Teamentwicklung ausüben.

In Phase 3 wird die **interaktive Führung** altersgemischter Teams beleuchtet. Hier wird besonders die Rolle der Teamführungskraft betrachtet, die über verschiedene Führungsstile und Führungsansätze einen direkten Einfluss auf die Leistungsfähigkeit altersgemischter Teams nehmen kann.

Als **Querschnittsaufgabe** wird ferner auf den **Umgang mit potenziellen Konflikten** eingegangen, die während allen Phasen der Teamentwicklung auftreten können.

5.4 Effektiver Einsatz altersgemischter Teams

Phasenorientierte Ansatzpunkte zum effektiven Einsatz altersgemischter Teams

Abbildung 22

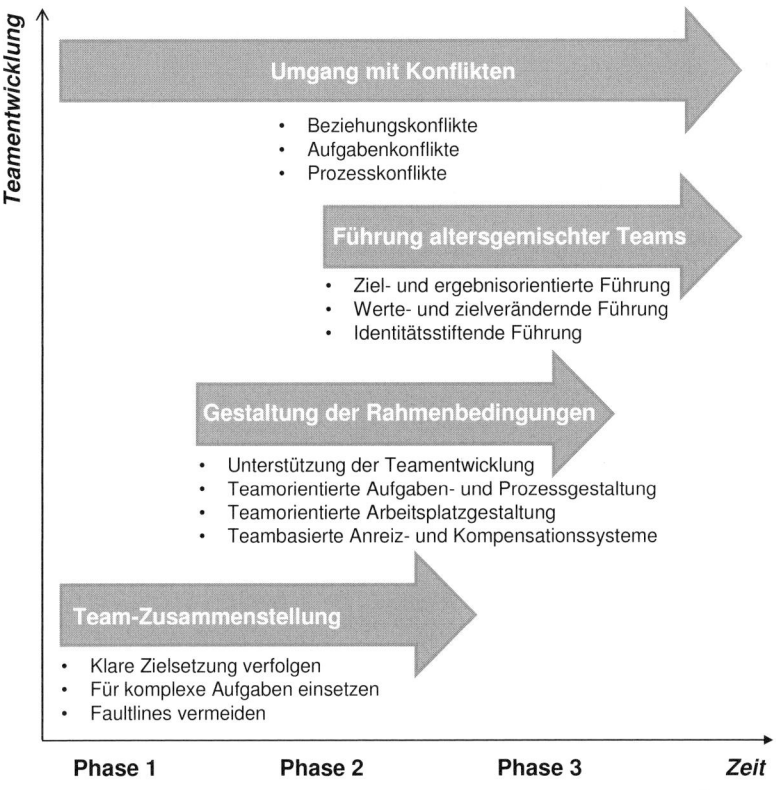

Abbildung 22 zeigt ein solches phasenorientiertes Modell zum effektiven Einsatz altersgemischter Teams.

5.4.1 Zusammenstellen altersgemischter Teams

Wie aus Abbildung 22 deutlich wird, besteht ein erster notwendiger Schritt zur Schaffung effektiver altersgemischter Teams in der bewussten Zusammenstellung von Teammitgliedern.

■ **Verfolgung einer klaren Zielsetzung mit altersgemischten Teams**

Zunächst scheint es wichtig, dass nicht willkürlich alte und junge Mitarbeitende „zusammengewürfelt'" werden, sondern dass von der Unternehmensseite klare Ziele mit der Bildung eines solchen altersheterogenen Teams verknüpft werden. Zumeist sollten dabei die komplementären Kompetenzen der älteren bzw. jüngeren Mitarbeitenden im Vordergrund stehen, die sich im Rahmen des Teams ergänzen. Diese Wertschätzung der unterschiedlichen Akteure im Team sollte von der Unternehmensleitung bzw. den Führungskräften auch klar nach außen kommuniziert werden, da es die Teammitglieder zum einen mit Stolz erfüllen dürfte, wichtige Inputs beisteuern zu können. Zum zweiten eignet sich ein solches Vorgehen dazu, schon im Vorfeld eventuelle Altersvorurteile abzubauen und den Teammitgliedern klar zu machen, dass die anderen Alternsgruppen im Team jeweils wertvolle Beiträge liefern können. Dadurch wird der Diversität im Team voll Rechnung getragen, während mögliche Stereotypisierungen schon frühzeitig verhindert werden. Insgesamt kann so schon von Beginn an ein positiver Teamgedanke gefördert werden, welcher die gemeinsame Zielsetzung in den Vordergrund stellt.

■ **Einsatz von altersgemischten Teams vor allem für komplexe Aufgabenstellungen**

Eng verbunden hiermit ist die Feststellung, dass heterogene Teams ihr Potenzial am besten ausspielen können, wenn sie vor komplexen Aufgabestellungen stehen, die über die täglichen Routineaufgaben hinausgehen.[192] Hierbei können sie zum einen ihre kognitive Diversität hinsichtlich Problemlösungsfähigkeit und Kreativität voll zur Geltung bringen, zum anderen ist der Mehrwert an zusätzlichen Meinungen, Ansichten und Erfahrungen offensichtlicher und wird dadurch auch besser akzeptiert. Altersgemischte Teams eignen sich damit zum Beispiel exzellent für die Entwicklung und Herstellung neuer sowie komplexer Produkte, während sie für einfache Standardroutinen eventuell nicht die erste Wahl darstellen. Hier

---

[192] Vgl. Pelled/Eisenhardt/Xin (1999).

könnten mögliche Reibungsverluste gegenüber dem Zugewinn durch Diversität überwiegen.

- **Vermeidung von Faultlines in altersheterogenen Teams**

Ein weiterer, oftmals übersehener Ansatzpunkt ergibt sich aus der aktiven Vermeidung von sogenannten „Faultlines" im Team. Der Begriff der Faultlines (dt. „Spannungs- oder Verwerfungslinien") wurde von Lau & Murninghan (1998) geprägt und beschreibt Kombinationen von Diversitätsattributen, die durch ihre Verknüpfung eine noch leichtere Basis für Kategorisierungsprozesse darstellen und damit negativ auf die Zusammenarbeit in Gruppen wirken. Bezogen auf altersgemischte Teams könnte eine solche Faultline z.B. durch das Zusammenspiel von Alter und fachlicher Ausbildung entstehen. Wenn in einem Team zwei 60-jährige Ingenieure und zwei weitere 30-jährige Marketing-Experten zusammenarbeiten, so liegt eine stärkere Faultline vor, als wenn ein Ingenieur und ein Marketing-Experte über 60 Jahre mit einem Ingenieur und einem Marketing-Experten unter 30 Jahre zusammenarbeiten. Obwohl das Maß der Diversität in beiden Fällen gleich ist, ist anzunehmen, dass sich im ersten Beispiel mit höherer Wahrscheinlichkeit zwei Subgruppen bilden, die weniger gut zusammenarbeiten („ältere Ingenieure" vs. „jüngere Marketing-Experten"). Falls solche Kombinationen schon im Vorfeld bewusst vermieden werden, können die Prozesse der sozialen Identität und der Selbstkategorisierung deutlich abgemildert werden (gleiches gilt z.B. für die Kombination von Alter und Nationalität, Alter und Geschlecht).

5.4.2 Unterstützende organisatorische Rahmenbedingungen

Nach bzw. parallel zur Zusammenstellung altersgemischter Teams kommt dem Management bei der Gestaltung unterstützender organisatorischer Rahmenbedingungen eine wichtige Rolle zu. Diese müssen so entworfen und umgesetzt werden, dass sie den Teammitgliedern helfen, sich als Einheit zu begreifen, welche nur gemeinsam erfolgreich sein kann.

5 Entwicklung und Führung altersgemischter Teams

Hierbei eröffnen sich verschiedene Möglichkeiten, zu welchen unter anderem die frühe Teamentwicklung sowie die weitergehende Aufgaben-, Prozess- und Arbeitsplatzgestaltung gehören.

■ **Unterstützung der frühen Teamentwicklung**

Nach der Zusammenstellung eines altersgemischten Teams kommen die zukünftigen Teammitglieder (freiwillig oder unfreiwillig) zusammen und beginnen eine neue Einheit zu bilden. Dabei bringen sie jeweils ihre individuellen Erwartungen und Vorstellungen mit, die sich gerade im Fall von altersgemischten Teams oft stark unterscheiden können. Das Team ist meist mit Routineaufgaben, wie z.B. mit dem Aufbau einer Organisations- und Meetingstruktur sowie mit der Aufgabenverteilung beschäftigt. Die Situation ist noch weitgehend unklar und undifferenziert, es dominiert eine gewisse Form von Unsicherheit.

An diesem Punkt kann von Seiten der Organisation die frühe Teamentwicklung entscheidend unterstützt werden. So können bewusste Anlässe geschaffen bzw. organisiert werden, an denen sich das Team in ungezwungener Atmosphäre kennen lernen kann. Hierfür eignen sich unter anderem sogenannte „Off-Site Anlässe", bei denen das Team außerhalb der gewohnten Arbeitsumgebung zusammentreffen kann. In vielen Firmen wird die frühe Teamentwicklung auch durch sogenannte „Outdoor-Trainings" sowie weitere verhaltensorientierte Lernmethoden unterstützt. Dies kann gerade bei altersgemischten Teams sehr sinnvoll sein, da insbesondere ältere Mitarbeitende, wie in Kapitel 4 beschrieben, tendenziell erfahrungs- und verhaltensbasierte Lernmethoden präferieren. Zudem können, unterstützt durch das Management, die Spielregeln im Umgang miteinander festgelegt und die verschiedenen Rollen geklärt werden.

■ **Teamorientierte Aufgaben- und Prozessgestaltung**

Im Anschluss an die erste Phase des Kennenlernens folgt die Phase der Arbeitsaufnahme durch das Team. Auch hierauf kann die Organisation einen positiven Einfluss nehmen, wenn sie die anfallenden Arbeitsprozesse und Abläufe in Zusammenarbeit mit dem Team so strukturiert, dass ein Maximum an Interaktion erfolgt. Durch die Schaffung arbeitsteiliger Prozesse werden die Mitglieder verstärkt als Team und nicht nur als einzelne Mitarbeitende gefordert. Dadurch lernen sich die Teammitglieder besser kennen und können mögliche Vorurteile leichter und schneller überwinden. Hierzu beitragen können auch regelmäßige Teammeetings, bei welchen die Mitarbeitenden Gelegenheit erhalten, ihre Sichtweisen und Einschätzungen auszutauschen, anfallende Probleme zu diskutieren und gemeinsame Lösungsmöglichkeiten zu entwickeln.

Die positive Wirkung von verstärkter Interaktion und gegenseitiger Verflechtung auf die Effektivität heterogener Gruppen wurde von verschiedenen Autoren angesprochen.[193] Die Feststellung steht im Einklang mit den eingangs beschriebenen Prozessen der sozialen Identität und der kognitiven Diversität. So führen gesteigerte Interaktionen und stärkere Wechselbeziehungen zwischen Teammitgliedern fast unweigerlich zur Entstehung einer übergeordneten Team-Identität,[194] während potenzielle Subgruppen, die auf dem Alter der Teammitglieder basieren, an Bedeutung verlieren. In der Folge sollten sich harmonischere Beziehungen zwischen den Teammitgliedern entwickeln und Konflikte abnehmen.[195] Zudem wirkt sich die intensivierte Zusammenarbeit auch positiv auf die Prozesse der kognitiven Diversität aus, da sich vermehrt Möglichkeiten zur Diskussion und zum Informationsaustausch ergeben.

■ **Teamorientierte Arbeitsplatzgestaltung**

Auch auf der operativen Ebene können Arbeitsplatzfaktoren so gestaltet werden, dass sie die Interaktion und Zusammenarbeit im Team unterstützen. Denkbar sind hier beispielsweise architektonische Maßnahmen, die die Teamarbeit fördern können. Hierzu können unter anderem offene Team-Büros, speziell ausgestattete Gruppen- und Arbeitsräume oder gemeinsame Kaffee-Ecken zählen. Viele Unternehmen haben gute Erfahrungen damit gemacht, neue Projektteams in eigenen Räumen arbeiten zu lassen. Auf der einen Seite lernen sich die neu zusammengestellten Mitarbeitenden schneller und besser kennen, auf der anderen Seite können anfallende Fragen ohne Zeitverlust schnell und informell geklärt werden. Zudem wird wiederum die Entstehung eines Wir-

---

[193] Vgl. Chatman/Sptaro, (2005); Wageman (1995).
[194] Vgl. Gaertner/Dovidio (2000).
[195] Vgl. Pettigrew (1998).

Gefühls extrem begünstigt, da auch Aktivitäten wie ein gemeinsames Mittagessen viel öfter stattfinden.

- **Teambasierte Anreiz- und Kompensationssysteme**

Ein weiterer wichtiger Faktor der organisatorischen Rahmenbedingungen liegt im Bereich der Anreiz- und Kompensationssysteme vor. Diese sollten, wenn immer möglich, teambasiert gestaltet werden, da dies die Bedeutung der Teamaufgaben und Teamziele noch einmal sehr glaubhaft unterstreicht. Statt der Evaluation und Belohnung von individueller Leistung sollte das Ergebnis des ganzen Teams im Mittelpunkt der Bewertung stehen. Ältere und jüngere Mitarbeitende erhalten so zusätzliche Anreize, sich für die anderen einzusetzen und gemeinsam an der Zielerreichung zu arbeiten. Im Folgenden Abschnitt zur interaktiven Führung von altersgemischten Teams wird hierauf noch einmal zurückgekommen.

5.4.3 Interaktive Führung altersgemischter Teams

Nach der Zusammenstellung der Teams sowie der Gestaltung unterstützender Rahmenbedingungen rückt in Phase 3 die Rolle der Führungskräfte in den Fokus. Durch die regelmäßige, direkte Interaktion mit ihrem Team haben Führungskräfte einen ganz entscheidenden Einfluss auf das Gelingen oder Scheitern der Zusammenarbeit in altersgemischten Teams.

Für Teamführungskräfte besteht die grundsätzliche Herausforderung darin, einen effektiven Führungsansatz zu wählen, der den spezifischen Besonderheiten altersgemischter Teams Rechnung trägt und sie langfristig zu gemeinsamen Höchstleistungen anspornen kann.

Ein Ansatz hierzu, welcher sich sowohl in der Theorie wie auch in der Praxis bewährt hat, besteht aus einer Kombination *transaktionaler Führung* zur Förderung einer Ziel- und Ergebnisorientierung sowie *transformationaler Führung* zur Veränderung von Werten und Zielen sowie zur Schaffung einer gemeinsamen Identität.

Effektiver Einsatz altersgemischter Teams **5.4**

Pyramidenmodell der interaktiven Führung altersgemischter Teams	*Abbildung 23*

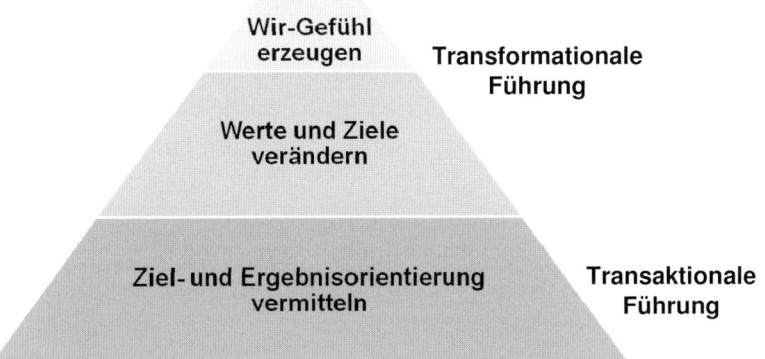

Die einzelnen Dimensionen eines solchen Führungsansatzes können in Form einer Pyramide dargestellt werden, wobei die ziel- und ergebnisorientierte Komponente das Fundament bildet und welche durch die werteverändernde und identitätsstiftende Komponente ergänzt wird. Abbildung 23 zeigt unseren Ansatz für die Führungsarbeit in altersgemischten Teams.

Im Folgenden sollen die verschiedenen Elemente dieses Führungsansatzes im einzelnen dargestellt werden.

5.4.3.1 Förderung von Ziel- und Ergebnisorientierung in Teams

Ein sinnvolles Fundament der Führung altersgemischter Team liegt in Form eines ziel- und ergebnisorientierten Führungsstils vor, der den Mitarbeitenden klare Ziele vorgibt, deren Einhaltung kontrolliert und die Zielerfüllung belohnt. Ein solcher Führungsstil wird in der Literatur als transaktionale Führung bezeichnet.[196] Der Begriff erklärt sich aus dem Austauch- bzw. Transaktionsverhältnis,

---

[196] Vgl. Antonakis/Avolio/Sivasubraniam (2003); Bass/Avolio (1994).

welches zwischen Führungskraft und Mitarbeitenden aufgebaut wird. Die transaktionale Führung geht von einem rational konzipierten Menschenbild des „Homo Oeconomicus aus und basiert auf den zwei Grundprinzipien des „Contingent Reward" sowie des „Management by Exception".[197]

Contingent Reward

Unter „*Contingent Reward*" (oder „bedingter Belohnung") versteht man ein Austauschprinzip, bei welchem für eine bestimmte Leistung eine vorher abgesprochene Gegenleistung erbracht wird, wodurch beide Parteien zufrieden gestellt werden. Folglich ist die Führungskraft dazu angehalten, den Mitarbeitenden genaue Ziele vorzugeben und ihnen gleichzeitig zu erklären, was sie im Falle der Zielerreichung erwarten können.[198]

Für altersgemischte Teams eignet sich ein solches Vorgehen insofern, als die Führungskraft die Möglichkeit hat, solche Ziele vorzugeben, welche für das Team als Ganzes gelten und auch nur vom Team als Ganzes erfüllt werden können. Es ist davon auszugehen, dass die Mitarbeitenden ein starkes Eigeninteresse haben, die gesetzten Team-Ziele zu erreichen, da nur so Leistungen (z.B. Anerkennung, mehr Veantwortung oder auch Boni) gesichert und Sanktionen vermieden werden können.

Management by Exception

Das zweite Grundprinzip der transaktionalen Führung wird als „*Management by Exception*" (oder „Führen nach dem Ausnahmeprinzip") bezeichnet. Die Idee besteht darin, dass die Führungskraft bei der Erledigung von Routineaufgaben die Verantwortung weitgehend den Mitarbeitenden überträgt und nur dann eingreift, wenn die Zielerreichung gefährdet scheint. Dadurch konnen die Mitarbeitenden selbständig arbeiten und auch über die Wege zur Zielerreichung eigenverantwortlich entscheiden, solange die vorher festgelegten Toleranzgrenzen nicht überschritten werden.[199] Hierfür ist es notwendig, dass vorab Erfolgskriterien gemeinsam festgelegt und Kontrollinformation bestimmt werden. Die Leistungserfüllung

---

[197] Vgl. Bass (1990).
[198] Vgl Ebd.
[199] Vgl. Northouse (2007).

wird mit diesen kontinuierlich verglichen, im Fall von Abweichungen werden Gegenmaßnahmen ergriffen.

Auch dieses Grundprinzip scheint für altersgemischte Teams gut geeignet. Die Verantwortung wird dem Team übertragen, die Mitglieder können ihre unterschiedlichen Kompetenzen einbringen und die gemeinsame Zielerreichung anstreben. Jüngere und ältere Mitarbeitende bekommen klare Ziele vorgeben, die eine gemeinsame Marschrichtung definieren und dadurch die langfristige Teamentwicklung unterstützen. Zudem könnten gerade ältere, erfahrene Teammitglieder die Freiheitsgrade schätzen, die sich durch die Nichteinmischung der Führungskraft und die Delegation der Verantwortung ergeben. Auch für die Führungskraft ergeben sich klare Vorteile, die nicht zuletzt in der zeitlichen Entlastung von Routineaufgaben zu sehen sind. Statt sich in das Tagesgeschäft und Routineaufgaben einzumischen, kann die Führungskraft ihre direkte Führungsarbeit auf eine weitergehende Entwicklung des Teams richten (s. nächster Abschnitt zu werteverändernder Führung).

■ **Management by Objectives**

Eine in der Praxis weit verbreitete und für altersgemischte Teams gut geeignete Anwendung der ziel- und ergebnisorientierten Führung ist das sogenannte „Management by Objectives" (bzw. „Führen durch Zielvereinbarungen"). Beim MbO werden angefangen von der Unternehmensspitze strategische Ziele für das Gesamtunternehmen festgelegt, welche dann in Form einer Kaskade auf alle unteren Ebenen der Organisation heruntergebrochen werden.[200] Dadurch ergeben sich für jede Abteilung, jedes Team und jedes Individuum Ziele, welche den Rahmen für die operative Arbeit vorgeben. Ein erfolgreiches MbO ist an eine Reihe von Voraussetzungen geknüpft, welche im Folgenden für den Spezialfall altersgemischter Teams skizziert werden.

■ *Zielgestaltung*

Von hoher Bedeutung scheint zunächst die Auswahl und Gestaltung der Ziele. Diese sollten generell der sogenannten „SMART"-Regel

---

[200] Vgl. Ebd.

folgen und damit **s**pezifisch, **m**essbar, **a**ttraktiv, **r**ealistisch und **t**erminiert sein.[201]

So sollten sich die Ziele klar von der Gesamtstrategie ableiten, jedoch eine **spezifische Zielvorgabe** für das Team darstellen. Dabei bietet es sich an, nicht nur individuelle Ziele mit den einzelnen Mitarbeitenden zu vereinbaren, sondern auch spezifische Teamziele zu definieren (sogenanntes Team-MbO).

Zudem sollte die Zielerreichung **messbar** sein. Dies bedeutet jedoch nicht, dass für ein altersgemischtes Team nur quantitative Ziele vorgegeben werden sollten. Vielmehr hat es sich bewährt, auch qualitative Ziele und Innovationsziele vorzugeben. Hier können altersgemischte Teams ihre kognitive Diversität sogar besonders gut ausspielen und beispielsweise den Innovationsgeist jüngerer mit der Leidenschaft für Qualität älterer Mitarbeitender kombinieren.

Ferner sollten die Ziele für das Team als Ganzes **attraktiv** sein und nicht nur für einzelne Teammitglieder. Hier ist die Führungskraft gefordert, die strategischen Ziele des Gesamtunternehmens optimal mit den Ziele des Teams in Einklang zu bringen.

Die Ziele sollten unbedingt realistisch gewählt werden und damit weder überfordernd noch unterfordernd ausfallen. Nur solche mit Anstrengung, aber dennoch realistisch erreichbare Ziele fördern eine nachhaltige Motivation altersgemischter Teams und bringen sie dazu, sich der gemeinsamen Aufgabe zu verschreiben.

Zuletzt sollte die Ziele mit einem klaren Zeitpunkt hinterlegt sein. Solche **terminierten Ziele** sind in der Praxis weit weniger beliebig und machen eine kontinuierliche Kontrolle der potenziellen Zielerreichung überhaupt erst möglich. In Ergänzung zu Jahreszielen bieten sich hier auch Ziele auf Quartals- oder Monats-Basis an.

- *Systematischer Zielvereinbarungs- und Zielkontrollprozess*

Ein weiteres wichtiges Kriterium für die erfolgreiche Durchführung eines MbO bei altersgemischten Teams ist ein systematischer Zielvereinbarungs- und Zielkontrollprozess. So ist die Führungskraft zwar gefordert, sinnvolle Ziele für das Team zu entwickeln,

---

[201] Vgl. Scherewolf (2007).

jedoch sollten diese dem Team nicht diskussionslos von oben vorgegeben werden. Vielmehr besteht die Herausforderung darin, auch die Mitarbeitenden in den Zielvereinbarungsprozess zu integrieren und deren persönliche Präferenzen und Kompetenzen bei der Ausarbeitung der Ziele zu berücksichtigen. Zudem muss eine Balance zwischen individuellen Zielen für den einzelnen Mitarbeitenden und Zielen für das Team als Ganzes gefunden werden. Je nach Alter und Erfahrungshintergrund der Teammitglieder können sich dabei die individuellen Ziele deutlich von einander unterscheiden.

Größte Bedeutung besitzt ferner die Schaffung eines fundierten Zielkontrollprozesses, der es der Führungskraft und dem Team fortwährend erlaubt, die gesetzten Ziele kritisch zu hinterfragen und sie im Zweifelsfall schnell an sich verändernde Marktbedingungen, Unternehmensvorgaben, etc. anzupassen.

- *Systematische Leistungsbeurteilung, Kontrolle der Zielerreichung und Weiterentwicklung der Teammitglieder*

Ein erfolgreiches Team-MbO ist im weiteren auf eine systematische Leistungsbeurteilung und Kontrolle der Zielerreichung angewiesen. Im Sinne eines Kreislaufmodells des MbO sollte dabei die Zielerreichung nicht erst am Jahresende kontrolliert werden, da es dann für ein Gegensteuern oftmals schon zu spät ist. Vielmehr sollte eine kontinuierliche Leistungsbeurteilung stattfinden, die Probleme bei der Zielerreichung frühzeitig aufdeckt und der Führungskraft die Möglichkeit bietet, unterstützend einzugreifen. Dies kann z.B. Coaching-Maßnahmen für einzelne Teammitglieder oder auch für das Team als Ganzes umfassen. Hierbei sollte auch auf die spezifischen Unterschiede zwischen den Generationen eingegangen werden, welche in Kapitel 4 dargestellt wurden. In Abhängigkeit vom Alter sowie vom aufgabenbezogenen Reifegrad sollte eine jeweils spezifische Unterstützung der Mitarbeitenden erfolgen, die vor allem auf deren Stärken aufbaut.

Auch die anderen Teammitglieder können hier eingebunden werden und Verantwortung für einander übernehmen. So könnten sich ältere und jüngere Mitarbeitende bei Problemen mit der Zielerreichung gegenseitig unterstützen. Ältere werden hier oftmals ihren reichen praktischen Erfahrungsschatz sinnvoll einbringen können, während Jüngere z.B. ihr aktuelles Fach- oder IT-Wissen im Sinne eines Peer-Coachings weitergeben können.

■ *Vorbereitung und Schulung aller Beteiligten*

Der langfristig erfolgreiche Einsatz zielorientierter Führung mit Hilfe eines MbO basiert nicht zuletzt auch auf der sorgfältigen Schulung aller Beteiligten. So müssen zunächst die Teamführungskräfte mit dem Instrument vertraut gemacht werden und dabei unter anderem geschult werden, wie sie Zielvereinbarungsgespräche effizient und zielführend durchführen können. Auch hier gilt es, die Führungspräferenzen der einzelnen Generationen im Zielvereinbarungs- und Jahresgespräch zu berücksichtigen.

Auch die Teammitglieder sollten gewissenhaft geschult werden, um ihnen potenzielle Ängste vor dem zielbasierten Führungssystem zu nehmen.

Gesamthaft betrachtet, bietet die ziel- und ergebnisorientierte Führung eine sehr gute Grundlage zur langfristigen Steuerung altersgemischter Teams. Für sich alleine genommen, greift sie aufgrund ihres rein austauschbasierten Charakters jedoch zu kurz, weshalb sie um eine werte- und zielverändernde sowie um eine identitätsstiftende Führungskomponente ergänzt werden sollte. Dies wird in den nächsten Abschnitten näher ausgeführt.

5.4.3.2 Förderung der Begeisterung von Teams

Der Ansatz der transformationalen (werte- und zielverändernden) Führung setzt exakt an dem Punkt an, an welchem die transaktionale Führung an ihre Grenzen stößt. Statt dem Aufbau einer eher am persönlichen Nutzen orientierten, auf Leistung und Gegenleistung beruhenden Partnerschaft, wird hier eine tiefergehende Beeinflussung bzw. Transformation der Mitarbeitenden angestrebt.

Transformational agierende Führungskräfte richten ihre Aktivitäten auf die Veränderung von Werten und Zielen ihrer Mitarbeitenden aus. Sie sprechen durch Inspiration, Vision oder Vorbildhandeln ganz bewusst die Emotionen ihrer Teammitglieder an und helfen ihnen damit, ihre Ansprüche, Motive und Ziele auf ein höheres Niveau zu heben. So entwickeln sie ihre Mitarbeitenden hin zu einer höheren moralischen Ebene und motivieren sie, die eigenen Selbstinteressen hinter sich zu lassen und zum Wohle ihres Teams und der ganzen Organisation zu handeln. Statt der eher engen, individuellen

Effektiver Einsatz altersgemischter Teams 5.4

Interessen gewinnen die kollektiven Ziele an Bedeutung.[202] Dies macht den transformationalen Führungsansatz für die Führung altersgemischter Teams so vielversprechend.

Von zentraler Bedeutung ist hierbei die Vermittlung einer attraktiven Vision für das Team, die einen weitreichenden Schritt weg vom Status quo bedeuten und eine Begeisterung bei den Teammitgliedern schaffen sollte. Die formulierte Vision gibt den Teammitgliedern eine gemeinsame Orientierung vor und hilft ihnen, ihre Werte und Ziele nachhaltig weiterzuentwickeln.

Seit der Einführung des Konzeptes der transformationalen Führung durch Burns (1978) hat die Forschung immer wieder die vorteilhaften Folgen des transformationalen Führungsstils aufzeigen können. Hierzu gehören unter anderem erhöhte Zufriedenheit und Motivation, steigende Effektivität von Teams und Arbeitsgruppen sowie erhöhtes organisationales Commitment.[203] In jüngster Zeit konnte zudem die spezifische, positive Wirkung von transformationaler Führung auf altersgemischte Teams wissenschaftlich untermauert werden.[204]

Wollen Führungskräfte auf dieses Führungsverhalten setzen, so sollten sie von den vier unterschiedlichen Dimensionen bzw. Einflusswegen von transformationaler Führung Gebrauch machen.

Die sind inspirierenden Motivation, geistige Anregung sowie der individuelle Beachtung die im Folgenden vorgestellt und in ihrer Bedeutung für die Führung altersgemischter Teams dargestellt werden.[205]

---

[202] Vgl. Burns (1978); Bass (1985); Shamir/House/Arthur (1993).
[203] Vgl. Bass (1985); Hater/Bass, (1988); Lowe/Kroeck/Sivasubramaniam (1996).
[204] Vgl. Kearney/Gebert/Voelpel (2009).
[205] Vgl. Bass (1985); Bass et al. (2003).

| Abbildung 24 | *Dimensionen Transformationaler Führung; Quelle: in Anlehnung an Bass/Avolio (1994).* |

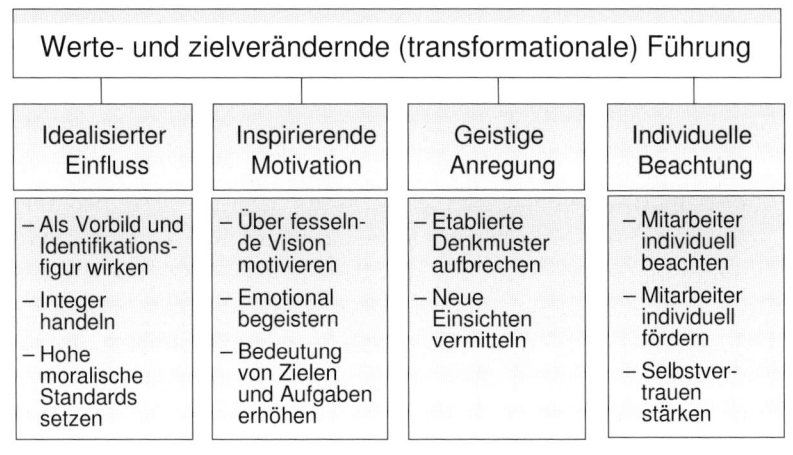

Abbildung 24 zeigt die verschiedenen Dimensionen im Überblick.

Idealisierter Einfluss

Die erste Dimension „idealisierter Einfluss" beschreibt eine Beeinflussung der Mitarbeitenden, die auf persönlicher Ausstrahlung, Vorbildhandeln und Identifikation der Teammitglieder mit der Führungskraft basiert.[206] Solche Führungskräfte zeigen hohe Selbstsicherheit, sie treffen kühne und unkonventionelle Entscheidungen und handeln auf Basis tief verankerter, höherer Werte und Überzeugungen. Zudem demonstrieren sie durchweg integeres Handeln sowie die gleichen hohen moralischen Standards, die sie auch von ihren Mitarbeitenden einfordern. Oftmals schreiben die Mitarbeitenden solchen Führungskräften besondere Fähigkeiten, Erfolg oder Durchsetzungskraft zu. Das persönliche Charisma der Führungskräfte hilft ihnen dabei, das Team hinter sich zu versammeln und Einverständnis bezüglich der gemeinsamen Ziele zu erreichen.

---

[206] Vgl. Bass (1990).

5.4 Effektiver Einsatz altersgemischter Teams

Bei der Führung altersgemischter Teams kommt dem Vorbildhandeln und idealisierten Einfluss der Führungskraft eine hohe Bedeutung zu. So müssen sie als glaubwürdiges Beispiel vorangehen und die Ziele des Teams überzeugt nach innen und außen vertreten. Sie werden damit gleichsam zu einer Symbol- und Gallionsfigur, hinter der sich die oft sehr unterschiedlichen Teammitglieder gemeinsam versammeln können. Manche Führungskräfte setzen hier bewusst auf symbolische Akte, um zu demonstrieren, was die gemeinsame Arbeit für sie bedeutet. Sie verzichten beispielsweise bewusst auf Statussymbole oder Handlungsweisen, die sie von ihrem Team und unterschiedlichen Altersgruppen abgrenzen (z.B. Business Class Flüge, Essen im Restaurant statt in der Kantine), sondern stellen die Gemeinsamkeiten in den Mittelpunkt ihres Handelns und kommunizieren diese glaubhaft an alle Beteiligten.

- **Inspirierende Motivation**

Die zweite Dimension der inspirierenden Motivation umfasst die Entwicklung und Kommunikation einer attraktiven Zukunftsvision für das Team, die alle Mitarbeitenden gleichermaßen motiviert und begeistert.[207] Neben der Demonstration von Optimismus und Enthusiasmus in Hinblick auf die gemeinsame Zielsetzung, sprechen inspirierende Führungskräfte ihre Mitarbeitenden auch ganz bewusst emotional an. Sie geben ihnen nicht nur rationale Argumente, sondern vermitteln ihnen auf eindrückliche emotionale Weise, was die gemeinsame Vision für das Team bedeutet. Damit verdeutlichen sie den Beitrag der Teammitglieder zu höheren, umfassenderen Zielen und verändern dadurch die fundamentalen Motive und Einstellungen der Mitarbeitenden gegenüber der gemeinsamen Arbeit im Team. Das gemeinsame Ziel-Commitment des Teams kann hierdurch wesentlich verstärkt werden.

Für die Führung altersgemischter Teams ist die Entwicklung einer solchen ehrgeizigen Zukunftsvision elementar. Eine zentrale Anforderung besteht dabei in der Entwicklung einer Vision, die alle Altersgruppen gleichermaßen fesselt und sie an

---

[207] Vgl. Northouse (2007); Bass (1990).

eine gemeinsame Aufgabe bindet. Transformationale Führungskräfte dürfen es dabei nicht bei der Entwicklung einer solchen Vision belassen. Vielmehr sind sie gefordert, die Vision so zu konkretisieren und plastisch auszugestalten, dass die Teammitglieder ein klares Bild ihres unmittelbaren Arbeitsumfeldes und der Zukunft des Teams bekommen. Jedem einzelnen Mitarbeitenden muss verdeutlicht werden, wie seine individuelle Aufgabe zur Umsetzung der Team-Vision beiträgt und welchen Beitrag er oder sie mit ihren spezifischen Kompetenzen, Erfahrungen und Sichtweisen leisten kann. Zudem muss die Führungskraft den Teammitgliedern emotional verdeutlichen, welche Potenziale sie in dem altersgemischten Team sieht und was es für sie persönlich bedeutet, ein solches Team zu führen.

- **Geistige Anregung**

Transformationale Führung spricht das Gefühl und den Verstand gleichermaßen an. So bezeichnet die dritte Dimension „geistigen Anregung" Handlungen der Führungskraft, die an das logische und analytische Denken der Mitarbeitenden appellieren, sie zu kreativen und neuartigen Denkweisen anstoßen und sie zur Lösung auch schwieriger Probleme motivieren.[208] So wird es möglich, alte Denkmuster zu überwinden und Probleme aus anderen Blickwinkeln zu betrachten. In der Praxis stellt dies eine wichtige Voraussetzung für anhaltenden Erfolg dar, da scheinbar erfolgreiche Annahmen und Verhaltensmuster schon bald nicht mehr hinterfragt werden. Der Status quo wird nicht mehr reflektiert, das eigene mentale Potenzial nicht mehr wirklich genutzt. Diesen Teufelskreis gilt es durch die Führungskraft zu durchbrechen.

Geistige Anregung ist für die Führung altersgemischter Teams überaus bedeutsam, da sie die Teammitglieder dazu bringen kann, ihre tief verwurzelten Auffassungen, Einstellungen und Verhaltensweisen aktiv zu hinterfragen. Je nach Generationszugehörigkeit können dies sehr verschiedene Einstellungen sein, die oft nicht gut miteinander harmonieren. Zudem können je nach Generation bestimmte Problemlösungsstrategien verfolgt

---

[208] Vgl. Bass (1990), Wunderer (2007).

werden, die damals zwar erfolgreich waren, inzwischen jedoch durch deutlich effizientere Methoden ersetzt wurden. Transformationale Führungskräfte können hier aktiv dafür sorgen, dass sich beispielsweise Mitglieder der Nachkriegs- oder Wirtschaftswundergeneration mit modernen Technologien oder Verfahrensweisen auseinandersetzen und sich für deren Anwendung öffnen, auch wenn die Einarbeitungs- und Eingewöhnungszeit eventuell etwas mehr Aufwand bedeutet. Gleichermaßen können sie aber auch jüngere Teammitglieder dazu bewegen, sich für die Ideen und Vorgehensweisen der Älteren zu interessieren und diese zumindest unvoreingenommen zu diskutieren und zu evaluieren. Das zur Verfügung stehende mentale Potenzial der Gruppe kann damit viel besser genutzt werden, das Team kann von seiner kognitiven Diversität deutlich mehr Gebrauch machen.

Individuelle Beachtung

Die vierte Dimension transformationaler Führung beschreibt die persönliche Ansprache der Mitarbeitenden sowie die Beachtung ihrer spezifischen Bedürfnisse und Fähigkeiten durch die Führungskraft. Entscheidend dabei ist, dass die einzelnen Teammitglieder nicht nur als Teile einer homogenen Gruppe gesehen werden, sondern dass sich die Führungskraft mit den individuellen Stärken und Entwicklungspotenzialen der Mitarbeitenden auseinandersetzt.[209] Dabei werden die Teammitglieder darin bestärkt, ihre spezifischen Kompetenzen zu nutzen und weiterzuentwickeln, wodurch ihr Selbstvertrauen gestärkt wird. Auf der anderen Seite erfahren die Teammitglieder nachhaltige Unterstützung beim Abbau ihrer möglichen Schwächen, z.B. durch individuelles Coaching, Mentoring und Training. In der Praxis ist immer wieder zu beobachten, um wieviel erfolgreicher Führungskräfte sind, die glaubhaft demonstrieren, dass sie Interesse an ihren Mitarbeitenden haben und auf deren spezifische Situation individuell eingehen. Solche Führungskräfte haben eine deutlich höhere Wahrscheinlichkeit, dass sie die Ziele und Werte ihrer Mitarbeitenden auf ein höheres Niveau heben können.

---

[209] Vgl. Northouse (2007); Bass (1990).

Die individuelle Beachtung durch die Führungskraft wird als Wertschätzung empfunden, welche wiederum durch ein gesteigertes Maß an Einsatz für die gemeinsamen Ziele zurückgegeben wird. Dies ist gerade auch für die Mitglieder eines altersgemischten Teams zu erwarten, da hier besonders unterschiedliche Mitarbeitende aufeinander treffen. die keinesfalls als homogene Masse gesehen werden sollten. Wenn es der Führungskraft gelingt, die verschiedenen Stärken, Fähigkeiten und Potenziale der Teammitglieder zu identifizieren, zu nutzen und sie gezielt zu fördern, so sollte hieraus ein deutlich schlagkräftigeres Team resultieren. Dies stellt vergleichsweise hohe zeitliche Anforderungen an die Führungskraft, insbesondere wenn z.B. Einzelcoachings durchgeführt werden sollen.

Neben diesen spezifischen Wirkungen der einzelnen Dimensionen transformationaler Führung zeichnet sich dieser Führungsansatz durch einen weitere Wirkung aus, wodurch er gerade für altersgemischte Teams so vielversprechend ist. Hierbei handelt es sich um die identitätsstiftende Wirkung transformationaler Führung.

- **Erzeugung eines Wir-Gefühls und einer gemeinsamen Identität durch transformationale Führung**

Wie in Kapitel 5.3.2 beschrieben, besteht für altersgemischte Teams ein hohes Risiko darin, dass sich statt funktionierender Gemeinschaften altersbasierte Subgruppen entwickeln, zwischen denen echte Kooperation praktisch nicht stattfindet. Verantwortlich hierfür sind bestimmte Prozesse der sozialen Identität und sozialen Kategorisierung, die eine Identifikation mit der eigenen Altersgruppe im Team hervorrufen und gleichzeitig das Commitment gegenüber dem Team als Ganzes erschweren.[210]

An diesen Prozessen können transformationale Führungskräfte ansetzen und sie nachhaltig abschwächen, indem sie ein neues kollektives Selbstverständnis erzeugen, das über Einzelinteressen sowie mögliche (altersbasierte) Subgruppen hinausgeht. Die Führungskraft verbindet dabei die Ziele des Einzelnen mit den Zielen und Visionen der Gruppe und schafft eine neue soziale Identität, die alle Teammitglieder zur „In-Group" erklärt. Hierdurch

---

[210] Vgl. Turner et al. (1987).

Effektiver Einsatz altersgemischter Teams

wird die Zugehörigkeit zum Team bestimmend für die Selbstwahrnehmung der Mitarbeitenden, andere Kategorien wie z.B. das Alter verblassen zusehends.[211] Die Führungskraft kann auf diese Weise ein „Wir-Gefühl" im altersgemischten Team erzeugen, welches alle Teammitglieder einschließt und nicht auf junge oder alte Mitarbeitende beschränkt ist. Eine Diskriminierung und Ausgrenzung im Team kann so erfolgreich reduziert bzw. ganz verhindert werden.

Zwei kürzlich durchgeführte Studien konnten diesen Wirkungsmechanismus auch empirisch untermauern und die positive und identitätsstiftende Wirkung der transformationalen Führung auf altersgemischte Teams zeigen.[212]

Die erste Studie von Kearney und Gebert (2009) wurde in einem multinationalen Pharmakonzern mit Hauptsitz in Deutschland durchgeführt. An ihr beteiligten sich 62 Teams aus dem Bereich Forschung und Entwicklung. Untersucht wurde die Auswirkung von Teamheterogenität auf die Teamleistung. Die Autoren konnten zeigen, dass ein Team nur dann von seiner Heterogenität bezüglich Alter, Nationalität und Bildung in vollem Maße profitieren kann, wenn es transformational geführt wird. Hierbei kommt dem Umgang mit aufgabenrelevanter Information eine entscheidende Rolle zu. Transformationale Führung trägt dazu bei, dass innerhalb eines Teams ein konstruktiver Austausch sowie die Integration von Ideen und Perspektiven begünstigt wird. In Folge dessen kann die durch Heterogenität vergrößerte Bandbreite Ressourcen genutzt werden, um positive Effekte zu erzielen.

Die zweite Studie von Kunze und Bruch (2008) untersuchte, wie das Zusammenspiel von Altersheterogenität und produktiver Energie durch transformationale Führung beeinflusst wird. In 72 altersgemischten Teams aus vier Ländern eines multinationalen Unternehmens wurde produktive Energie gemessen. Es konnte festgestellt werden, dass sich die altersgemischte Teamzusammensetzung leicht negativ auf das Ausmaß an produktiver Energie auswirkt. Wurde jedoch zu einem hohen Ausmaß ein trans-

---

[211] Vgl. Kark/Shamir (2002); Shamir/House/Arthur (1993).
[212] Vgl. Kearney/Gebert (2009); Kunze/Bruch (2008).

formationaler Führungsstil eingesetzt, konnten damit die ungünstigen Auswirkungen der Altersheterogenität innerhalb der untersuchten Teams überwunden werden

Die Ergebnisse der beiden vorgestellten Studie verdeutlichen, dass durch transformationale Führung die Schaffung einer gemeinsamen sozialen Identität begünstigt wird. Auch in dieser Hinsicht stellt die transformationale Führung eine vielversprechende Strategie dar, die Potenziale altersgemischter Teams voll auszuschöpfen.

5.4.4 Umgang mit Konflikten

Trotz dieser vielfältigen Möglichkeiten zur Unterstützung altersgemischter Teams, die dem Management, dem HR und den direkten Führungskräften zur Verfügung stehen, kann es dennoch zu Konflikten im Team kommen. Für Führungskräfte ergibt sich hierbei die Aufgabe, zwischen verschiedenen Konfliktarten zu unterscheiden, da nicht alle die gleiche Wirkung auf die Effektivität und Leistung von Teams haben. Eine wichtige Unterscheidung hierzu stammt von Jehn (1995, 1997), die drei unterschiedliche Arten von Konflikten in Teams und Arbeitsgruppen beschreibt: Beziehungskonflikte, Aufgabenkonflikte sowie Prozesskonflikte. Eine solche generelle Unterscheidung ist für Führungskräfte sowie für die Teammitglieder von hoher Relevanz, da mit jedem der drei Konflikttypen anders umgegangen werden muss. Von großer Bedeutung ist dabei auch die zeitliche Komponente, das heißt, wann bestimmte Konfliktarten im Lebenszyklus eines Teams auftauchen.

- **Beziehungskonflikte**

Am gefährlichsten für die Leistungsfähigkeit von Teams und die Zufriedenheit der Teammitglieder sind sogenannte „Beziehungskonflikte", die persönliche Verwerfungen bis hin zu Kämpfen zwischen Teammitgliedern beschreiben und immer auch emotionale Komponenten wie Frustration, Irritation und Ärger einschließen. Solche Konflikte haben eine stark negative Wirkung, da sie die gesamte kognitive wie emotionale Aufmerksamkeit der Mitglieder binden, eine Konzentration auf die Ziele verhindern und die Arbeitsfähigkeit von Teams langfristig zerstören. Auch auf der individuellen Ebene greifen sie die Teammitglieder nachhaltig an und führen zu Unzufriedenheit, nachlassender Leistung, Burnout und steigenden Kündigungsabsichten. Beziehungskonflikte resultieren dabei unter anderem aus den beschriebenen Prozessen der sozialen Identität und Selbstkategorisierung. Daher muss damit gerechnet werden, dass sie in altersgemischten Teams häufiger auftreten als in altershomogenen Teams.

Jehn und Mannix (2001) betonen, dass Beziehungskonflikte stets äußerst schädlich sind und in jeder Lebensphase des Teams unbedingt verhindert werden sollten. Für Führungskräfte bedeutet dies, dass sie Beziehungskonflikte immer sofort offen ansprechen und die Teammitglieder auf deren gefährliche Wirkungen hinweisen sollten (z.B. soziale und finanzielle Kosten der internen Kämpfe, Gefährdung der Teamziele, entgangene Geschäftschance und verlorene Kunden). Ferner sollten Führungskräfte de-eskalierende Schritte einleiten, z.B. indem den Teammitgliedern zunächst eine Möglichkeit zur Aussprache gegeben wird, anschließend jedoch die gemeinsame Zielsetzung wieder in den Vordergrund gerückt wird. Möglich ist auch der Einbezug unbeteiligter Teammitglieder, die als Vertrauenspersonen bzw. sogenannte „Gifthändler"[213] agieren und zwischen den Parteien vermitteln können. Zentral ist ferner die Etablierung von fairen und offenen, jedoch nicht verletzenden Kommunikations- und Umgangsregeln, die von der Führungskraft als solche auch vorgelebt werden. Langfristig sollten zudem gemeinsame, positive Emotionen gefördert werden, z.B. durch das Feiern von erfolgreichen Teilprojektschritten, etc.

■ **Aufgabenkonflikte**

Eine zweite Form von Konflikten liegt mit den sogenannten „Aufgabenkonflikten" vor. Diese beschreiben das Auftreten von abweichenden Meinungen und Auffassungen hinsichtlich bestimmter Gruppenziele oder Gruppenaufgaben. Solche Aufgabenkonflikte entwickeln sich meist durch eine Uneinigkeit der Teammitglieder, was die beste Lösung für ein gegebenes Problem sein könnte.[214] Sie zeigen sich unter anderem durch lebhafte Diskussionen, hohen

---

[213] Vgl. Frost/Robinson (1999).
[214] Vgl. Amason/Sapienza (1997).

persönlichen Einsatz sowie allgemeine Erregtheit im gesamten Team. Im Gegensatz zu Beziehungskonflikten bleiben persönliche Angriffe und starke negative Emotionen jedoch außen vor. Die Entwicklung einer optimalen Lösung steht im Mittelpunkt. Aufgabenkonflikte entwickeln sich nicht zuletzt durch die beschriebenen Prozesse der kognitiven Diversität, wodurch sie zu einem typischen Merkmal altersgemischter Teams werden können.

Im Gegensatz zu Beziehungskonflikten müssen Aufgabenkonflikte nicht unbedingt verhindert werden. Vielmehr stellen sie die mitunter notwendige Voraussetzung zur Generierung innovativer Lösungen dar. Sie können somit als eine direkte Konsequenz kognitiver Diversität angesehen werden, die man mit altersgemischten Teams ja gerade zu erreichen versucht. Gerade in der Arbeitsphase von altersgemischten Teams sind Aufgabenkonflikte damit als eher positiv anzusehen. Für Führungskräfte bedeutet dies, dass sie diese eher strukturieren und steuern, nicht unterbinden sollten. Möglich ist hier z.B. die Kommunikation klarer Regeln, die fachliche und inhaltliche Diskussionen befördern, ein Umschlagen in persönliche Beziehungskonflikte aber verhindern. Zudem sollten Führungskräfte sicherstellen, dass solche aufgabenbezogenen Diskussionen vor allem in der Haupt-Arbeitsphase von Projekten stattfinden, weniger am Anfang und am Ende, da hier die Inhalte nicht mehr komplett in Frage gestellt werden sollten. Eine solche Taktung ist z.B. durch den Einsatz von Projektplänen und Brainstorming-Sitzungen möglich.

- **Prozesskonflikte**

Ein dritter Typ von Konflikten liegt mit den sogenannten „Prozesskonflikten" vor. Diese beschreiben auftretende Kontroversen bzgl. der Frage, wie bestimmte Aufgaben und Gruppenziele angegangen werden sollen. Typische Bestandteile solcher Prozesskonflikte sind meist Fragen der Zuständigkeit, der Delegation, der Ressourcenaufteilung sowie der Verantwortung. Wenn z.B. Gruppenmitglieder darüber diskutieren, wer eine bestimmte Teilaufgabe erfüllen soll, liegt ein typischer Prozesskonflikt vor.[215] Wiederum bleiben tiefgreifende persönliche Animositäten außen vor. Prozesskonflikte

---

[215] Vgl. Jehn/Northcraft/Neale (1999).

resultieren wie Aufgabenkonflikte tendenziell selten aus Identitäts- oder Kategorisierungsprozessen, eher aus Prozessen der kognitiven Diversität. Daher können auch sie in altersgemischten Teams häufig angetroffen werden.

Da Prozesskonflikte sich meist um die Frage drehen, wie einzelne Aufgaben oder ganze Projekte angegangen werden sollen, treten sie meist zu Beginn und am Ende der Arbeitsphase auf. Zu Beginn muss unter anderem geklärt werden, wer für bestimmte Teilaufgaben verantwortlich ist, wieviel Zeit und Ressourcen dafür zur Verfügung stehen und welche Meilensteine wann zu erfüllen sind. Auch gegen Ende der Arbeitsphase können noch einmal wichtige Diskussionen auftreten, wenn Termine näher rücken und z.B. die Finalisierung und spätere Implementierung eines Projektes diskutiert werden müssen. Jehn und Mannix (2001) gehen davon aus, dass in Hochleistungsteams zu beiden Zeitpunkten erhöhte Ausprägungen von Prozesskonflikten vorliegen, die jedoch wiederum nicht verhindert, sondern moderiert und strukturiert werden sollten. Erneut liegt für Führungskräfte die Aufgabe darin, ein Abgleiten in Beziehungskonflikte zu vermeiden, ein unterstützendes und respektvolles Teamklima zu erzeugen und abweichenden Meinungen das notwendige Gehör zu verschaffen.

5.5 Erfolgsbeispiel „Audi Silver Line"

Zum Abschluss des Kapitels soll mit dem Pilotprojekt „Silver Line" der Audi AG noch einmal ein besonders eindrückliches Beispiel für den erfolgreichen Einsatz eines altersgemischten Teams dargestellt werden.[216] Die Firma Audi ist ein deutscher Automobilbauer mit Sitz in Ingolstadt. Als Tochter des Volkswagenkonzerns beschäftigt Audi rund 57.000 Mitarbeitende.

Seit Ende 2006 produziert Audi am Standort Neckarsulm den neuen Sportwagen R8 und setzt dabei bewusst auf den gemeinsamen Einsatz von älteren und jüngeren Mitarbeitenden. Dabei beachtete Audi

---

[216] Vgl. auch im Folgenden Erfahrung-ist-Zukunft.de (2007); Felber (2006); Focus Online (2007).

viele der zuvor skizzierten Punkte zur Schaffung effektiver altersgemischter Teams.

Bei der Fertigung des technisch anspruchsvollen R8 ist eine Kombination aus Hightech und handwerklicher Verarbeitung gefragt, die laut des Geschäftsführers der Audi Quattro GmbH, Werner Frowein, „eine sehr hohe Qualifikation und viel Erfahrung" erfordert. Daher stellen beim R8 ältere Facharbeiterinnen und Facharbeiter mit einem hohen Maß an Erfahrungswissen einen unverzichtbaren Bestandteil des Fertigungsteams dar. Das Durchschnittsalter des „Silver Line" Teams liegt bei über 40 Jahren. Viele der älteren Teammitglieder waren zuvor schon an der technischen Entwicklung beteiligt oder arbeiteten im Prototypenbau. Die jüngeren Mitarbeitenden bringen dagegen neuestes technisches Wissen sowie eine gute körperliche Konstitution in das Team ein. Die Teamzusammenstellung erfolgte damit sehr bewusst und wurde in dieser Form auch an die Teammitglieder kommuniziert. Jeder ist sich sowohl der eigenen spezifischen Kompetenzen bewusst als auch der jeweiligen Stärken der anderen Altersgruppen.

Um die Effektivität des Teams weiter zu steigern, schuf Audi ferner positive organisatorische Rahmenbedingungen. Diese beziehen sich zunächst auf die unmittelbare Arbeitsumgebung des Teams. So stellt der R8 ein hoch komplexes und sehr exklusives Produkt dar, von welchem täglich nur 20 Exemplare produziert werden. Die Taktzeit in der Montage beträgt mit 44 Minuten damit deutlich mehr als dies bei „normalen" PKW der Fall ist. So beträgt die Taktzeit bei der Fertigungslinie des Audi A6 beispielsweise nur 1,5 Minuten. „Leichter" wird die Arbeit dadurch nicht, wie Dr. Werner Widuckel, Vorstand für Personal und Soziales bei Audi, betont. Vielmehr erfordert die Produktion des R8 hochkomplexe Montageschritte und ein Auge auch für kleinste Details. Die körperliche Belastung für die älteren Mitarbeitenden reduziert sich spürbar, die kognitiven Anforderungen hinsichtlich Genauigkeit und Fehlerintoleranz sind dagegen erhöht. Um gerade die älteren Mitarbeitenden noch stärker zu unterstützen, wurde auch auf die Ergonomie besonders geachtet. So werden alle für die Montage notwendigen Materialen bis in die unmittelbare Reichweite der Beschäftigten befördert, unnötige und belastende Transportwege entfallen damit und eine besonders ergonomische Arbeitsweise kann realisiert werden.

5.5 Erfolgsbeispiel „Audi Silver Line"

Auch im Bereich des Führungsverhaltens sowie der Identitätsentwicklung setzt Audi Akzente. So wird gerade den älteren Mitarbeitenden klar kommuniziert, dass sie eine wichtige Rolle im Team einnehmen und sie mit einer komplexen Aufgabe konfrontiert sind. Dabei wird ihnen die Sicherheit vermittelt, dass sie auch bei anfänglichen Problemen nicht „aussortiert" werden, sondern sie langfristig zum Erfolg beitragen sollen und dafür auch die erforderliche Anlaufzeit und Unterstützung erhalten. Das ständige und gegenseitige „von einander lernen" steht im Mittelpunkt. Ein wichtiges Element hierfür stellen auch die Schulungen und Weiterbildungsaktivitäten dar, die bis zum Austritt aus der Firma unvermindert angeboten werden. Diese erfolgen arbeitsplatznah und fördern neben den fachlichen Qualifikationen auch die Kooperations- und Führungsfähigkeiten der Mitarbeitenden. Nicht selten kommen bei Audi auch Mitarbeitende über 50 Jahre noch neu in eine Führungsrolle. So kann gerade den älteren Mitarbeitenden die notwendige Sicherheit vermittelt werden, diese anspruchsvolle Aufgabe auch in einem späten Karrierestadium noch einmal anzupacken.

Zentral ist hierbei auch der gemeinsame Stolz, den jüngere und ältere Mitarbeitende für „ihr Auto" entwickeln und welcher sie an die gemeinsame Zielsetzung bindet. Laut Dr. Werner Widuckel konnte so die anfängliche Skepsis bezüglich der Leistungsfähigkeit der älteren Mitarbeitenden schnell überwunden werden. Inzwischen schätzen die jüngeren Teammitglieder nicht nur die Erfahrung und Kompetenz der älteren Mitarbeitenden, sie erfreuen sich auch über ein sehr positives Teamklima, welches sich z.B. auch aus den anderen Karriereerwartungen der Beteiligten speist. So herrscht statt einer Ellbogenmentalität wie in manchen anderen Teams eher der Wunsch nach echter Kooperation und der Weitergabe von Wissen oder Erfahrung.

Letztlich lässt sich ein Fahrzeug wie der Audi R8 nur mit viel Fachwissen und „viel Liebe" bauen, so Albrecht Reinold, Planungsleiter in Neckarsulm. „Es mangelt unseren Mitarbeitenden weder an dem einen noch an dem anderen."

5.6 Kernaussagen des Kapitels

Zusammenfassend können die folgenden Kernaussagen dieses Kapitels abgeleitet werden:

- **Altersdiversität in Teams stellt eine zunehmende Realität in Unternehmen dar.** Zum einen nimmt die Generationenvielfalt stetig zu, zum anderen stellen teambasierte Arbeitsformen heute die betriebliche Normalität dar. Dadurch ergeben sich unmittelbare Herausforderungen für die Zusammenarbeit von älteren und jüngeren Mitarbeitenden in altersgemischten Teams.

- **Altersdiversität in Teams ist nicht per se positiv oder negativ.** Vielmehr kann diese sowohl große Chancen als auch gewisse Risiken für die Teammitglieder, das Team als Ganzes sowie für das Unternehmen mit sich bringen. Zentral zum Verständnis der Effekte von Altersdiversität in Teams sind die drei grundlegenden Prozesse der kognitiven Diversität, der sozialen Identität und Selbstkategorisierung sowie der sozialen Anziehung.

- So erklären **Prozesse der kognitiven Diversität** die erhöhte Leistungsfähigkeit von altersgemischten Teams durch die Kombination von komplementärem Wissen sowie komplementären Erfahrungen, Einstellungen und Verhaltensweisen, die das Team als Ganzes leistungsfähiger machen, als es die individuellen Teammitglieder wären. Dadurch können altersheterogene Teams Gruppendenken vermeiden und eine verbesserte Entscheidungsfindungs- und Problemlösungsfähigkeit entwickeln. Ferner können sie kreativere und innovativere Lösungen hervorbringen und ein verbessertes Verständnis für den Kunden entwickeln. Nicht zuletzt eignen sich altersgemischte Teams auch zur Weitergabe von implizitem Wissen sowie zur gegenseitigen Motivation der unterschiedlichen Altersgruppen.

- Demgegenüber erklären **Prozesse der sozialen Identität** sowie der sozialen Anziehung, wie es zu Konflikten in altersheterogenen Teams kommen kann. Hierfür sind vor allem Abgrenzungsprozesse sowie die Bildung altersbasierter Subgruppen im Team verantwortlich, die schnell zu Kommunikations- und Koordinationsproblemen führen können. Ferner können echte Subgruppenkonflikte im Team entstehen,

Kernaussagen des Kapitels 5.6

die zumeist auf Vorurteilen, Stereotypisierung und Misstrauen beruhen. Für das Team kann dies schnell zu einem erhöhten Zeitaufwand und zu Produktivitätsverlusten führen, für den individuellen Mitarbeitenden gehen oft Unzufriedenheit und nachlassende Organisationsbindung mit solchen Entwicklungen einher.

- Ein effektiver Einsatz altersgemischter Teams bedingt folglich, dass die Chancen der Altersheterogenität zur Entfaltung gebracht werden, während die möglichen Gefahren berücksichtigt und möglichst vermieden werden. Hierzu bietet sich ein **phasenorientiertes Vorgehen** an, welches am Lebenszyklus der Teams orientiert ist. In **Phase 1** sollte eine **bewusste Zusammenstellung altersgemischter Teams** erfolgen, in **Phase 2** steht die **Gestaltung unterstützender organisatorischer Rahmenbedingungen** im Vordergrund, in **Phase 3** kommt der Führungskraft sowie ihrem **täglichen Führungshandeln** die entscheidende Rolle zu. Als **Querschnittsaufgabe** ergibt sich zudem der **Umgang mit potenziellen Konflikten**, die während allen Phasen der Teamentwicklung auftreten können.

Die abschließende Tabelle fasst die unterschiedlichen Strategien und Maßnahmen zum effektiven Einsatz altersgemischter Teams noch einmal überblicksartig zusammen.

Übersicht Strategien und Maßnahmen für altersgemischte Teams — *Tabelle 5*

Zielsetzung	Einzelmaßnahmen
Phase 1: **Bewusstes Zusammenstellen von altersgemischten Teams**	▪ Verfolgung einer klaren Zielsetzung mit altersgemischten Teams und Kommunikation der spezifischen Chancen ▪ Einsatz von altersgemischten Teams primär für komplexe Aufgabenstellungen ▪ Vermeidung von Faultlines in altersheterogenen Teams (z.B. hinsichtlich Geschlecht, Ausbildung)

Phase 2: **Gestaltung unterstützender organisatorischer Rahmenbedingungen**	▪ Unterstützung der frühen Teamentwicklung durch Teambuilding-Maßnahmen, Outdoor-Trainings, frühe Klärung von Rollen und Spielregeln. ▪ Teamorientierte Aufgaben- und Prozessgestaltung zur Ermöglichung eines intensiveren Austausches und besseren Kennenlernens ▪ Teamorientierte Arbeitsplatzgestaltung durch Teambüros, Gruppenräume etc. zur Förderung der Teamarbeit ▪ Teambasierte Anreiz- und Kompensationssysteme zur glaubhaften Unterstreichung des Teamgedankens
Phase 3: **Interaktive Führung altersgemischter Teams**	▪ Einsatz transaktionaler Führung zur Vermittlung einer Ziel- und orientierung ▪ Transaktionale Führung setzt auf die Prinzipien des Contingent Reward sowie des Management by Exception und findet im Management:By Objectives eine wichtige Anwendung ▪ Einsatz transformationaler Führung zur Veränderung von Werten und Zielen sowie zur Schaffung einer gemeinsamen Identität ▪ Transformationale Führung umfasst idealisierten Einfluss, inspirierende Motivation, geistige Anregung sowie eine individuelle Beachtung der Mitarbeiter
Querschnittsaufgabe: **Umgang mit Konflikten**	▪ Unterscheidung nach drei typischen Konfliktarten (Beziehungs-, Aufgaben- und Prozesskonflikte) ▪ Vermeidung von Beziehungskonflikten, bewusste Strukturierung und Steuerung von Aufgaben- und Prozesskonflikten

Bewältigung des demographischen Wandels - Aspekte des Gesamtunternehmens

Kapitel 6

6.1 Chancen und Herausforderungen für Unternehmen

Nach Betrachtung der Chancen und Herausforderungen sowie der notwendigen Handlungsfelder auf der individuellen sowie der Teamebene, sollen abschließend die Gesamtunternehmensebene analysiert und spezifische Aktivitäten zur Bewältigung des demographischen Wandels abgeleitet werden.

Hierfür scheint es wiederum sinnvoll, zunächst die verschiedenen Facetten des demographischen Wandels auf der Unternehmensebene anzusprechen. Der demographische Wandel führt zu einer Reihe von Herausforderungen für Unternehmen, die oftmals jedoch auch einen „Chancencharakter" besitzen. Im Folgenden sollen exemplarisch drei der wichtigsten Chancen und Herausforderungen vorgestellt werden.

- Hierzu zählt zunächst wie schon in Kapitel 2 dargestellt der sogenannte „War for Talents", der beschreibt, dass sich gerade die Zahl junger Fach- und Führungskräfte durch den demographischen Wandel entscheidend verringern wird.[217] Dies gilt gleichermaßen für Universitätsabsolventen als auch für junge, gut ausgebildete Fachkräfte (z.B. Techniker). Der Wettbewerb um diese abnehmende Ressource junger Talente kann gerade für kleine und mittlere Betriebe schnell zu einem echten „Krieg" werden. Auf der anderen Seite kann diese Entwicklung dazu führen, dass der Stellenwert älterer, erfahrener Mitarbeitender deutlich steigt und der in vielen Firmen vorherrschende „Jugendwahn" nachhaltig überwunden wird. Firmen werden zunehmend gezwungen sein, bewusst auch ältere Mitarbeitende zu rekrutieren, um ihren Personalbestand halten zu können. Unternehmen, die dies früh erkennen und bewusst auf die Einstellung von Älteren setzen, werden die Chance haben, sich sehr gut qualifizierte und höchst motivierte Mitarbeitende zu sichern.

- Ein zweites Cluster von Chancen und Herausforderungen besteht in Bezug auf die positive Gestaltung der zunehmenden Alters- und Generationenvielfalt in Unternehmen. Nicht nur

---

[217] Vgl. Michaels/Handfield-Jones/Axelrod (2001).

durch die Rekrutierung älterer Mitarbeitender, sondern auch durch die ohnehin stattfindende Alterung der Belegschaft, wird die Altersheterogenität in Unternehmen zunehmen. Eine solche Diversität kann große Chancen für die Innovationskraft, den Wissenstransfer oder die gegenseitige Motivation eröffnen. Auf der anderen Seite kann sie jedoch auch zu internen Kämpfen, Gruppenbildung und Diskriminierung führen.[218] Ein zentraler Erfolgsfaktor auf der Gesamtunternehmensebene besteht daher in Form einer aktiven Führungs- und Kulturgestaltung, welche nur hier durch aktive Beteiligung des Top- und HR-Managements sowie durch das tägliche Vorleben durch das Linien-Management geschaffen werden kann. Die Bedeutung einer positiven, Diversität wertschätzenden und verbindenden Führungs- und Unternehmenskultur wurde durch Ely und Thomas (1996) in verschiedenen Studien nachgewiesen. Auch auf Seiten der Unternehmenspraxis ist die Bedeutung einer integrativen und handlungsorientierten Kultur für den langfristigen Unternehmenserfolg heute weitgehend unumstritten. In vielen Firmen gehört eine gezielte Führungskräfte- und Kulturentwicklung daher zu den Kernaufgaben des Managements.[219] Auf der anderen Seite gibt es noch vergleichsweise wenige Unternehmen, die gezielt eine altersfreundliche Kultur schaffen, welche die Altersheterogenität im Unternehmen wertschätzt und auf das Miteinander der Generationen ausgerichtet ist.

- Ein drittes Feld von Chancen und Herausforderungen ergibt sich durch den sogenannten „Silver Market". So altern nicht nur die Mitarbeitenden in den Unternehmen, sondern auch die restliche Gesellschaft. Dies kann für Betriebe, die sich frühzeitig auf diese Entwicklung einstellen, zu völlig neuartigen unternehmerischen Chancen führen. So werden viele der Kunden von morgen zunehmend älter als 50 Jahre sein, wodurch sich für viele Unternehmen zusätzliche Absatzmärkte ergeben.[220] Sich auf diesen neuen Silver Market einzustellen, kann gerade für Unternehmen im deutschsprachigen Raum sehr vielversprechend sein. So

---

[218] Vgl. Horwitz/Horwitz (2007); Ely (2004); Leonard/Levine/Joshi (2004).
[219] Vgl. Wunderer (2007).
[220] Vgl. Kohlbacher/Herstatt (2008).

6.1 Chancen und Herausforderungen für Unternehmen

stehen die meisten Unternehmen in Mitteleuropa heute unter dem permanenten Druck, zu den Innovationsführern ihrer Branche zählen zu müssen.[221] Aufgrund ihrer Kostennachteile im Vergleich zu Unternehmen in Niedriglohn-Ländern wie China oder Indien müssen sich hier tätige Firmen vor allem über eine hohe Qualität sowie ständige Produkt- und Serviceinnovationen die Gunst der Kunden erkämpfen. Wenn es den Firmen gelingt, die Bedürfnisse dieser neuen älteren Kundengruppen zu erkennen und zielgenau anzusprechen, so können sie hieraus einen großen Wettbewerbsvorteil ableiten. Nicht zuletzt deshalb kann es für Unternehmen vorteilhaft sein, einen bewussten „Generationenmix" herbeizuführen und selbst Mitarbeitende zu beschäftigen, die dem neuen Zielmarkt angehören. Schon heute gibt es Beispiele von Unternehmen, die sich erfolgreich auf eine älter werdende Zielgruppe einstellen und den Silver Market erfolgreich bearbeiten.

Die Firma Edeka, einer der führenden deutschen Einzelhändler mit rund 280.000 Beschäftigten in 12.000 deutschen Märkten liefert hierfür ein eindrucksvolles Beispiel. So startete die Gruppe schon im Jahr 2004 in Chemnitz den sogenannten „Supermarkt der Generationen", der sich prinzipiell an alle Altersstufen wendet, jedoch auf die spezifischen Bedürfnisse älterer Kunden abgestimmt ist. So weist der Supermarkt breite unverstellte Gänge auf, ist klar und übersichtlich sortiert und verfügt über ein helles Licht-Konzept.[222] Ferner erwartet den Besucher eine große Auswahl an Einkaufswagen, die neben der herkömmlichen Variante eine Kinder-Variante, einen speziellen Einkaufswagen für Rollstuhl-Fahrer und einen Einkaufswagen mit integrierter fahrbarer Gehhilfe umfasst. Die Produktschilder sind jeweils sehr gut lesbar und verfügen zusätzlich über Lupen, die das Entziffern nochmals vereinfachen. Sogar blinde Kunden finden dank eines ausgeklügelten Leitsystems, das von der Blindenschrift bis zum sprechenden Scanner reicht, den Weg zum gewünschten Produkt. Das Sortiment des Marktes wurde zudem erweitert, um älteren oder behinderten Menschen den Einkauf in nur einem Markt zu ermöglichen. Die starke Kunden-

---

[221] Vgl. Davenport/Leibold/Voelpel (2006).
[222] Vgl. Reidl (2007).

orientierung wird auch durch die sogenannte „Serviceknöpfe" spürbar, bei deren Betätigung Mitarbeitende direkt zu den Kunden kommen und nicht erst gesucht werden müssen. Eine zentrale Säule des Erfolgs stellt ferner die solide Schulung der altersdiversen Belegschaft dar, welche neben der Vermittlung besonderer Beratungskompetenzen auch Erste-Hilfe-Maßnahmen inklusive dem Gebrauch eines Defibrillators einschließt. Die Marktleiterin Ellen Rübsam betont hierbei, dass nicht mehr Personal beschäftigt wird als dies in anderen Märkten der Fall ist, die 21 Teammitglieder jedoch gelernt haben, sich auf die spezifischen Bedürfnisse ihrer Kundengruppen einzustellen. Nach Aussagen der Edeka Geschäftsleitung wurde das neue Marktkonzept durch die Kunden sehr gut angenommen, wobei neben älteren Personen auch andere Kundengruppen (wie z.B. Mütter mit Kindern) bewusst längere Anfahrtszeiten in Kauf nehmen, um den Komfort des Marktes nutzen zu können. Aufgrund des Erfolges wurde das Konzept inzwischen an zahlreichen anderen Standorten repliziert.

Das Beispiel von Edeka zeigt deutlich, dass der demographische Wandel damit nicht nur eine Gefährdung der Innovationsfähigkeit und Produktivität bedeuten muss, sondern sich genauso zu einer beträchtlichen unternehmerischen Chance entwickeln kann.

6.2 Gesamtbetriebliche Sicht- und Herangehensweise

In Ergänzung zu den sich ergebenden Aufgaben auf der individuellen Ebene sowie der Teamebene, liegen auch auf der Gesamtunternehmensebene spezifische Handlungsfelder vor, die aufgrund ihres unternehmensweiten Charakters sowie ihrer gesamtbetrieblichen Implikationen nur hier thematisiert und implementiert werden können. Hierzu zählt zunächst die Durchführung einer Altersstrukturanalyse, welche zwingend auf der Gesamtunternehmensebene stattfinden sollte. Zu den weiteren Themenfeldern zählen unter anderem die unternehmensweite Rekrutierungspraxis sowie ein notwendiger Führungs- und Kulturwandel. Dies alles sind Beispiele für Handlungsfelder, die zwar auch auf untergeordneten Ebenen umgesetzt und gelebt

Gesamtbetriebliche Sicht- und Herangehensweise

6.2

werden müssen, jedoch auf einer Unternehmensebene strategisch geplant und entschieden werden müssen. So scheint es beispielsweise wenig sinnvoll, wenn nur einzelne Abteilungen versuchen, gezielt ältere Mitarbeitende einzustellen und den dafür notwendigen Kulturwandel einzuleiten. Vielmehr bedarf es für solche strategischen Weichenstellungen sowohl der intensiven Mitarbeit der HR-Abteilung als auch der gezielten Unterstützung durch das Top- und Linien-Management.

Zudem muss auf der Gesamtunternehmensebene sichergestellt werden, dass die auf unteren Ebenen initialisierten Aktivitäten miteinander harmonieren, nahtlos ineinander greifen und auch unternehmensweit umgesetzt werden. Nur so kann ein schlüssiges Gesamtkonzept zur Bewältigung des demographischen Wandels entwickelt und eingeführt werden, welches einerseits die notwendigen Handlungsfelder abdeckt und andererseits im gesamten Unternehmen Gültigkeit und Akzeptanz besitzt.

Auch die Projektorganisation sowie die Projektsteuerung sollten zentral auf der Unternehmensebene angesiedelt werden. Nach der Erarbeitung und Festlegung der generellen Projektziele können die Verantwortlichkeiten geklärt und die Projektstrukturen entwickelt werden. Wichtig scheint hierbei die breite interne Abstützung eines solchen Demographie-Projektes, welches für ein erfolgreiches Gelingen auf die aktive Mitwirkung und Unterstützung durch das HR- und Linienmanagement, die Geschäftsleitung und den Betriebsrat angewiesen ist. In einem weiteren Schritt kann ein dezidiertes Projektcontrolling entwickelt werden, welches Ziele und Messgrößen der einzelnen Aktivitäten zur Bewältigung des demographischen Wandels festlegt und deren Einhaltung kontinuierlich überwacht.

Tatsächlich zeigten unsere Forschung, dass bisher nur wenige Unternehmen über ein solches ganzheitliches Management des demographischen Wandels verfügen. Während viele Unternehmen einzelne innovative Projekte zur Unterstützung einer alternden Belegschaft verwirklicht haben, gibt es nur sehr wenige Betriebe, die gleichermaßen alle bzw. einen Großteil der notwendigen Facetten abdecken.

Eines der seltenen Beispiele ist das österreichische Unternehmen Voestalpine, welches mit rund 41.000 Beschäftigten in über 60 Ländern zu den weltweit führenden Produzenten von Premium-Stahl im obersten Qualitäts- und Technologiesegment gehört.

Seit dem Jahr 2001 verfolgt Voestalpine das sogenannte „Life-Programm".[223] Motiviert durch den prognostizierten Wettbewerb um junge Fachkräfte, die schon damals spürbare Alterung der eigenen Belegschaft sowie aufgrund sich ändernder gesetzlicher Vorgaben der EU (Lissabon Strategie), entschloss sich das Management schon früh zu einer bewussten Auseinandersetzung mit dem Thema des demographischen Wandels. Auf Initiative des Vorstands wurden acht Expertengruppen gebildet, die in einer sechsmonatigen Analysephase die wichtigsten Handlungsfelder einer demographiefesten Unternehmenspolitik analysieren und erste Vorschläge für Maßnahmen erarbeiten sollten. Wichtig für Voestalpine war hierbei die breite Abstützung im Unternehmen sowie die Berücksichtigung unterschiedlichster Erfahrungen und Sichtweisen, weshalb interdisziplinäre Teams aus Mitarbeitenden des Personalmanagements, des Betriebsrats, zentraler Unternehmensfunktionen sowie bestimmter Spezialisten (Arbeitsrechtsexperten, Arbeitsmediziner, Weiterbildungsverantwortliche, etc.) gebildet wurden. Ergänzt wurden die Teams durch sogenannte „Mentoren", die eine Orientierung an den Geschäftszielen sicher stellen sollten. Zudem wurden alle Geschäftsführer der einzelnen Betriebe und Tochterunternehmen im Rahmen ihrer Zielvereinbarungen dazu aufgefordert, neue Personalmanagementstrategien für ihre Standorte zu entwickeln.

Bei diesen Bemühungen stand jeweils die Erarbeitung eines ganzheitlichen Ansatzes zur Unternehmensentwicklung im Vordergrund, in dessen Rahmen Voestalpine sich bewusst zu einem „Drei-Generationen-Unternehmen" entwickeln sollte. So sollten die neuen Konzepte nicht nur auf die Bedürfnisse älterer Mitarbeitender zugeschnitten werden, sondern im Einklang mit den Wünschen und Bedürfnissen aller Generationen im Unternehmen stehen. Voestalpine sollte gleichermaßen für jüngere, mittlere und ältere Mitarbeitende attraktiv sein.

---

[223] Vgl. auch im Folgenden Bauer (2006).

6.2 Gesamtbetriebliche Sicht- und Herangehensweise

Seit Herbst 2006 wird das Programm in vier Divisionen umgesetzt. Inzwischen nehmen mehr als 10.500 Mitarbeitende am LIFE Programm teil. LIFE steht hierbei für „Lebensfroh", „Ideenreich", „Fit" und „Erfolgreich". Die Koordination erfolgt durch ein interdisziplinäres Team aus Unternehmensvertretern und Betriebsrat. Ferner genießt das Projekt sehr hohe Aufmerksamkeit des oberen Managements, d.h. das Top-Management unterstützt das Projekt nachhaltig und führt ein kontinuierliches qualitatives und quantitatives Monitoring durch.

In der Folge wurden sechs zentrale Handlungsfelder erarbeitet, die zusammen die „attraktive Arbeitswelt Voestalpine" ausmachen (vgl. Abbildung 25).

Attraktive Arbeitswelt bei Voestalpine; Quelle: Bauer (2006). — *Abbildung 25*

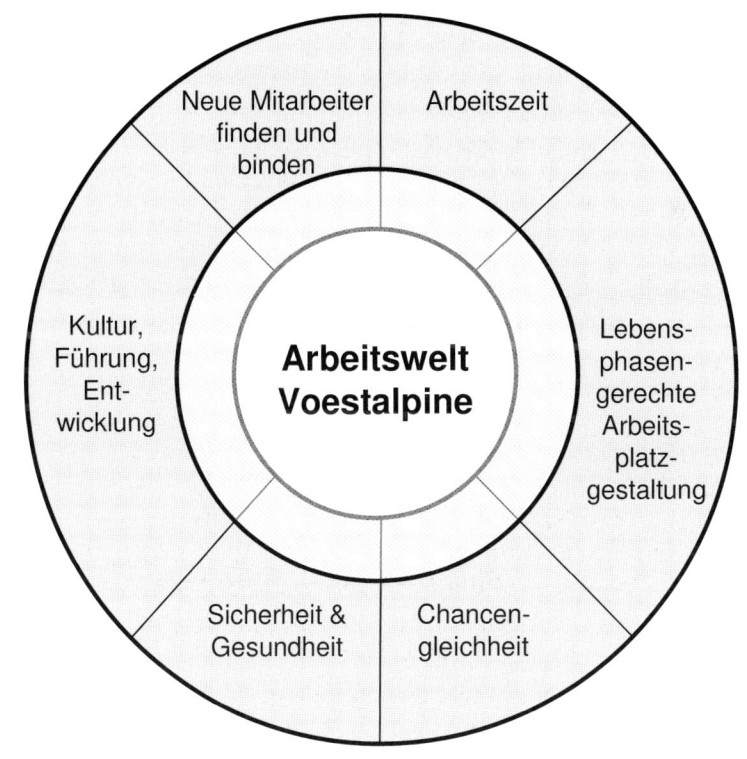

- Flexible Arbeitszeitmodelle zur besseren Vereinbarkeit von Familie und Beruf,
- Lebensphasenbezogene Arbeitsplatzgestaltung zum optimalen Einsatz der Ressourcen in jedem Lebensalter,
- Chancengleichheit zur Sicherung des produktiven Zusammenwirkens der Geschlechter und Generationen,
- Sicherheits- und Gesundheitsvorsorge zur Erhaltung der Leistungsfähigkeit bis ins Alter,
- Kultur, Führung, Entwicklungsmaßnahmen zur Erhaltung der Innovationsfähigkeit; Lebenslanges Lernen, Wissensweitergabe,
- Gute Integration neuer Mitarbeitender.

Ein zweites Beispiel findet sich in Form der Thyssen Krupp Nirosta GmbH in Deutschland, die mit ihrem Projekt JAN (Jung und Alt für Nirosta) ein umfassendes Konzept zum Management des demographischen Wandels entwickelt hat. Wie in der Einleitung bereits kurz angesprochen, sah sich ThyssenKrupp Nirosta 2007 sowohl mit einem starken Anstieg des konzernweiten Durchschnittsalters also auch mit steigenden Fehltagen bei älteren Mitarbeitenden konfrontiert. Aufgrund der bereits spürbar negativen betriebswirtschaftlichen Auswirkungen sowie der zukünftig zu erwartenden Intensivierung der Problemstellung, entschloss sich das Management bereits frühzeitig, mittels eines umfassenden Konzepts auf die Herausforderungen zu reagieren.

Im November 2005 wurde hierfür das Projekt JAN mittels eines Kick-Off Workshops gestartet. In der Folge wurden zwei Kernziele des Projektes definiert, die den klaren betriebswirtschaftlichen Nutzen von JAN für das Unternehmen widerspiegeln:

1) „Dauerhafte Optimierung des Durchschnittsalters in einer Spannweite, die dem Unternehmen keinen zusätzlichen Personalaufwand im Rahmen der demographischen Entwicklung abverlangt."

2) „Permanente positive Begleitung der demographischen Entwicklung der ThyssenKrupp Nirosta mit dem Ziel, strategische Unternehmensziele mit der vorhandenen Stammbelegschaft zu erreichen".

6.2 Gesamtbetriebliche Sicht- und Herangehensweise

Im Rahmen einer anschließenden Analysephase bis November 2006 wurden sechs Handlungsfelder identifiziert, welche ThyssenKrupp Nirosta als zentral für die Lösung ihrer demographischen Herausforderungen einschätzen. Diese umfassen die Themen Gesundheitsmanagement, Personalentwicklung, Arbeitsplatzgestaltung/ Arbeitsorganisation, Wissensmanagement, Arbeitszeitsysteme sowie die Mitarbeitermotivation. Es folgte eine Phase der Operationalisierung und Instrumentalisierung bis November 2007, in welcher die sechs Handlungsfelder in zehn Teilprojekte, 35 operative Ziele, 80 Maßnahmen und 240 Messgrößen untergliedert wurden. Gesamthaft betrachtet stellt das Projekt JAN einen integrativen und umfassenden Ansatz dar, der zudem fast ausschließlich intern vorangetrieben wurde.

Die folgende Abbildung zeigt die sechs grundsätzlichen Handlungsfelder sowie die 10 operativen Teilprojekte von JAN.

6 Bewältigung des demographischen Wandels

| Abbildung 26 | Übersicht Projekt Jung und Alt für Nirosta |

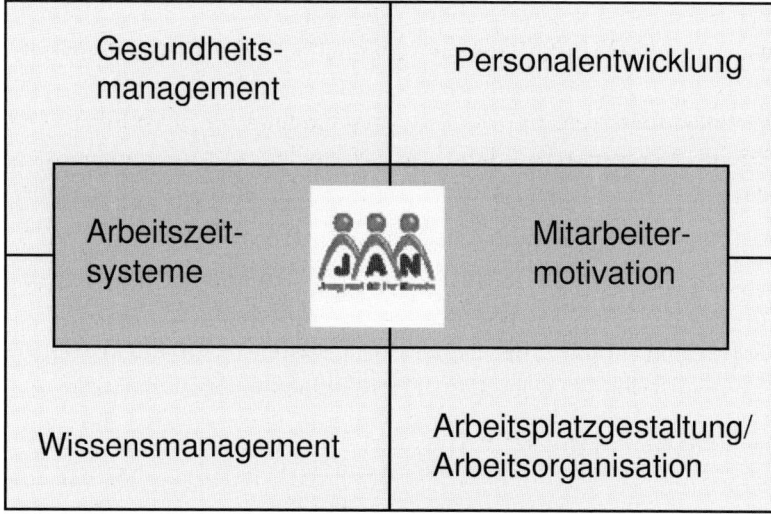

Bemerkenswert sind ferner die klare Projektorganisation, das dezidierte Projektcontrolling sowie die starke Verankerung in der Linie. So wurde unter anderem ein Steuerungskreis benannt, der ein monatliches Controlling des Projektstandes vornimmt und die Fortschritte in den einzelnen Teilprojekten überwacht. Der Steuerungskreis erstattet wiederum quartalsweise Bericht an einen vierköpfigen Lenkungskreis, in welchem das Top-Management des Unternehmens vertreten ist. Das Projektcontrolling selbst fußt auf einer klaren Zielerfassung mittels messbarer Größen (z.B. Trainingsteilnahmen älterer Mitarbeitender), welche alle in SAP hinterlegt sind und in einem SAP-Portal aktuell und bis auf einzelne Schichtgruppen hinunter ausgewertet werden können.

6.3 Ansatzpunkte auf Organisationsebene

Im Folgenden Kapitel werden verschiedene Ansatzpunkte eines aktiven Demographiemanagements auf der Unternehmensebene vorgestellt.

Hierzu wird an den entsprechenden Stellen auch auf die Ergebnisse einer Unternehmensumfrage über das Arbeitsumfeld älterer Menschen in Deutschland referenziert, welche wir am Institut für Führung und Personalmanagement an der Universität St. Gallen in Zusammenarbeit mit der Deutschen Seniorenliga durchgeführt hat.

Im Rahmen dieser Studie wurden 77 mittlere und größere Unternehmen zu ihrem Umgang mit dem demographischen Wandel befragt. Die Unternehmen stammen unter anderem aus den Branchen Handel (16%), Banken und Finanzdienstleister (11%), Maschinen- und Anlagenbau (11%) sowie Chemische und Verfahrenstechnische Industrie (9%). Die Fragebögen wurden überwiegend durch den Personalleiter beantwortet (46%). Der Prozentsatz der beschäftigen älteren Mitarbeitenden beträgt zwischen 11 und 30 Prozent.

Insgesamt zeichnet sich dabei empirisch ab, dass das Bewusstsein für den demographischen Wandel in den Unternehmen wahrnehmbar gestiegen ist: 88% der in der Studie befragten Personen stimmen der Aussage einer gestiegenen Relevanz der Problematik zu. 83% sind des Weiteren der Meinung, dass die Beschäftigung älterer Mitarbeitender besondere Maßnahmen erfordere, um die Leistungsfähigkeit der Mitarbeitenden bis zum Ruhestand zu sichern.

6.3.1 Altersstrukturanalysen

Einen ersten notwendigen Schritt auf der Gesamtunternehmensebene stellt die Erarbeitung einer Altersstrukturanalyse dar, mit deren Hilfe Unternehmen frühzeitig erkennen können, in welchem Ausmaß und in welchem Zeitrahmen sie von den Auswirkungen einer alternden Belegschaft betroffen sind. Tatsächlich stellt eine fundierte Analyse der Alterszusammensetzung der Belegschaft einen unverzichtbaren Baustein einer alterssensitiven Personalpolitik dar, auf welchem alle anderen Maßnahmen basieren. Im Rahmen einer solchen Analyse wird untersucht, auf welche Altersgruppen sich die Belegschaft aufteilt, das heißt wie viele jüngere, mittelalte und ältere Arbeitnehmer im Unternehmen beschäftigt sind. Auf der Basis der Darstellung der aktuellen Situation können in einem nächsten Schritt zukünftige Szenarien zur Altersstruktur erarbeitet werden, die als Entscheidungsgrundlage für weitergehende personalpolitische Maßnahmen dienen können.[224]

Aus unserer Unternehmensumfrage über das Arbeitsumfeld älterer Menschen in Deutschland geht hervor, dass bereits in 58% der beteiligten Unternehmen eine Altersstrukturanalyse durchgeführt wird und diese bei weiteren 7% geplant ist.

Generell lassen sich verschiedene Ausprägungen einer Altersstrukturanalyse unterscheiden, die je nach Komplexitätsgrad unterschiedliche Einblicke und Handlungsoptionen eröffnen.

Einfache Altersstrukturanalysen

Die grundlegendste Form einer Altersstrukturanalyse stellt eine einfache Auflistung der prozentualen Häufigkeiten der verschiedenen, im Unternehmen vertretenen Altersgruppen dar. Hierbei werden die individuellen Daten zu Altersklassen zusammengefasst und z.B. in Fünf-Jahreskategorien wiedergegeben. In diesem Fall werden alle Mitarbeitenden den Klassen „15-19 Jahre", „20-24 Jahre", „25-30 Jahre" usw. zugeteilt (möglich sind selbstverständlich auch andere Zeitintervalle). Auf diese Weise ergibt sich ein erster wichtiger, jedoch noch relativ rudimentärer Überblick über die Altersverteilung im Unternehmen. Dennoch werden bereits klare Tendenzen erkennbar und es kann unter anderem beurteilt werden, ob eine jugendzentrierte, eine balancierte oder eine alterszentrierte Altersstruktur vorliegt. Die folgende Abbildung zeigt beispielhaft die Altersstrukturanalyse eines mittelständischen Betriebes mit ca. 200 Mitarbeitenden.

---

[224] Vgl. Rimser (2006).

Ansatzpunkte auf Organisationsebene **6.3**

Altersstruktur eines mittelständischen Betriebes *Abbildung 27*

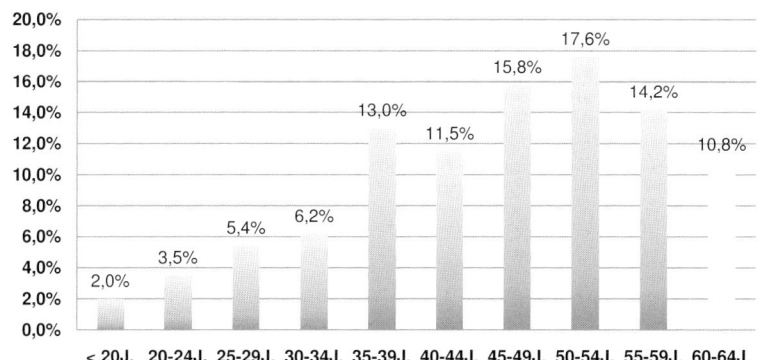

Wie aus der Abbildung deutlich wird, verfügt das Unternehmen über eine vergleichsweise alterszentrierte Belegschaft, bei der der Anteil der 45-65-jährigen Mitarbeitenden in der Summe am höchsten ist und 50 Prozent überschreitet.[225]

- **Erweiterte Altersstrukturanalysen**

Eine spezifischere Aussage über die Altersstruktur eines Unternehmens lässt sich ableiten, indem die Mitarbeitendendaten um spezielle Informationen ergänzt (z.B. Berufsgruppe, Abteilung etc.) und anschließend entsprechend ihrer Zugehörigkeit klassifiziert werden. So lässt sich beispielsweise ablesen, wie hoch das Durchschnittsalter in bestimmten Funktionsgruppen (Marketing, Forschung & Entwicklung, Vertrieb etc.) oder Unternehmensteilen (Standorte etc). ist. Solche Erkenntnisse sind insofern entscheidend, als in bestimmten Unternehmens- oder Funktionsbereichen oft deutliche Abweichungen vom Durchschnittsalter auftreten, die eine schnelle Reaktion erfordern.

So haben wir bei einer unserer Analysen festgestellt, dass die IT-Abteilung eines großen Schweizer Einzelhändlers überdurchschnittlich viele Mitarbeitende über 50 Jahren aufwies. Da viele der Schlüsselkräfte in absehbarer Zeit praktisch zeitgleich in den Ruhe-

[225] Vgl. Buck (2002).

stand gingen, wurde eine schnelle und gezielte Rekrutierung von jungen Mitarbeitenden notwendig, um drohende Wissensverluste und operative Risiken zu verhindern.

Ferner können solche spezifischen Altersstrukturanalysen noch um zusätzliche Kriterien ergänzt werden. Rimser (2006) empfiehlt in Anlehnung an das Institut für Angewandte Arbeitswissenschaft die Erhebung der folgenden Mitarbeitendendaten:

- Soziodemographische Daten (Alter, Geschlecht, Betriebszugehörigkeit)
- Funktionale Daten (aktuelle Position und Tätigkeit, Lohn/Gehaltsstufe)
- Strukturale Daten (betriebliche Einsatzbereiche, Entwicklungspotenzial)
- Qualifikatorische Daten (formale Qualifikationen, aktuelle Kompetenzen, Weiterbildungsverhalten)
- Individuelle Daten (Entwicklungswünsche, Karriereziele)

Auf diese Weise kann die Aussagekraft einer Altersstrukturanalyse noch einmal erheblich gesteigert werden, da die Unternehmen unter anderem erkennen können, ob und in welchem Ausmaß systematische Probleme vorliegen (z.B. fehlende Qualifikationen in bestimmten Altersgruppen, Mangel an jungen Fachkräften etc.)

- **Projektierte Altersstrukturanalysen**

Den größten Wert stiften kann schließlich eine Altersstrukturanalyse, welche auch die zukünftige Entwicklung prognostiziert. Statt nur ein statisches Bild des aktuellen Zustands zu zeigen, vermitteln projektierte Altersstrukturanalysen ein Bild der zukünftig zu erwartenden Altersverteilung im Unternehmen. Hierbei können zwei Wege eingeschlagen werden:

Bei der einfachen Fortschreibung der bisherigen Altersstruktur werden die ermittelten Kennzahlen (Personalbedarf, Renteneintrittsalter, Abgänge werden durch Zugänge ersetzt) als unveränderliche Größen angesehen und über den Prognosezeitraum hochgerechnet. So ergibt sich ein durchaus realistisches Bild, welches jedoch nicht auf potenzielle Veränderungen der Personalpolitik abgestimmt ist.

Ansatzpunkte auf Organisationsebene 6.3

Abbildung 28 zeigt beispielhaft eine solche projektierte Altersstrukturanalyse.

Beispiel projektierte Altersstrukturanalyse — *Abbildung 28*

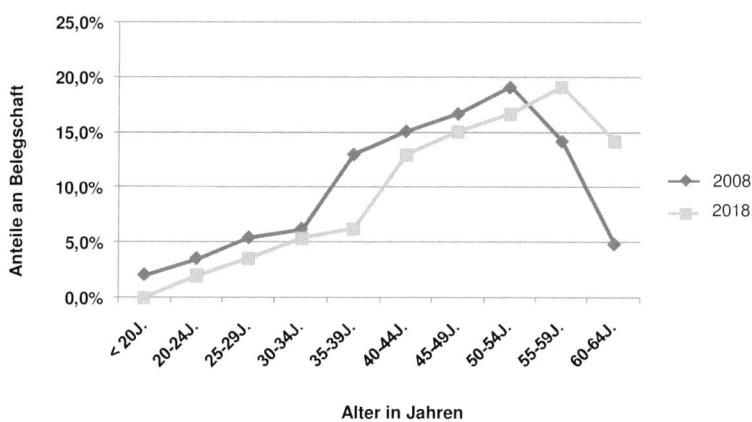

Eine zweite Möglichkeit zur Erstellung projektierter Altersstrukturanalysen besteht in der Entwicklung unterschiedlicher Szenarien bei welchen jeweils andere Annahmen getroffen werden können. Köchling (2002) nennt hierzu verschiedene Einflussgrößen, welche variiert werden können:

- Ab- oder Zunahme des Personalbestandes,
- Gesetzliche Rahmenbedingungen, z.B. das Renteneintrittsalter oder die Abschaffung von Frühverrentungen,
- Erhöhung bzw. Verringerung der Lehrlingsquote,
- Neueinstellungen, z.B. nur ab oder bis zu einem bestimmten Alter (Mindest- und Maximal-Alter),
- Berücksichtigung weiterer Personalabgänge, z.B. durch Kündigungen oder Auslaufen von Zeitarbeitsverträgen.

Auf Basis der verschiedenen Veränderungsannahmen lassen sich die einzelnen Szenarien durchspielen, das heißt, es kann überprüft werden, welchen Einfluss die verschiedenen Stellhebel auf die zukünftige Alterszusammensetzung des Betriebes haben. Wichtig hierbei ist es, dass nur solche Veränderungsannahmen getroffen werden sollten, die in Zeiten des demographischen Wandels noch realistisch scheinen. So kann unter anderem davon ausgegangen werden, dass die Zahl an Frühverrentungen eher zurückgehen, denn steigen wird. Gleichzeitig sollten für das einzelne Unternehmen realistische Annahmen getroffen werden. So kämpfen z.B. gerade kleinere Unternehmen verstärkt darum, junge Nachwuchskräfte zu rekrutieren. Insofern sollte man sich auch hier nicht von Wunschvorstellungen leiten lassen, sondern die eigenen Möglichkeiten zur Rekrutierung junger Fachkräfte realistisch einschätzen.

Hat ein Unternehmen eine Altersstrukturanalyse für seine Belegschaft durchgeführt, so lassen sich daraus wichtige Schlüsse für die momentane und die zukünftig notwendige Personalpolitik ableiten. Das Institut für Angewandte Arbeitswissenschaften (2005) beschreibt vier typische Ausprägungsformen von Altersstrukturen in Unternehmen, die jeweils unterschiedliche Handlungsnotwendigkeiten nach sich ziehen. Diese sollen im Folgenden kurz vorgestellt werden (vgl. Abbildung 29).

Ansatzpunkte auf Organisationsebene

6.3

Vier Ausprägungen von Altersstrukturen; Quelle: in Anlehnung an IFAA (2005).	**Abbildung 29**

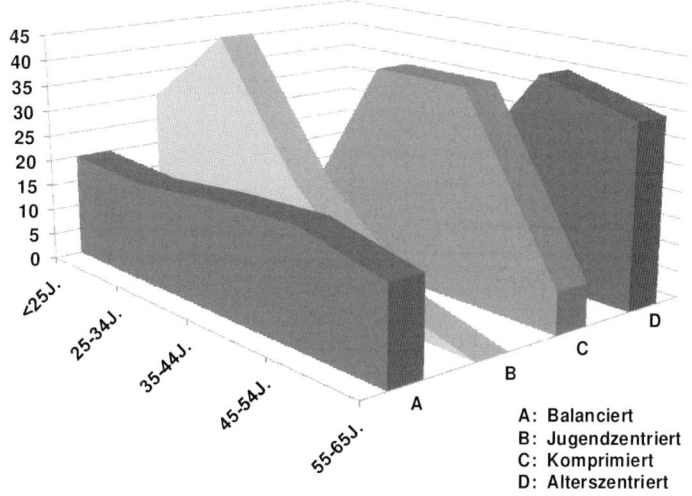

A: Balanciert
B: Jugendzentriert
C: Komprimiert
D: Alterszentriert

▪ Typ A: Balancierte Altersstruktur

Im ersten Fall liegt eine balancierte Altersstruktur vor, bei welcher die unterschiedlichen Altersgruppen im Unternehmen praktisch gleichverteilt sind. Auch wenn eine etwas erhöhte Anzahl der über 45 Jahren alten Mitarbeitenden feststellbar ist, sind doch viele junge Nachwuchskräfte im Unternehmen, die potenziell ausscheidende Mitarbeitende ersetzen können.

Buck (2002) betont, dass Unternehmen mit solchen balancierten Altersstrukturen über sehr gute Voraussetzungen zur erfolgreichen Bewältigung des demographischen Wandels verfügen, da sie zum einen über eine ausreichende Anzahl an jungen Arbeitskräften verfügen, zum anderen auch schon vielfältige Erfahrungen im Umgang mit allen Altersgruppen sammeln konnten. So sind solche Unternehmen z.B. auf die Bedürfnisse älterer Mitarbeitender meist besser eingestellt. Die Herausforderung für Firmen mit einer balancierten Altersstruktur liegt darin, diese Gleichverteilung aufrecht zu erhalten und unter anderem für eine ausreichende Neu-Rekrutierung jüngerer Bewerber zu sorgen.

Typ B: Jugendzentrierte Altersstruktur

Das Beispiel B beschreibt die zweite Ausprägung einer typischen Altersstruktur, die als jungendzentriert charakterisiert werden kann. Wie aus der Abbildung deutlich wird, sind die Altersgruppen bis 34 Jahre sehr stark vertreten und machen ca. 75% der Belegschaft aus. Dagegen sind Mitarbeitende ab 45 Jahre im Unternehmen praktisch nicht vertreten. Solche Belegschaftsstrukturen kann man oftmals in New Economy Unternehmen oder Start-ups finden.

Die Herausforderung für solche jugendzentrierten Unternehmen besteht vor allem darin, den jungen Personalbestand zu halten bzw. nachzubesetzen. Da der Kampf um junge Talente immer intensiver wird, könnte es dem Unternehmen zunehmend schwerer fallen, ausreichend junge Kräfte zu finden und diese langfristig zu binden. Ferner ist davon auszugehen, dass sich die Belegschaftsstruktur über die Jahre automatisch hin zu einer mittelalten Altersstruktur entwickeln wird (durch die kollektive Alterung der jungen Mitarbeitenden). Für diesen Wandel der Altersstruktur müssen entsprechende personalpolitische Instrumente geschaffen werden (z.B. Karrieremodelle für mittelalte und ältere Mitarbeitende). Auch ein gewisser Wandel der Unternehmenskultur könnte notwendig werden, da in jugendzentrierten Unternehmen meist Werte wie Jugendlichkeit und Dynamik vorherrschen, die zu Spannungen in einer zunehmend altersdiversen Belegschaft führen können. Zuletzt stellt sich die generelle Frage, ob dem Unternehmen durch die starke Jugendzentrierung nicht bestimmte Kompetenzen altersheterogener Belegschaften fehlen, die es durch die Rekrutierung und Beschäftigung älterer Mitarbeitender schon heute aufbauen könnte (vgl. Kapitel 5.3).

Typ C: Komprimierte Altersstruktur

Typ C zeigt eine komprimierte (oder mittelalterszentrierte) Altersstruktur. In diesem Fall machen die Gruppen der 34-55-jährigen Mitarbeitenden fast 80% der gesamten Belegschaft aus. Jüngere Mitarbeitende bis 34 Jahre sowie ältere Mitarbeitende ab 55 Jahre bilden dagegen eine Minderheit. Solche Strukturen resultieren oftmals aus einem längerfristigen Einstellungsstop bei Auszubildenden verbunden mit einer Strategie der Frühverrentung und des Personalabbaus bei Älteren.

Ansatzpunkte auf Organisationsebene 6.3

Unternehmen mit einer komprimierten Altersstruktur laufen im Rahmen des demographischen Wandels erheblich Gefahr schon in vergleichsweise kurzer Zeit eine überwiegend alterszentrierte Belegschaft zu entwickeln. Prognostiziert man eine Entwicklung, die 10 Jahre in der Zukunft liegt, so werden ca. 80% der Mitarbeitenden älter als 45 Jahre sein. In der Folge müssten extreme Anstrengungen unternommen werden, um junge Kräfte nachzurekrutieren, da ansonsten die Lebensfähigkeit des Unternehmens langfristig gefährdet sein könnte. Schon heute sollten die personalpolitischen Maßnahmen daher darauf ausgerichtet werden, junge Mitarbeitende zu rekrutieren und diese langfristig an das Unternehmen zu binden. Wie dies ablaufen kann, wird im nächsten Kapitel detaillierter beschrieben.

- **Typ D: Alterszentrierte Altersstruktur**

Das abschließende Beispiel D zeigt in Form einer alterszentrierten Verteilung die für Unternehmen gefährlichste Form einer Altersstruktur. Hierbei sind die Altersgruppen ab 45 Jahren sehr stark vertreten (mehr als 50%), die jüngeren Altersgruppen fehlen oftmals fast völlig.

Eine der zentralen Gefahren liegt darin, dass schon in kürzester Zeit große Teile der Belegschaft in den Ruhestand wechseln können. Das Personalmanagement muss daher alles daran setzen, diesen unmittelbar drohenden Abfluss an Personal durch neue Kräfte aufzufangen, da ansonsten die betrieblichen Prozesse eventuell nicht mehr aufrechterhalten werden können. Zudem muss sichergestellt werden, dass neu in das Unternehmen eintretende Kräfte bzw. bereits im Betrieb arbeitende Personen sich schnell das Wissen der ausscheidenden Mitarbeitenden aneignen, da ansonsten ein großer Verlust an Know-how droht. Längerfristig muss zudem überlegt werden, wie das Unternehmen für junge Mitarbeitende attraktiv gemacht werden kann, welche Rekrutierungs- und Bindungsstrategien angewendet werden und welche weiteren personalpolitischen Maßnahmen eingeleitet werden können, um junge und mittelalte Kräfte langfristig effektiv beschäftigen zu können.

Auch im Rahmen des Projektes JAN startete ThyssenKrupp Nirosta zunächst mit einer Altersstrukturanalyse. Hierbei konnte das Unternehmen bereits auf einen gut gepflegten Datenbestand zurückgreifen, welcher die Grundlage für die folgenden Auswertungen bildete. Schon auf Basis der ersten grundlegenden Analysen wurde deutlich, dass ein vergleichsweise hohes Durchschnittsalter von 44,2 Jahren im Konzern vorliegt und die Altersgruppen über 40 Jahre überdurchschnittlich stark vertreten waren, während Mitarbeitende unter 20 Jahren fast völlig fehlten. Ergänzt wurden diese statischen Berechnungen durch eine projektierte Altersstrukturanalyse, welche unter anderem ein Renteneintrittsalter von 65 Jahren sowie die Übernahme von 90 Auszubildenden pro Jahr unterstellte. Diese Analyse zeigte, dass der Anteil der Mitarbeitenden über 50 Jahre von 32% im Jahr 2007 auf 49% im Jahr 2023 steigen würde. Auf Basis dieser Ergebnisse wurde der Handlungsbedarf für ThyssenKrupp Nirosta bereits sehr deutlich und führte zu vielfältigen Aktionen in den unterschiedlichen Handlungsfeldern.

Neben der Alterszusammensetzung des Gesamtunternehmens konnte ThyssenKrupp Nirosta auch Analysen von allen Standorten bis hinunter auf die einzelnen Schichtgruppen durchführen. Somit konnten z.B. auch Analysen in Bezug auf die Alterszusammensetzung von einzelnen Teams oder bestimmten Kostenstellen vorgenommen werden. Hiermit verbunden wurden klare Zielvorgaben, welche z.B. vorgaben, dass der Unterschied zwischen den Altersdurchschnitten von Schichtgruppen nicht mehr als 10 Jahre betragen soll, und dass der Altersdurchschnitt pro Kostenstelle bei maximal 50 Jahren liegen dürfte. Möglich wurden zudem Auswertungen, welche z.B. die krankheitsbedingten Ausfälle nach Alterskohorten wiedergaben und sich damit sehr gut für die Gestaltung der betrieblichen Gesundheitsvorsorge. eigneten.

6.3.2 Alterssensible Rekrutierung

Die Rekrutierung neuer Mitarbeitender zählt zu den Kernaufgaben des Personalmanagements, welche in ihrer Bedeutung kaum überschätzt werden kann. So sind alle Unternehmen auf motivierte und gut ausgebildete Mitarbeitende angewiesen, die ausscheidende Kollegen ersetzen oder internes Wachstum ermöglichen. Gerade in wissensintensiven Branchen wie dem Anlagen- und Maschinenbau, der medizinischen und pharmazeutischen Industrie oder der Informations- und Kommunikationsindustrie stellt der Mangel an

6.3 Ansatzpunkte auf Organisationsebene

qualifizierten Bewerbern einen beträchtlichen Flaschenhals für die Firmen dar.[226] Dieser wird sich in den kommenden Jahren und Jahrzehnten aller Voraussicht nach noch weiter verengen, da durch die geburtenschwachen Jahrgänge sowie die im internationalen Vergleich niedrigen Quoten an Studierenden im deutschsprachigen Raum die Bewerberzahlen noch weiter zurückgehen dürften.[227] Der resultierende Mangel an hoch qualifizierten Fachkräften (z.B. Ingenieure, aber auch Facharbeiter) dürfte dabei kleinere Unternehmen noch stärker treffen als die Großindustrie. Dennoch stehen auch Große internationale Firmen vor zunehmenden Problemen, weshalb die Rekrutierung junger Mitarbeitender immer weiter professionalisiert wird. McKinsey & Company sprach hierbei schon früh vom sogenannten „War for Talents" und betonte auch in neueren Studien (2004), dass dieser Kampf um Talente weiter anhält und an Schärfe sogar noch zunimmt. So haben nach Angabe der Beratung schon heute ca. 50% der Unternehmen Schwierigkeiten, offene Stellen zu besetzen.

Auch unsere Unternehmensumfrage über das Arbeitsumfeld älterer Menschen in Deutschland belegt, dass ein Großteil der befragten Unternehmen Probleme bei der Besetzung von Fach- und Führungspositionen hat (51%) oder zeitnah erwartet (30%). Besonders problematisch sind hierbei die Berufsgruppen der Ingenieure (62%), der Fachkräfte EDV/Informatik (51%) sowie der Fachkräfte Vertrieb (43%).

Dieser Trend stellt für Unternehmen ein ernstzunehmendes Problem dar, welches vielfältige Folgen nach sich zieht. So beschreibt Köchling (2004) die Ergebnisse einer Studie in 664 Betrieben, in welchen das Management nach den befürchteten Auswirkungen eines Mangels an Fach- und Führungskräften befragt wurde. Zu den meistgenannten Folgen zählten Probleme hinsichtlich Wachstum und Wettbewerbsfähigkeit (69% der Betriebe), negative Auswirkungen auf neue Aufträge (59%), Marktanteilsverluste (50%), Innovationsverluste (48%), Engpässe in der Produktion (48%) sowie hohe Kosten durch den Zukauf externen Personals (46%).

---

[226] Vgl. Buck (2001); Voelpel/Leibold/Füchtenicht (2006).
[227] Vgl. Köchling (2004).

Auf Basis dieser Ergebnisse lässt sich die Schlussfolgerung ableiten, dass die alleinige Rekrutierung junger Arbeitskräfte in Zukunft nicht mehr ausreichen wird, um den Bedarf der Unternehmen zu decken. So wird sich die gezielte Suche nach qualifizierten und motivierten Mitarbeitenden der mittleren und älteren Altersgruppen zu einem wichtigen Bestandteil einer modernen und altersfesten Personalpolitik entwickeln. Dass dies sinnvoll ist, begründet sich nicht zuletzt auch durch die Erkenntnissen der vorangegangenen Kapitel. So können gerade jugendzentrierte Unternehmen durch die Neueinstellung erfahrener, älterer Mitarbeitender neue betriebliche Kompetenzen erwerben, die ihnen im Kampf um Kunden und Marktanteile entscheidend helfen können. Gleichzeitig wird die Rekrutierung jüngerer Mitarbeitender immer einen hohen Stellenwert für Unternehmen einnehmen, weshalb im Folgenden sowohl die Möglichkeiten zur Rekrutierung älterer wie jüngerer Mitarbeitender dargestellt werden sollen.

6.3.2.1 Rekrutierung jüngerer Mitarbeitender

Die Rekrutierung jüngerer Mitarbeitender stellt für alle Unternehmen eine zentrale Aufgabe dar. Besonders jedoch für Unternehmen mit einer komprimierten oder alterszentrierten Personalstruktur (vgl. Kapitel 6.3.1) wird die Einstellung zusätzlicher junger Mitarbeitender zu einem überlebensnotwendigen Projekt.

Generell haben Unternehmen vielfältige Möglichkeiten, jüngere Mitarbeitende einzustellen. Im Folgenden sollen zwei zentrale Wege vorgestellt werden.

- **Intensivierung der betrieblichen Ausbildung**

So liegt eine erste naheliegende Möglichkeit in der Intensivierung der betrieblichen Ausbildungsanstrengungen. Kaum eine andere Rekrutierungsaktivität bietet die Möglichkeit, junge Bewerber derartig gezielt zu selektieren und langfristig an das Unternehmen zu binden.[228] Obwohl Betriebe mitunter anführen, dass eine Ausbildung von jungen Mitarbeitenden mit hohen finanziellen Kosten verbunden ist, stellt die duale Ausbildung gerade im deutsch-

---

[228] Vgl. Köchling (2004).

Ansatzpunkte auf Organisationsebene

sprachigen Raum dennoch das personalpolitische Rückgrat vieler Unternehmen dar.

So berichten auch in unserer Unternehmensumfrage über das Arbeitsumfeld älterer Menschen in Deutschland 72% der Befragten, dass die Schaffung von Lehrstellen eine wichtige Strategie zur Engpassreduktion darstellt.

Eine ergänzende, inzwischen in vielen Unternehmen angewendete Methode zur Gewinnung junger Auszubildender, stellen die sogenannten „Lehrlings-Castings" dar.[229] Hierbei werden Jugendliche ähnlich dem Vorgehen in einem Assessment Center vor verschiedene Test und Aufgaben gestellt und beurteilt, wie sie sich in den einzelnen Situationen verhalten. Gerade für Großunternehmen, die viele junge Mitarbeitende rekrutieren wollen, stellt dieses Vorgehen eine gute Wahl dar. Oftmals werden vorab auch Informationstage abgehalten, bei denen sich eine große Zahl von Jugendlichen über das Unternehmen, die verschiedenen Ausbildungsmöglichkeiten sowie die späteren Berufschancen informieren kann. Anschließend erfolgt dann die strukturierte Bewerberselektion, die Methoden wie Multiple-Choice-Tests, Rollenspiele, Präsentationsaufgaben, etc. umfassen kann und den Unternehmen meist verlässlichere Informationen liefert, als dies reine Bewerbungsgespräche vermögen. So führen beispielsweise die Firmen C&A und Accor seit mehreren Jahren erfolgreich solche Azubi-Castings durch.

- **Direkteinstellung von (Fach-)Hochschulabsolventen**

Eine weitere Möglichkeit zur Rekrutierung junger Fachkräfte besteht in Direkteinstellungen von (Fach-) Hochschulabsolventen. Gerade diese Gruppe von jungen, gut ausgebildeten Fachkräften ist es, die für Unternehmen oft am schwierigsten zu gewinnen ist. Hier ist der „War for Talents" bereits entbrannt, viele Unternehmen investieren immer mehr Zeit und Geld in die Ansprache dieser „High Potentials".

In der Unternehmensumfrage über das Arbeitsumfeld älterer Menschen in Deutschland geben 64% der Befragten an, dass sie über

---

[229] Vgl. Rimser (2006).

die verstärkte Rekrutierung von Hochschulabsolventen versuchen, vorhandene Personalengpässe abzumildern.

In diesem Zusammenhang ist außerdem die verstärkte Anstrengung von Unternehmen zu nennen, sich als attraktiven Arbeitgeber darzustellen. Die Untersuchung zeigte, dass 66% der Unternehmen gezielt in Maßnahmen des Employer Branding investieren.

Weit verbreitete Möglichkeiten zur Kontaktaufnahme mit potenziellen Bewerbern bestehen z.B. in Form einer regelmäßigen Teilnahme an universitären Job- und Karrieremessen. Vielfach genutzt wird auch die Ausschreibung von Praktika, Werkstudententätigkeiten, Diplomarbeiten oder Stipendien. Viele Unternehmen bieten erfolgreichen Praktikanten zudem die Aufnahme in spezielle Fellowship-Programme an, durch die sie mit den Studenten langfristig in Kontakt bleiben können. Mitunter werden zum Ende eines Praktikums auch schon spätere Arbeitsverträge angeboten. Gängige Praxis ist dies z.B. in vielen Unternehmensberatungen.

6.3.2.2 Rekrutierung älterer Mitarbeitender

Noch deutlich weniger verbreitet als die Rekrutierung jüngerer Mitarbeitender ist die gezielte Suche nach und Anstellung von älteren Bewerbern.

Während 52% der Befragten in der Unternehmensumfrage über das Arbeitsumfeld älterer Menschen in Deutschland von der Weiterbeschäftigung älterer Mitarbeitender als Strategie zur Reduktion von Engpässen berichten, wird die Rekrutierung bzw. Neuanstellung älterer Mitarbeitender nur von 34% der Unternehmen strategisch verfolgt. Die aktive Personalwerbung um diese Zielgruppe erfolgt laut der Studie zu einem noch geringeren Prozentsatz von 15%.

Dabei stellt gerade diese vergleichsweise neuartige Strategie ein sehr vielversprechendes Vorgehen dar, da der „Kampf" um ältere Mitarbeitende meist weniger hart geführt wird als um junge Fachkräfte. Im Folgenden sollen drei zentrale Strategien zur Rekrutierung Älterer analysiert werden.

- **Abwerbung älterer Experten aus anderen Unternehmen**

Noch am verbreitetesten bei der Rekrutierung älterer Mitarbeitender ist die Abwerbung älterer Experten aus anderen Unternehmen. Die Vorteile dieses Vorgehens liegen zumeist darin, dass diese älteren Fach- und Führungskräfte oft ein hohes spezifischen Know-how mitbringen, welches für das abwerbende Unternehmen von hohem unternehmerischen Interesse ist. In vielen Fällen können solche Fachkräfte auch ihr berufliches Netzwerk einbringen, welches z.B. gute Kunden- oder Lieferantenkontakte umfassen kann. Zudem ist die Einarbeitungszeit für solche Fachexperten zumeist vergleichsweise kurz.

Dennoch bestehen auch verschiedene Herausforderungen bei der Rekrutierung solcher Spezialisten. Zunächst ist das Abwerben meist mit hohen finanziellen Kosten verbunden, da solche Experten meist sehr gefragt sind und ihnen ein finanzieller Anreiz geboten werden muss, ihr altes Unternehmen zu verlassen. Meist ist auch die Hinzuziehung eines Headhunters notwendig, der den Kontakt herstellt und die Bewerberauswahl durchführt. Ein weiteres Risiko besteht im Hinblick auf die weichen Faktoren der Unternehmensführung. So ist es einerseits denkbar, dass die neuen Mitarbeitenden nicht mit der Kultur ihres neuen Unternehmens harmonieren und sich hier nur schwer einfinden können. Ferner scheint es möglich, dass ein rein monetär getriebener Arbeitsplatzwechsel nicht die nachhaltigste Motivationsquelle darstellt. Daher scheint es notwendig, nicht nur mit finanziellen Anreizen zu arbeiten, sondern dem neuen Mitarbeitenden weitere Motivationsquellen, z.B. in Form interessanter Aufgaben oder Entwicklungsperspektiven, zu bieten.

- **Nutzung neuartiger Job- und Rekrutierungsbörsen für ältere Fachkräfte**

Eine zweite Möglichkeit besteht in der Nutzung spezieller Jobbörsen für ältere Fachkräfte. Während die Nutzung von Online-Stellenportalen längst zu den Standardwerkzeugen der Rekrutierung zählt, sind solche speziell auf ältere Mitarbeitende zugeschnittene Portale noch relativ selten. Dennoch bieten sie gegenüber normalen Job-Suchmaschinen gewisse Vorteile, da sie spezifisch auf die Bedürfnisse älterer Bewerbender zugeschnitten sind. So können die Bewerber z.B. sicher sein, dass Stellenanzeigen in solchen Portalen altersneutral oder sogar altersfreundlich sind, d.h. dass das Alter des Bewerbers als neutraler oder gar positiver Faktor von den suchenden Unternehmen gesehen wird und nicht als Manko wie dies häufig noch anzutreffen ist. Zudem haben die Bewerber hier oftmals die Möglichkeit, ihre Kompetenzen und Erfahrungen detaillierter und differenzierter darzustellen.

Ein Beispiel hierfür ist das Portal www.expertia.de, welches sich speziell an Experten mit mindestens 25 Jahren Berufserfahrung wendet. Das Portal führt dabei unter anderem eine Vorselektion der Stellenangebote durch, so dass nur solche aufgenommen werden, die tatsächlich für Mitarbeitende über 45 Jahre geeignet scheinen.

- **Einstellung älterer Arbeitssuchender**

Die vielleicht ungewöhnlichste und bislang wohl am seltensten eingesetzte Methode zur Rekrutierung älterer Bewerber besteht in der Einstellung älterer (Langzeit-)Arbeitssuchender. Lange Zeit schien es für über 50 Jahre alte Arbeitssuchende häufig unmöglich, noch einmal eine feste Anstellung zu finden. Nicht nur durch die positive Entwicklung am Arbeitsmarkt, sondern auch durch ein stattfindendes Umdenken auf Seiten der Unternehmen scheint sich dies langsam zu ändern. So haben inzwischen einige Firmen erkannt, dass die Ausschöpfung dieser brachliegenden Arbeitsmarktpotenziale eine interessante Rekrutierungsstrategie darstellt. So treffen die hier rekrutierenden Unternehmen kaum auf Konkurrenz und können auf ein sehr großes Angebot von arbeitsuchenden Menschen zugreifen, die in vielen Fällen sehr erfahren und äußerst motiviert sind. Darüber hinaus können sie exakt die Bewerber herausfiltern, die die notwendige Qualifizierung besitzen oder über eine solche Flexibilität und Motivation verfügen, sich noch einer neuen Herausforderung zu stellen und neue Kompetenzen erwerben zu wollen. Unterstützt werden solche Unternehmen meist von staatlichen Stellen wie der Bundesagentur für Arbeit in Deutschland oder der Regionalen Arbeitsvermittlungszentren in der Schweiz. Diese können unter anderem Know-how beisteuern, eine Vorselektion möglicher Bewerber durchführen und gegebenenfalls auch finanzielle Zuschüsse leisten.

Zum Abschluss des Kapitels sollen zwei praktische Beispiele aufzeigen, wie Unternehmen schon heute von der Einstellung älterer Arbeitssuchender Gebrauch machen und hiervon erheblich profitieren können.

6.3 Ansatzpunkte auf Organisationsebene

Hierzu soll zunächst auf die bereits kurz angesprochene Katjes Fassin GmbH eingegangen werden, welche ein höchst bemerkenswertes Beispiel zur Rekrutierung älterer Mitarbeitender liefert. Die Katjes Fassin GmbH blickt als Familienunternehmen auf eine fast 100-jährige Unternehmensgeschichte zurück und ist im Jahr 2005 die Nummer drei im deutschen Zuckerwarenmarkt. Mit ca. 500 Mitarbeitenden werden 60.000 Tonnen Süßwarenartikel pro Jahr hergestellt. Seit einigen Jahren verfolgt die Katjes Fassin GmbH dabei die Strategie, die früher oftmals in Fremdproduktion im Ausland hergestellten Produkte in eigenen Produktionsstätten in Deutschland herzustellen. Hierfür wurde am 20. März 2006 in Potsdam-Babelsberg der mit Bonbontüten gefüllte Grundstein für ein neues Katjeswerk gelegt. Mit einer Investitionssumme von 12 Millionen Euro wurde auf 4.500 Quadratmetern eine gläserne Fabrik errichtet, bei der die Besucher live miterleben können, wie Süßwaren hergestellt werden. Schon am 2. Oktober 2006 startete auf dem Gelände eines ehemaligen Lokomotivwerks ein erfolgreicher Probelauf, kurze Zeit später konnte die reguläre Produktion aufgenommen werden. Im Jahr 2009 besuchen durchschnittlich mehr als 200.000 Besucher pro Jahr die Produktionsstätte. Überrascht sind viele Besucher hierbei nicht nur über den High-Tech Produktionsprozess, in welchem die Bonbons hergestellt werden, sondern auch über die Belegschaft, die sie durch die großen Glasfenster sehen. So haben zwei Drittel der Beschäftigten ihren 50. Geburtstag bereits hinter sich. Die Rekrutierung der älteren Mitarbeitenden war dabei nicht eine Wahl aus Verlegenheit oder gar eine Notlösung, vielmehr stellte sie eine bewusste strategische Entscheidung des Managements dar. Tobias Bachmüller, geschäftsführender Gesellschafter von Katjes, erklärt hierzu: „Die Älteren fördern durch Engagement und Erfahrung unsere hohen Qualitätsstandards, die ein Hauptgrund für die Rückkehr nach Deutschland waren". Bei der Rekrutierung der Mitarbeitenden setzte Katjes auf eine enge Zusammenarbeit mit der Bundesagentur für Arbeit. So wurde zusammen eruiert, welche Jobs für Ältere geeignet sind und bei welchen Stellen ein harter körperlicher Einsatz eher für jüngere Mitarbeitende spricht. Die Entscheidung, oftmals lange arbeitslosen Menschen noch einmal eine berufliche Chance zu geben, zahlte sich für Katjes in vielfältiger Weise aus. So konnte die Firma als „First Mover" zunächst aus einem sehr großen Kreis von sehr motivierten älteren Mitarbeitenden wählen, für die der neue Job eine einmalige

Chance darstellte. Zudem brachten viele der Bewerber eine hohe Flexibilität sowie vielfältige berufliche und persönliche Erfahrungen mit. Schon nach kurzer Zeit konnte in dem Werk dieselbe Produktivität wie an anderen Standorten realisiert werden. Nicht zuletzt konnte Katjes auch ein hohes Maß an öffentlichem Interesse und Wertschätzung für sich verbuchen. So wurde das Werk in Potsdam am 20.10.2007 von der Standortinitiative „Deutschland – Land der Ideen" unter Schirmherrschaft von Bundespräsident Horst Köhler als einer von „365 Orten im Land der Ideen" ausgezeichnet. Zudem wurde Katjes von Franz Müntefering, damals Bundesminister für Arbeit und Soziales, als „Unternehmen mit Weitblick" geehrt. Er überreichte der Geschäftsleitung von Katjes die Urkunde als Sieger am Unternehmenswettbewerb „50fit" für die vorbildliche Integration älterer Mitarbeitender.

Ein weiteres interessantes Beispiel zur Rekrutierung Älterer findet sich in Form des Projektes „Ausbildung 50+" bei der ING-DiBa Bank, einer 100%-igen Tochter der niederländischen ING-Gruppe.[230] Die ING-DiBa beschäftigt als Direktanlage-Bank ohne eigene Filialstruktur ca. 2.700 Mitarbeitende in Deutschland und betreut damit mehr als sechs Millionen Kunden. Der Idee eines „Early Mover" folgend, setzt die ING-DiBa bei der Rekrutierung neuer Mitarbeitender auf die bisher seltene Strategie der Rekrutierung älterer Arbeitssuchender. In Zusammenarbeit mit der Bundesagentur für Arbeit werden gezielt Mitarbeitende ab 50 Jahren gesucht, die noch einmal eine völlig neuartige berufliche Herausforderung annehmen und sich zur Servicekraft für Dialogmarketing ausbilden lassen wollen. Schon das Auswahlverfahren für die potenziellen Bewerber unterscheidet sich dabei grundlegend von den normalen Prozessen. So ist die Agentur für Arbeit dafür zuständig, eine Vorauswahl an geeigneten über 50 Jahre alten Bewerbern zu treffen, welche momentan auf der Suche nach einer Anstellung sind. Diesen wird anschließend die Möglichkeit einer kurzen Selbstpräsentation ohne Bewerbungsunterlagen gegeben. Hierbei erhalten die Bewerber die Chance, ihre individuellen Stärken und Fähigkeiten herauszustellen und persönlich zu überzeugen, statt auf einen tabellarischen,

---

[230] Vgl. auch im Folgenden: Inqua (2009).

Ansatzpunkte auf Organisationsebene 6.3

oftmals lückenhaften Lebenslauf reduziert zu werden. In einem letzten Schritt werden die Bewerber zu einem finalen Gruppenauswahlgespräch bei der ING-DiBa eingeladen. Die erfolgreichen Kandidaten durchlaufen im Anschluss eine neunmonatige Ausbildung, wobei sie drei Tage in der Woche eine praktische Ausbildung bei der ING-DiBa absolvieren und zwei Tage pro Woche eine schulische Ausbildung beim Bildungsträger durchlaufen. Das Arbeitslosengeld sowie die Schulkosten übernimmt die Arbeitsagentur. Die Abschlussprüfung zur Servicekraft für Dialogmarketing erfolgt bei der Industrie- und Handelskammer. Durch diesen innovativen Ansatz erschließt sich die ING-DiBa Zugang zu einer bislang kaum genutzten Arbeitsmarktreserve in Form älterer arbeitssuchender Menschen. Für diese stellt eine solche neue Ausbildung eine berufliche und oft auch private Chance dar, von welcher die meisten nicht mehr geträumt hätten. Insofern ist es nicht verwunderlich, dass die ING-DiBa auf diesem Weg sehr stark motivierte Mitarbeitende findet. Nach Aussagen der Bank sind diese darüber hinaus sehr leistungsbereit, unvermindert lernfähig und sehr zuverlässig. Zudem können sie spezifische altersbedingte Kompetenzen ausspielen. So werden sie als äußerst erfahren, konfliktfähig und sozial kompetent beschrieben. Diese Fähigkeiten sind gerade bei einer Tätigkeit in einem Callcenter, die einen fast ständigen Kundenkontakt bedeutet, von größter Bedeutung. Ein Beispiel hierfür ist Christa Louis, die nach fünf Jahren in Neuseeland nach Deutschland zurückkehrte und neun Monate arbeitslos war. Während im Ausland ihr Alter kein Hindernis darstellte, fühlte sie sich in Deutschland als über 50-jährige praktisch chancenlos noch einen neuen Job zu finden. Auf unzählige Bewerbungen folgten unzählige Absagen. Dies änderte sich am 1. März 2006 als Christa Louis zusammen mit fünf weiteren Damen ihre Ausbildung bei der ING-DiBa begann – im Alter von 51 Jahren. Sie beschreibt, wie sie am Anfang mit einem gewissen Erstaunen von den Kollegen aufgenommen wurde, als diese hörten, dass sie nicht „von der Zeitarbeit kämen", sondern „Azubis seien". In den Schulungen hätten 19-jährige neben 55-jährigen Auszubildenden gesessen. Inzwischen ist Christa Louis in „ihrem" Unternehmen angekommen und sagt bewusst „uns" und „wir" wenn sie von der Bank spricht, für die sie tätig ist: „Zu alt, das gibt es bei uns nicht". Ihre starke Motivation zeigt sich auch in ihren aktuellen Plänen: „Ich möchte in die Wertpapierabteilung. Soweit man mich machen lässt, so weit will ich gehen". Auch die jüngeren Kollegen in den Callcentern der ING-DiBa wissen ihre neuen Kollegen nach der ersten Verwunderung inzwischen zu schätzen. So ständen diese zuverlässig bereit, wenn die eigenen Kinder krank sind und blieben auch dann noch ruhig, wenn man selbst schon „Richtung Burnout" gehe.

6.3.3 Alterssensible Arbeitszeit- und Ruhestandsregelungen

Das übergeordnete Ziel der Schaffung einer balancierten Altersstruktur im Unternehmen wird nicht nur durch die bewusste Rekrutierung verschiedener Altersgruppen unterstützt, sondern ebenso durch die Schaffung innovativer Regelungen zum Management der Arbeitszeit sowie des späteren Übergangs in den Ruhestand. Die Erarbeitung solcher moderner Arbeitszeit- und Austrittsmodelle sollte auf jeden Fall auf der Gesamtunternehmensebene erfolgen, da solche Regelungen für die ganze Organisation Gültigkeit besitzen sollten. Die Regelungen zur Arbeitszeit und insbesondere zum Übertritt in den Ruhestand unterliegen darüber hinaus vielfältigen politischen, gesellschaftlichen und volkswirtschaftlichen Einflussfaktoren, die im Folgenden aufgrund ihrer hohen Bedeutung für die Unternehmenspraxis vorgestellt werden sollen.

6.3.3.1 Einflussfaktoren von Renten- und Ruhestandsregelungen

Generell können die Konzepte der Pensionierung und des Ruhestands im heutigen Verständnis als vergleichsweise neu angesehen werden. Erst gegen Ende des 19. Jahrhunderts kam der Gedanke an einen Ruhestand nach dem Erwerbsleben auf. Zu praktisch allen Zeiten davor arbeiteten Menschen bis zu ihrem Lebensende.[231] Das damals angestrebte Rentenalter von 65 Jahren lag freilich noch über der damaligen Lebenserwartung, wodurch kaum jemand wirklich in den Genuss der Rente kam. Diese Situation hat sich in den letzten 100 Jahren erheblich verändert, die durchschnittliche Lebens-

---

[231] Vgl. Dychtwald/Erickson/Morison (2001).

Ansatzpunkte auf Organisationsebene 6.3

erwartung und damit auch die Rentenbezugsdauer stiegen in praktisch allen entwickelten Volkswirtschaften immer weiter an. So erfreulich diese Entwicklung auf individueller Ebene ist, so sehr setzt sie die Renten- und Sozialsysteme als Ganzes unter Zugzwang.[232]

Verstärkt wurde diese Entwicklung durch einen weiteren Trend, welcher ebenfalls in den meisten OECD-Ländern feststellbar war bzw. ist: Die Beschäftigungsquote von Menschen über 60 Jahren ging nachhaltig zurück. Obwohl diese Entwicklung für die OECD als Ganzes zutrifft, sind zwischen den Ländern erhebliche Unterschiede feststellbar. So fiel beispielsweise die Beschäftigungsquote US-amerikanischer Männer im Alter von 60 bis 64 Jahren zwischen 1970 und 1995 um „nur" 30 Prozent, während sie in Ländern wie der Bundesrepublik Deutschland um mehr als 60% fiel.[233]

Diese eklatanten Unterschiede zwischen den Ländern werden von Volkswirten durch sogenannte „institutionelle Filter" erklärt, die je nach Land unterschiedlich ausgestaltet sind. Hierzu zählen die länderspezifischen Renten- und Wohlfahrtssysteme, die Flexibilität und Regulationsfähigkeit der nationalen Arbeitsmärkte sowie die länderspezifischen Ausbildungs- und Umschulungs-Systeme. Im Folgenden soll auf die länderspezifischen Renten- und Wohlfahrtssysteme näher eingegangen werden.

■ **Renten- und Wohlfahrtssysteme**

Die Renten- und Wohlfahrtssysteme bieten für Erwerbstätige unterschiedliche Anreize, dem Arbeitsmarkt weiter zur Verfügung zu stehen bzw. diesen vorzeitig zu verlassen.[234] Zentral- und südeuropäische Länder wie Deutschland, die Niederlande oder Italien boten hier die höchsten (finanziellen) Anreize, vor Erreichen des gesetzlichen Rentenalters aus dem Erwerbsleben auszuscheiden.

Im Fall von Deutschland war hierfür insbesondere das Altersteilzeitgesetz verantwortlich, welches Arbeitnehmern ab 55 Jahren einen gleitenden Übergang vom Erwerbsleben in die Altersrente ermöglichen und gleichzeitig für die Neueinstellung jüngerer

---

[232] Vgl. Buck/Dworschak (2003).
[233] Vgl. OECD (1995).
[234] Vgl. Börsch-Supan (1999); Gruber/Wise (1998; 2004).

Arbeitnehmer sorgen sollte. Hierfür wurde ein Vorruhestandszuschuss der Bundesagentur für Arbeit eingesetzt, der Teilzeitarbeit für ältere Mitarbeitende finanziell attraktiver machen sollte, indem finanzielle Verluste zum Teil ausgeglichen wurden. Meist kam dabei ein sogenanntes „Blockmodell" zum Einsatz, bei welchem Arbeitnehmer über 55 Jahren für einen gewissen Zeitraum voll weiterarbeiten und anschließend für den gleichen Zeitraum komplett freigestellt werden. Zu einer wirklichen Teilzeitarbeit für ältere Mitarbeitende, die sie einerseits zeitlich entlastet, dafür aber bis zum 65. Lebensjahr andauert, kam es somit nur in seltenen Fällen. Auch zur Neueinstellung jüngerer Arbeitssuchender kam es eher selten, vielmehr wurde die Altersteilzeit in der Realität nicht zuletzt zum sozialverträglichen Personalabbau eingesetzt.[235]

Das eigentliche Ziel der Altersteilzeit kann somit als verfehlt angesehen werden. Es gelang kaum, Mitarbeitende bis zum gesetzlichen Rentenalter an das Unternehmen zu binden, ihre Erfahrung und ihre Fähigkeiten effektiv einzusetzen und ihnen dennoch mehr Raum für private oder gesellschaftliche Aktivitäten einzuräumen. Nicht zuletzt deshalb soll die Förderungsmöglichkeit zur Altersteilzeit im Jahr 2009 auslaufen. Gleichzeitig wurde im März 2007 durch den deutschen Bundesrat beschlossen, das Renteneintrittsalter von 65 Jahren schrittweise auf 67 Jahre anzuheben. Für den einzelnen Mitarbeitenden kann dies zu nicht unerheblichen persönlichen Härten führen, hat sich doch in den letzten Jahrzehnten eine stabile Erwartungshaltung dahin gehend entwickelt, vor dem gesetzlichen Rentenalter aus dem Arbeitsleben auszuscheiden.[236]

Die Änderung dieser Einstellung sowohl in den Köpfen der Mitarbeitenden als auch in den Unternehmen, der Politik und der Gesellschaft ist mit Sicherheit noch nicht abgeschlossen. Dies wird nicht zuletzt dadurch deutlich, dass erste politische Stimmen bereits wieder nach einer Verlängerung der Altersteilzeitregelung sowie nach einer Rückkehr zur Rente mit 65 rufen.[237] Gerade in Zeiten wirtschaftlicher Krisen scheinen solche reflexartigen Forderungen verbreitet, die eine kurzfristige Entlastung der Arbeitsmärkte ver-

---

[235] Vgl. Deller et al. (2008).
[236] Vgl. Buck (2002).
[237] Vgl. Schwenn (2009).

Ansatzpunkte auf Organisationsebene

sprechen, langfristig aber das falsche beschäftigungspolitische Signal senden. Angesichts der grundlegenden demographischen Entwicklung gibt es wohl keine ernst zu nehmende Alternative zu einem längeren Erwerbsleben. Axel Börsch-Supan, Direktor des Mannheimer Forschungsinstituts Ökonomie und Demographischer Wandel (MEA), bemerkt daher zu recht: „In einem Wahlkampf inmitten einer Wirtschaftskrise ist die Versuchung groß, Dinge zu beschließen, von denen alle Fachleute sagen, dass sie Unsinn sind. Vor einer Ausdehnung der Altersteilzeit kann man nur warnen".[238]

Im Gegensatz hierzu sind die staatlichen Rentensysteme in Ländern wie den USA oder England nur vergleichsweise schwach ausgebildet und bieten kaum Anreize für eine vorzeitige Pensionierung. Um einen hohen Lebensstandard zu erhalten, sind viele Arbeitnehmer daher gezwungen, langfristig am Erwerbsleben teilzunehmen bzw. gezielt in private Vorsorge zu investieren, die ihrerseits keine Frühpensionierungsanreize bietet.[239]

6.3.3.2 Neue Lebensarbeitszeit-Modelle

Der Arbeitszeitgestaltung kommt im Unternehmen generell eine sehr hohe Bedeutung zu. Sie ist bei Mitarbeitenden aller Altersgruppen geeignet, die individuelle Motivation zu erhöhen oder auch abzuschwächen, da sie einen unmittelbaren Einfluss auf die persönliche Lebensgestaltung und damit auf die Zufriedenheit ausübten. Eine zentrale Herausforderung besteht beispielsweise darin, die persönlichen Aufgaben im beruflichen und im privaten Bereich gleichermaßen erfüllen zu können und hierfür die notwendigen Freiräume zu erhalten. Dies ist für alle Altersgruppen relevant, wenn auch aufgrund unterschiedlicher Anforderungen. So kann eine junge Mutter oder ein junger Vater beispielsweise Zeit für die Kindererziehung beanspruchen, welche von der zur Verfügung stehenden Arbeitszeit abgehen wird. Mitarbeitende um die 50 Jahre könnten dagegen Zeit für die Pflege von älteren Angehörigen benötigen, welche ebenfalls die freie Arbeitszeit einschränkt. Mitarbeitende um die 60 könnten wiederum mehr Zeit für die Er-

---

[238] Vgl. Ebd.
[239] Vgl. Golsch/Haard/Jenkins (2006).

füllung privater Interessen und Hobbys fordern, für welche sie früher keine Zeit hatten und für welche sie sich später eventuell nicht mehr fit genug fühlen.

Sollen Mitarbeitende bis zum Erreichen des Rentenalters produktiv im Unternehmen gehalten werden, so gilt es Rahmenbedingungen zu schaffen die es erlauben, die unterschiedlichen Anforderungen und Interessen im Beruf und im privaten Bereich in Einklang zu bringen. Diese können sich dabei sowohl zwischen einzelnen Mitarbeitenden wie auch zwischen verschiedenen Altersgruppen stark unterscheiden. Insofern bietet sich ein auf Flexibilität beruhendes Instrument zum Management der individuellen Lebensarbeitszeit an, das je nach persönlichen Vorlieben und aktuellen Bedürfnissen unterschiedliche Karrierewege (und damit verbundene zeitliche Belastungen) eröffnet.

Krämer (2002) definiert Lebensarbeitszeit als „eine innovative Idee einer zukunftsorientierten Arbeitszeitgestaltung, die konzeptionell die Zeitspanne vom Eintritt in den Beruf bis zum Berufsaustritt umfasst".[240] Ein praxisnahes Modell zum Management der Lebensarbeitszeit stammt von Regnet (2004). Sie versteht das Konzept der Lebensarbeitszeitgestaltung als ein flexibilisiertes Verteilungsmuster von Arbeitszeit, welches sich an die individuellen Bedürfnisse und Präferenzen von Mitarbeitenden anpassen lässt. Auf Basis der beruflichen und privaten Ziele und Voraussetzungen können so Phasen der Vollzeitarbeit mit Abschnitten von Teilzeitarbeit, mit Weiterbildungsphasen, mit Sabbaticals, mit Freistellungen, etc. kombiniert werden. Trotz der individuellen, bedürfnisorientierten Abfolge von Phasen der Erwerbstätigkeit, der Weiterbildung und der Erholung können drei prototypische Karrierewege abgeleitet werden, die kurz vorgestellt werden sollen (s. Abbildung 30).

---

[240] (2002): 13.

6.3 Ansatzpunkte auf Organisationsebene

Neue Modelle zur Gestaltung der Lebensarbeitszeit; Quelle: Regnet (2004). — **Abbildung 30**

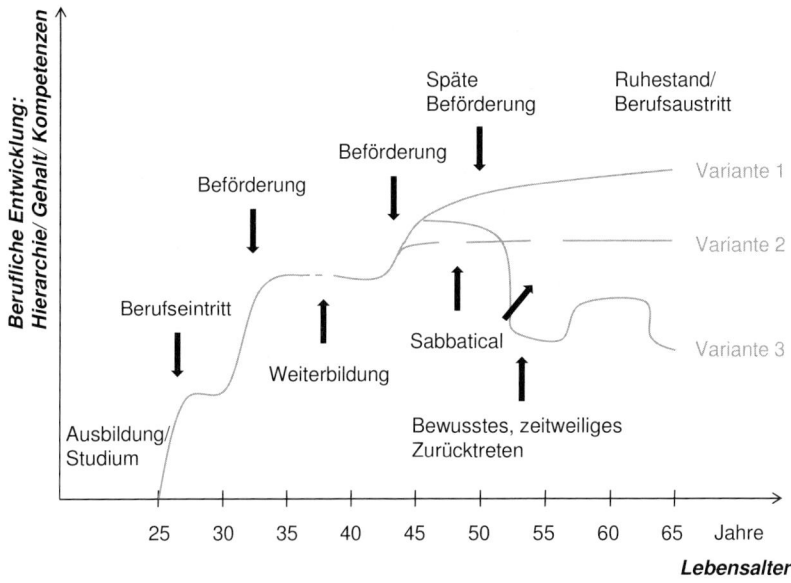

Vertikale Karriere

Variante 1 beschreibt mit der „vertikalen Karriere" die klassische Form des beruflichen Werdegangs in einem Unternehmen. Hierbei folgen im Abstand einiger Jahre mehrere Beförderungen, die jeweils mit einem Mehr an Führungsverantwortung, Kompetenzen, Gehalt, etc. einhergehen. Die Beförderungen setzen sich dabei auch im mittleren Lebensalter fort, wodurch das Unternehmen bei Eintritt des Rentenalters auf der höchsten erreichten hierarchischen Stufe verlassen wird.

Work Life Balance

Hiervon zu unterscheiden ist Variante 2, welche als Modell der „Work Life Balance" verstanden werden kann. Auch diese Variante ist anfangs durch hierarchische Beförderungen gekennzeichnet, die sich jedoch im mittleren Lebensabschnitt nicht fortsetzen, sondern in ein Karriereplateau übergehen. Hier können längere Phasen der Weiterbildung oder der beruflichen Freistellung (sogenannte

Sabbaticals) erfolgen, welche einerseits der schrittweisen Dequalifizierung vorbeugen, andererseits persönliche Überlastung oder Burnout verhindern können und mehr Raum für private Aktivitäten, etc. bieten.

■ **Bogenkarriere**

Variante 3 stellt schließlich eine vergleichsweise neue Form der beruflichen Entwicklung in Unternehmen dar. Hierbei kann man von einer „Bogenkarriere" sprechen, bei welcher sich der Mitarbeitende sich im mittleren oder fortgeschrittenen Berufsalter aktiv dazu entscheidet, einen Gang zurück zu schalten und Verantwortung abzugeben (z.B. durch Übernahme einer kleineren Abteilung mit weniger Führungs- und Budgetverantwortung). Hierdurch wird mehr Zeit für andere Aktivitäten frei, welche sich z.B. im familiären Bereich abspielen können (z.B. Enkelkinder, Pflege von Angehörigen), genauso gut aber auch noch einen Bezug zur Arbeit haben können (z.B. Mitarbeit in Gremien, Tätigkeit als Gastdozent an Universitäten). Das zentrale Merkmal einer solchen Bogenkarriere besteht darin, dass auch ein schrittweiser Übergang in den Ruhestand erfolgen kann und das Unternehmen nicht nach dem höchsten erreichten Karrierelevel plötzlich verlassen wird. In der Praxis kommen solche Bogenkarrieren schon vereinzelt zum Einsatz, wie das Beispiel der Helvetia Versicherung in der Schweiz zeigt (s. Kapitel 3.5.2).

Generell kann festgehalten werden, dass diese neuartigen Modelle zur Gestaltung der Lebensarbeitszeit dazu geeignet sind, auf die Voraussetzungen, Wünsche und Bedürfnisse des einzelnen Mitarbeitenden viel flexibler einzugehen als dies bei klassischen Karrieremodellen der Fall ist. Zudem kann die individuelle Arbeitsbelastung im Bedarfsfall angepasst und reduziert oder erhöht werden, was nicht nur für ältere Mitarbeitende, sondern z.B. auch für berufstätige Mütter interessant sein könnte. Auf der anderen Seite erhöht sich natürlich der Planungsaufwand auf Seiten des HR Managements enorm, was vor allem kleinere Unternehmen mitunter überfordern könnte. Zudem müssen die personellen Ressourcen vorhanden sein, um das zeitliche Zurücktreten eines Mitarbeitenden anderweitig ausgleichen zu können. Dennoch können solche Modelle sicherlich einen hohen Beitrag dazu leisten, Mitarbeitende tatsächlich bis zum Rentenalter produktiv im Unter-

Ansatzpunkte auf Organisationsebene

6.3

nehmen zu halten, ihre Berufsverweildauer zu erhöhen und dabei ihre individuelle Motivation sowie ihren Kenntnisstand auf einem hohen Niveau zu halten.

6.3.3.3 Lebensphasengerechte Arbeitszeitgestaltung

Nach diesen eher strategischen Überlegungen zur Gestaltung der Lebensarbeitszeit werden im folgenden Abschnitt praktische Instrumente zur Flexibilisierung und alterssensitiven Ausgestaltung der Arbeitszeit dargestellt. Zudem stellen wir Modelle zum schrittweisen Übergang in den Ruhestand vor.

In der Praxis beschäftigen sich die Unternehmen bereits verstärkt mit dieser Thematik. So zeigt unsere Studie über das Arbeitsumfeld älterer Menschen in Deutschland, dass die Schaffung flexibler Arbeitszeitmodelle in 58% der Unternehmen zu den durchgeführten Maßnahmen hinsichtlich des demographischen Wandels gehört.

■ **Anpassung ungünstiger Arbeitszeitregelungen**

Eine erste naheliegende Möglichkeit zur Schaffung alterssensibler Arbeitszeitsysteme besteht in der Anpassung ungünstiger Arbeitszeitregelungen. Diese können einen direkten negativen Effekt auf die Motivation und die Gesundheit der Mitarbeitenden haben, insbesondere wenn Aspekte wie Nacht- oder Schichtarbeit, Arbeit am Wochenende oder viele Überstunden eine Rolle spielen. Ilmarinen & Tempel (2002) zeigen in ihrer Studie z.B. auf, wie wichtig altersgerechte Arbeitszeitsysteme sind, um die spezifischen Beschäftigungsrisiken für ältere Mitarbeitende zu verringern.

So konnten verschiedene arbeitswissenschaftliche Untersuchungen zeigen, dass häufige, aufeinander folgende Nachtschichten zu vielfältigen gesundheitlichen Problemen wie Schlafstörungen, innerer Unruhe und Nervosität, Herzklopfen und Schwindelgefühlen sowie zu gastrointeralen Problemen wie Magenbeschwerden, Verdauungsproblemen und Übelkeit führen können.[241] Je mehr Nachtschichten dabei direkt hintereinander durchlebt werden, je mehr intensivieren sich diese gesundheitlichen Probleme, da der Wach-Schlafrhythmus völlig durcheinander gerät. Sehr ungünstig sind

---

[241] Vgl. Knauth (1983).

daher klassische Modelle der Schichtrotation, bei welchen sieben ganze Nachschichten nach einander geleistet werden müssen. Hiervon sind ältere noch intensiver betroffen als jüngere Arbeitnehmer.[242]

Diese Erkenntnisse setzen sich zunehmend auch in der Praxis durch. So sah sich die Firma Thyssen Krupp Nirosta mit dem Umstand konfrontiert, dass immer mehr ältere Mitarbeitende nicht mehr „nachtschichttauglich" waren, da sie medizinische Befunde wie Herz-Kreislauf-Krankheiten, Schlafstörungen oder psychische Erkrankungen aufwiesen. So entschloss sich das Unternehmen, in einem der JAN-Teilprojekte neue organisationsweite Arbeitszeitsysteme zu entwickeln. Hierbei griff Thyssen Krupp Nirosta auf die oben genannten arbeitswissenschaftlichen Erkenntnisse zurück und organisierte die Schichtarbeit völlig neu. Anstatt des bisherigen klassischen Schichtmodells wurde nunmehr ein verkürztes Dreischichtsystem im 2-Tage Rhythmus eingeführt (zwei Tage Frühschicht, zwei Tage Spätschicht, zwei Tage Nachtschicht), das zudem um längere Freizeitblöcke nach der Nachtschicht ergänzt wurde (vier Tage frei). Zudem wurde darauf geachtet, dass der Grundplan für die Mitarbeitenden vorhersehbar ist und sie sich entsprechend der Zeiten einstellen können. So gelang es Thyssen Krupp Nirosta, durch die bloße organisatorische Umstellung der Arbeitszeit eine deutliche gesundheitliche Entlastung vor allem für ihre älteren Mitarbeitenden zu erreichen.

■ **Teilzeitarbeit und Job Sharing**

Ein weiteres, bereits in vielen Unternehmen eingesetztes Verfahren zur Flexibilisierung und Reduzierung der Arbeitszeit liegt in Form der Teilzeitarbeit vor. Hierbei liegt die reguläre, vertragliche vereinbarte Arbeitszeit unter dem Wert, welchen vollzeitarbeitende Angestellte erreichen. Je nach Bedürfnissen von Unternehmen und Mitarbeitenden kann die Arbeitszeit dabei tageweise, wochenweise oder monatsweise verteilt werden, wodurch sich entsprechende Phasen der Freizeit ergeben. Dies kann besonders für ältere Mitarbeitende interessant sein, da sie z.B. ab dem 60. Lebensjahr ihre Arbeitszeit schrittweise reduzieren und einen gleitenden Übergang

---

[242] Vgl. Bosch/DeLange (1987).

6.3 Ansatzpunkte auf Organisationsebene

in den Ruhestand anstreben können. Im Rahmen einer Teilzeitarbeit kann es auch sinnvoll sein, einen Arbeitsplatz mehrfach zu besetzen (sogenanntes „Job Sharing", bei welchem sich z.B. drei Mitarbeitende zwei Vollzeitstellen teilen).

Dennoch sollte dieser Ansatz nicht mit dem Konzept der Altersteilzeit gleichgesetzt werden, welches in Kapitel 6.3.3.1 ausführlich behandelt wurde. Anders als beim weit verbreiteten „Blockmodell" der Altersteilzeit, bei welchem Mitarbeitende während einigen Jahren voll weiterarbeiten, um dann komplett freigestellt zu werden, besteht die Zielsetzung bei einer echten Teilzeit gerade darin, die Mitarbeitenden bis 65 oder 67 Jahre im Unternehmen zu halten und dafür ihre tägliche oder wöchentliche Arbeitszeitbelastung zu reduzieren. So kann von ihren Erfahrungen und ihrem Wissen deutlich länger profitiert werden, und Arbeitszeitanpassungen können flexibel für solche Mitarbeitenden erfolgen, die dies brauchen oder wünschen.

Die deutsche Metro Group kann als ein eindrückliches Beispiel für die Abkehr von der Altersteilzeit angeführt werden. Die Metro Group ist eines der größten und international am stärksten expandierenden Handelsunternehmen weltweit. Rund 290.000 Beschäftigte aus 150 Nationen arbeiten an ca. 2.200 Standorten in Europa, Afrika und Asien. In den operativen Geschäftsfeldern „Großhandel", „Lebensmitteleinzelhandel", „Nonfood-Fachmärkte (Elektronik)" und „Warenhäuser" wird ein Umsatz von rund 68 Mrd. Euro erwirtschaftet. Im Bereich des aktiven Demographie-Managements gehört die Metro Group zu den Vorreitern in Deutschland. So hat sich das Unternehmen schon im Jahr 2004 dazu entschlossen, aus allen Regelungen zur Block-Altersteilzeit und zum Vorruhestand auszusteigen. Die Zahl der neuen Altersteilzeitverträge fiel daraufhin drastisch von 1.200 im Jahr 2004 auf knapp 300 im Jahr 2005 und 2006 (Rückgang um 75%). Für die knapp 30.000 Mitarbeitenden der Altersgruppe über 50 Jahren in Deutschland stellte dies einen nicht immer schmerzlosen Einschnitt für ihre weitere Lebensplanung dar. Dennoch sollte hiermit nicht zuletzt ein beschäftigungspolitisches Signal gesendet und eine neue Einstellung zum Thema Alter im Unternehmen erzeugt werden. Anstelle eines Defizitmodells des Alterns sollte schon den jüngeren Beschäftigten klar vermittelt werden, dass man bis zum 67. Lebensjahr auf sie setzt und ihren produktiven und langfristigen Einsatz im Unternehmen fördert. Daher wurden in der Folge vielfältige Maßnahmen initiiert, um ein gesundes und erfolgreiches Altern im Unternehmen zu ermöglichen. Neben einem umfangreichen Programm zum betrieblichen Gesundheitsmanagement („Metro Go") zählen hierzu vor allem auch innovative Regelungen zur Flexibilisierung der Arbeitszeit, z.B. neue Teilzeitmöglichkeiten, flexible Urlaubsregelungen).

- **Jahresarbeitszeit und Arbeitszeitkonten**

Der Begriff der Jahresarbeitszeit beschreibt ein Arbeitszeitmodell, bei welchem Unternehmen und Mitarbeitende gemeinsam ein im Laufe eines Jahres zu erfüllendes Arbeitszeitvolumen festlegen. Hierbei ist es sinnvoll, das Modell der Jahresarbeitszeit mit Arbeitszeitkonten zu kombinieren, auf welchen Mitarbeitende Arbeitszeit ansparen können.[243] So kann die vereinbarte Jahresarbeitszeit z.B. schon im Oktober erreicht werden, wodurch sich der Mitarbeitende entweder für den Rest des Jahres bei laufendem Lohn freistellen lassen oder zusätzlich vergütete Extra-Arbeiten übernehmen kann. Für Mitarbeitende bietet dieses Modell den großen Vorteil, dass die Arbeitszeit nicht nur nach Bedarf reduziert oder erhöht werden kann, sondern dass auch Phasen intensiver Arbeit mit Erholungsphasen kombiniert werden können. Auch für die Unternehmen ergibt sich ein Mehr an Flexibilität. So können z.B. saisonale oder konjunkturelle Schwankungen im Geschäftsverlauf durch die Arbeitszeitkonten flexibel abgefedert werden. In der Praxis haben sich zudem sogenannte „Ampellösungen" zur Steuerung der Arbeitszeitkonten bewährt. Je nach Grad der Abweichung von der vereinbarten Soll-Arbeitszeit ergeben sich grüne, gelbe oder rote Phasen, bei denen die Zuständigkeit für die Steuerung der Arbeitszeit zunehmend von dem Mitarbeitenden (grüne Phase) auf die Führungskraft (rote Phase) übergeht.

- **Sabbaticals**

Sabbaticals stellen ein weiteres Instrument der Arbeitszeitflexibilisierung dar. Hierbei handelt es sich um Freistellungsphasen unterschiedlicher Dauer (z.B. 2 Monate, ein halbes Jahr, ein Jahr), bei welchen die Mitarbeitenden mit oder ohne Gehaltsfort-

---

[243] Vgl. Krämer (2004).

Ansatzpunkte auf Organisationsebene — 6.3

zahlung temporär von der Arbeitspflicht befreit werden. Je nach angewendetem Modell wird die Freistellungsphase durch die Erbringung einer Arbeitsleistung (über ein Arbeitszeitkonto) angespart oder durch einen Gehaltsverzicht für einen bestimmten Zeitraum ermöglicht. Die Zeit des Sabbaticals kann anschließend Raum für eine (geförderte) Weiterbildungsmaßnahme bieten oder auch für private Zwecke wie z.B. Urlaub oder Kindererziehung. verwendet werden.

In der Praxis kommen Sabbaticals heute bereits großflächig zum Einsatz, wobei sie von Mitarbeitenden aller Altersstufen gerne genutzt werden. So setzen viele Unternehmensberatungen wie McKinsey & Company (8.300 Berater in 94 Büros 52 Ländern) oder die Boston Consulting Group (3.900 Berater in 66 Büros in 38 Ländern) auf Programme, bei denen Berufseinsteiger nach zwei bis drei Jahren voller Berufstätigkeit für bis zu ein Jahr freigestellt werden. In diesem Zeitraum können sie einen finanziell geförderten MBA oder eine Promotion anstreben. Auch danach können sie sich für mehrmonatige, allerdings unbezahlte Sabbaticals freistellen lassen. So befinden sich nach Aussagen von BCG meist 15-20% der Beschäftigten in einem Sabbatical.

Auch in der Industrie hat die Idee des Sabbaticals längst Einzug gehalten. So gibt es bei der BMW AG, einem deutschen Automobilbauer mit Sitz in München und knapp 100.000 Beschäftigten, bereits seit 1994 ein Sabbatical-Programm. Dieses wurde inzwischen schon von mehr als 7.000 Beschäftigten in Anspruch genommen. Nach Angaben des Unternehmens wählen die Mitarbeitenden Auszeiten von durchschnittlich 2,5 Monaten. Finanziert wird die Freistellung durch eine Anpassung des Jahresgehalts, welches pro Sabbatical-Monat um ein Zwölftel gekürzt wird. Ein Vor- oder Nacharbeiten gibt es bei BMW nicht, auch eine Verrechnung von Zeitkonten ist nicht möglich. Vier von fünf Teilnehmern am Programm kommen aktuell aus der Produktion, da hier die Stellenvertretung, z.B. über Leiharbeiter, einfacher fällt. Doch zunehmend machen auch Führungskräfte von dem Angebot Gebrauch und nutzen hierfür meist Phasen zwischen einzelnen Projekten. Karrierenachteile müssen die Mitarbeitenden nicht erwarten, fast alle kehren auf ihre ursprünglichen Arbeitsplätze zurück.

Auch die Credit Suisse, eine schweizerische Großbank mit ca. 47.000 Mitarbeitenden in über 50 Ländern, besitzt ein Sabbatical-Programm, welches speziell auf ältere Führungskräfte zugeschnitten ist. Hier erwerben sich Direktoren im Alter zwischen 50 und 55 Jahren, die für mindestens zehn Jahre erfolgreich im Unternehmen gearbeitet haben, das Recht, eine bezahlte Auszeit von drei Monaten anzutreten. Hierdurch können ältere Führungskräfte noch einmal neue Energie für die letzten Berufsjahre tanken und einem möglichen Burnout gezielt vorbeugen.

6.3.3.4 Der Übergang in den Ruhestand

Ergänzt werden Regelungen zur Arbeitszeit schließlich durch explizite Regelungen zum Übergang in den Ruhestand sowie durch Möglichkeiten zur Zusammenarbeit mit bereits pensionierten Mitarbeitenden. Auch hier sollen drei Modelle kurz vorgestellt werden, welche die normale Verrentungspraxis zumindest ergänzen können.

- **Verrentung auf Probe**

„Pensionierungen auf Probe" bzw. „Pensionierungen mit Widerrufsmöglichkeit" stellen ein sehr innovatives, jedoch noch wenig verbreitetes Mittel dar, um zu starre Ruhestandsregelungen flexibler zu gestalten. Hierbei bekommen die Mitarbeitenden die Möglichkeit, ihre Pensionierungsentscheidung auch nach dem Austritt aus dem Unternehmen für eine gewisse Zeit (z.B. sechs Monate) zu überdenken und gegebenenfalls zu revidieren. Ob es tatsächlich möglich ist, den Mitarbeitenden eine solche Wahlmöglichkeit anzubieten, hängt jedoch nicht zuletzt von den gesetzlichen Regelungen ab. Zudem stellt es das HR-Management sowie die Linienführung vor relativ hohe Anforderungen in Bezug auf ihre Flexibilität.

So zeigt auch unsere Umfrage über das Arbeitsumfeld älterer Menschen in Deutschland, dass eine Verrentung auf Probe bisher in keinem der befragten Unternehmen zum Einsatz kommt.

- **Gründung von internen Beratungsunternehmen**

Die Gründung von internen und externen Beratungsgesellschaften stellt ein weiteres innovatives Instrument dar, mit welchem kompetente Mitarbeitende bis und über das Renteneintrittsalter hinaus an das Unternehmen gebunden werden können. Hierbei

Ansatzpunkte auf Organisationsebene **6.3**

werden spezielle Abteilungen bzw. eigene Gesellschaften gegründet, in welche Mitarbeitende einige Jahre vor der geplanten Pensionierung wechseln können. Im Rahmen ihrer Beratertätigkeit stellen die erfahrenen Führungskräfte in der Folge ihr Wissen in internen und externen Projekten zur Verfügung. Für die Führungskräfte sind hiermit mehrere Vorteile verbunden. Zum einen werden sie zeitlich und in Bezug auf die Arbeitsmenge entlastet, da sie vom früheren Tagesgeschäft losgelöst sind. Auf der anderen Seite können sie einen gleitenden Übergang in den Ruhestand vollziehen und stehen noch einmal vor interessanten Aufgaben, bei welchen sie ihren gesamten Erfahrungsschatz einbringen können. Hierin liegt auch der große Vorteil für Unternehmen, da das Wissen der Experten nicht von heute auf morgen verloren geht, sondern auch in anderen Bereichen des Unternehmens noch einmal zur Geltung kommen und auch an jüngere Führungskräfte übertragen werden kann.

In Kapitel 4.6.1 wurde mit der Firma Consenec AG bereits ein erfolgreiches Beispiel für die Gründung einer solchen Beratung durch die Firma ABB dargestellt. Ein weiteres Beispiel stellt die Bosch Management Support GmbH dar. Im Gegensatz zu Consenec wechseln nicht automatisch alle Top-Führungskräfte ab dem 60. Lebensjahr in die Beratung, vielmehr behält es sich Bosch vor, einzelnen Mitarbeitenden gezielt dieses Angebot zu unterbreiten. Dafür kommen bei Bosch nicht nur Mitglieder des Top-Managements zum Zug, sondern Führungskräfte bis zur Gruppenleiterebene sowie Mitarbeitende der obersten Tarifgruppe. Das Gehalt der Mitarbeitenden ergibt sich aus Tagessätzen, die sich in ihrer Höhe an der früheren Tätigkeit sowie an den Marktpreisen für solche Dienstleistungen orientieren. Während bei Consenec die Berater selbst für die Akquirierung auch externer Projekt verantwortlich sind, werden den Bosch-Beratern die Aufträge durch die Geschäftsführung der Management Support GmbH vermittelt. Oftmals handelt es sich dabei um Projekte im Ausland, wobei die Dienstleistungspalette von Strategie- und Organisationsprojekten, über Interims-und Change-Management bis hin zum Coaching jüngerer Führungskräfte reicht. Zahlreiche erfolgreich abgewickelte Projekte belegen die hohe Akzeptanz, welche sowohl Consenec als auch die Bosch Management Support GmbH intern und extern genießen. Auch die Berater zeigen sich zufrieden mit dieser neuen Beschäftigungsmöglichkeit, die ihnen einen flexiblen und für alle Seiten nutzenstiftenden Übertritt in die Pensionierung erlaubt.

- **(Wieder-)Beschäftigung von pensionierten Experten**

Anbieten kann sich die (Wieder-)Beschäftigung älterer Experten schließlich auch nach erfolgter Pensionierung, wenn ehemalige Mitarbeitende meist auf temporärer Basis für bestimmte Projekte in das Unternehmen zurückgeholt werden. Ähnlich wie bei dem Modell der internen Beratungen kann so wertvolles Wissen zumindest zeitweise in das Unternehmen zurückgebracht werden. Dies wird mitunter notwendig, wenn vor dem Ausscheiden aus dem Unternehmen das relevante Wissen nicht vollständig weitergegeben werden konnte oder wenn durch neue Projekte spezifische Fähigkeiten oder Erfahrungen noch einmal bedeutend werden. In diesem Fall bietet sich eine Neuanstellung der Pensionäre auf Mandats- oder Projektbasis an.

Die UBS, eine Schweizer Großbank mit knapp 80.000 Mitarbeitenden in 60 Ländern, machte schon wiederholt von dieser Methode Gebrauch und reaktivierte beispielsweise pensionierte HR-Experten auf Mandatsbasis für den Aufbau neuer Niederlassungen im Ausland.

Ein anderes Beispiel liefert ein deutscher Mittelständler, der einen ehemaligen Mitarbeitenden für sechs Monate erneut anstellte, damit dieser bei der Erstellung einer Firmenchronik mitwirken konnte. Das hierfür notwendige, im Unternehmen einmalige Wissen hatte sich der Mitarbeitende im Laufe seiner 40-jährigen Betriebszugehörigkeit erworben, die leider wenige Monate vor dem Buchprojekt endete und so noch einmal temporär neu begründet wurde.

Eine weitere Möglichkeit besteht in der Anstellung pensionierter Experten, welche früher nicht im eigenen Unternehmen tätig waren. Dies kann für eine Organisation einen sehr interessanten Weg darstellen, um absolute Spezialisten für das Unternehmen zu gewinnen, welche trotz oder gerade wegen ihrer Pensionierung in anderen Betrieben voller Tatendrang, Ideen und Erfahrungen sind.

In der Praxis wird diese Methode bereits genutzt, unter anderem von Universitäten und Forschungseinrichtungen. So stellte das Geo-

Ansatzpunkte auf Organisationsebene **6.3**

forschungszentrum Potsdam den ehemaligen Professor Hans-Gert Kahle an, welcher zuvor im Alter von 65 Jahren an der Eidgenössischen Technischen Hochschule in Zürich altersbedingt von seinem Lehrstuhl zurücktreten musste.[244] Heute betreut er das 120 Personen umfassende Department für Geodäsie und Fernerkundung und wirkt hierbei vor allem als Coach und Mentor. Hierfür verbringt er eine Woche pro Monat vor Ort, den Rest der Zeit lebt er mit seiner Familie in Zürich. In Potsdam ist sein Rat sehr gefragt, bringt er doch neben einer immensen wissenschaftlichen Expertise auch praktisches Erfahrungswissen aus 40 Jahren Forschungstätigkeit mit. Dies ist nicht zuletzt bei der Akquise von Drittmitteln entscheidend, an welcher Hans-Gert Kahle ebenfalls federführend mitwirkt. Hierbei kann er neben Erfahrung, Gelassenheit und Ausdauer auch ein weltweites Netzwerk an Forschungsgemeinschaften und Praxispartnern einbringen, über welches jüngere Wissenschaftler noch nicht verfügen können. Zudem ist Professor Kahle als informeller Mentor tätig, der jüngere Nachwuchswissenschaftler coacht. Sein Rat ist dabei nicht nur hinsichtlich ihrer Forschung gefragt, sondern umfasst genauso Fragen des Managements und der Führung, die immer dann auftauchen, wenn junge Forscher erstmals weitergehende Budget- oder Personalverantwortung übernehmen sollen. Anders als in Potsdam, wäre für Prof. Kahle ein Verbleib an der ETH in Zürich aktuell nicht möglich gewesen: Wer über das 65. Lebensjahr hinaus dort weiterarbeiten möchte, muss einen Nobelpreis vorweisen können.

In Forschung und Wissenschaft ist dies kein Einzelfall. So gibt es in den USA generell keine altersbedingte Emeritierung für Forschende und auch an der Berliner Steinbeis Hochschule können Professoren ohne Altersbeschränkung weiterarbeiten.

6.3.4 Altersfreundliche Führungs- und Unternehmenskultur

Die Bedeutung einer starken und nachhaltigen Kultur für die erfolgreiche Entwicklung eines Unternehmens ist heute allgemein an-

---

[244] Vgl. Eins (2009).

erkannt.[245] Professor Edgar Schein, einer der einflussreichsten Forscher auf diesem Gebiet, definiert die Organisationskultur als „ein Muster gemeinsamer Grundprämissen, das die Gruppe bei der Bewältigung ihrer Probleme externer Anpassung und interner Integration erlernt hat, das sich bewährt hat und somit als bindend gilt; und das daher an neue Mitglieder als rational und emotional korrekter Ansatz für den Umgang mit Problemen weitergegeben wird".[246]

So bilden Unternehmen eine spezifische Kultur heraus, die das organisatorische Verhalten maßgeblich beeinflusst. Sie ergibt sich aus dem Zusammenspiel von Werten, Normen, Denkhaltungen und Paradigmen, welche die Mitarbeitenden teilen und in ihrem Auftreten nach innen und außen hin zeigen. Schein unterscheidet hierbei verschiedene Ebenen von Kultur, die von oberflächlichen Strukturen (sichtbare Verhaltensweisen und physische Manifestationen wie z.B. Kommunikationsverhalten, Rituale, Logos) über kollektive Werte (z.B. Ehrlichkeit, Innovationsgeist, Technologieaffinität) bis hin zu organisatorischen Grundannahmen reichen, die nicht mehr hinterfragt werden.

Es scheint naheliegend, dass eine solche Unternehmenskultur, die die Gefühle, das Denken sowie das Handeln der Mitarbeitenden prägt, auch einen erheblichen Einfluss auf den Umgang mit verschiedenen Altersgruppen und Generationen im Unternehmen hat. Auch der Umgang mit Altersdiversität dürfte entscheidend von der Unternehmenskultur beeinflusst werden.

Eine wichtige Arbeit hierzu stammt von den Professoren Robin Ely und David Thomas (2001), die drei grundsätzlich verschiedene, kulturell verankerte Perspektiven zum Umgang mit Diversität benennen. Alle drei kulturellen Perspektiven können in Unternehmen vorkommen, oftmals auch in Kombinationen. Für Mitarbeitende und Führungskräfte ist es wichtig, die Unterschiede zwischen diesen zu kennen, da nicht alle gleichermaßen positive Wirkungen auf den erfolgreichen Einsatz von älteren und jüngeren Mitarbeitenden haben.

---

[245] Vgl. u.a. Schein (1985), Kottler/Heskett (1992); Wunderer (2007).
[246] 1995: 9.

Fairness und Antidiskriminierung

Bei einem sogenannten Ansatz der „Fairness und Antidiskriminierung" herrscht im Unternehmen die Vorstellung vor, dass sich die Organisation aus Gründen ethischen Handelns, gesellschaftlicher Forderungen oder gesetzlicher Vorgaben um ein zunehmendes Maß an Diversität bemühen sollte. Eine gleichermaßen faire Behandlung aller möglichen Randgruppen steht im Vordergrund. Umgesetzt wird dies zumeist durch Quotenregelungen, die eine bestimmte Anzahl an Frauen, ethnischen Minderheiten, Menschen mit Behinderung oder älteren Mitarbeitenden vorsehen.

Während solche Regelungen generell geeignet scheinen, für zunehmende Diversität in Unternehmen zu sorgen, so ermöglichen sie doch kaum eine echte Integration. Die Unternehmen agieren zumeist aus strategischen Überlegungen und aufgrund öffentlichen Drucks, jedoch nicht aus der Überzeugung heraus, dass Diversität einen echten Mehrwert für sie bringt. Die Wertschätzung von Diversität kann dadurch kein integraler Bestandteil der gemeinsamen Unternehmenskultur werden.

Die Unternehmen öffnen sich den neuen Denk- und Handlungsweisen der neuen, oftmals heterogenen Mitarbeitenden nicht wirklich, womit das erhöhte Maß an kognitiver Diversität nicht ausgespielt werden kann. Einzelne Teams sowie die Belegschaft als Ganzes vergeben damit wertvolle Lernchancen und schaffen es nicht, alle Mitarbeitenden zu integrieren und wertzuschätzen.

Dies belegt teilweise auch die Unternehmensumfrage über das Arbeitsumfeld älterer Menschen in Deutschland, in welcher den jüngeren im Vergleich zu den älteren Mitarbeitenden zum Teil positivere Merkmale zugeschrieben werden. Zwar herrscht die Meinung vor, dass ältere Mitarbeitende sowohl über wertvolle Praxiserfahrung (91%) und hohes Fachwissen (74%) verfügen, doch gelten sie gleichzeitig als schwerer kündbar und teurer. Besonders auffällig ist, dass 41% der Befragten der Meinung sind, dass neue Fähigkeiten von älteren Mitarbeitenden weniger leicht erlernbar sind als von jüngeren.

Vielfach leiden die Mitarbeitenden stark unter solchen Effekten, die sich z.B. in der bekannten „gläsernen Decke" zeigen, die nicht durchbrochen werden kann. So ist es z.B. leicht vorstellbar, dass ältere Mitarbeitende nicht mehr wirklich aufsteigen und Karriere machen können. Zudem stehen sie oftmals unter einem hohen Assimilationsdruck, der von der Mehrheit ausgeht und dafür sorgt, dass innovative Ideen, Vorstellungen und Meinungen kaum genutzt werden können. Ferner können leicht Widerstände aufbrechen und Konflikte entstehen, die meist von Seiten der dominierenden Gruppen ausgehen.

So bleibt festzuhalten, dass ein kultureller Ansatz der Fairness und Antidiskriminierung einen positiven Schritt darstellen kann, der z.B. für die Zulassung von Minderheiten auf bestimmte Positionen sorgt und zudem einen politisch korrekten Umgang mit ihnen sicherstellt. Dennoch greift dieser Ansatz zu kurz, um tatsächlich die Chancen altersdiverser Belegschaften voll zur Geltung zu bringen.

■ Marktzugang

Der zweite kulturelle Diversitätsansatz wird als „Zugangs- und Legitimitätsperspektive" bezeichnet und bezieht sich stark auf den Marktzugang von Unternehmen. Die Kernidee besteht darin, den Kundenkreis im Mitarbeitendenkreis „zu spiegeln", d.h. die demographischen Charakteristika der Kunden (z.B. Alter, Geschlecht, Ethnische Herkunft) werden soweit wie möglich in der Belegschaft nachgebildet. Die Erwartung besteht darin, dass solche „ähnlichen Mitarbeitenden" ein besseres Verständnis ihrer potenziellen Kunden aufweisen und dadurch in der Lage sind, den Markt erfolgreicher zu bearbeiten, als dies für homogene Teams möglich wäre (vgl. Kapitel 5.3.1). Zudem wird davon ausgegangen, dass Kunden aufgrund von Prozessen der sozialen Anziehung (vgl. Kapitel 5.3.1) lieber mit Mitarbeitenden interagieren, die ihnen möglichst ähnlich sind. Soziale Nähe wird damit zu einem wichtigen Erfolgsfaktor in der Kundenbeziehung.

Gerade diese Sichtweise wird oft mit dem Einsatz unterschiedlicher Altersgruppen in Unternehmen in Verbindung gebracht und hat hierfür sicher auch eine hohe Berechtigung. Tatsächlich scheint es für altersgemischte Belegschaften einfacher, den Geschmack, die Vorstellungen und Erwartungen ihrer jüngeren und älteren Kunden zu treffen. Gerade auch in Branchen mit hoher Kundeninteraktion (z.B. Versicherungen) hat ein solcher Ansatz seine Vorteile.

Dennoch ist auch dieses kulturell verankerte Diversitätsverständnis nicht unproblematisch, da es unter anderem eine gewisse Stereotypisierung befördert. Nicht selten werden Mitarbeitende auf ihre Zugehörigkeit zu einer bestimmten Gruppe reduziert, es wird gruppentypisches Verhalten erwartet und eingefordert. Die hauptsächliche Leistung solcher heterogenen Mitarbeitender wird folglich darin gesehen, einen glaubhaften Zugang zu den gleichermaßen beschaffenen Kunden zu eröffnen. Der Wert diverser Mitarbeitenden liegt folglich vor allem in ihrer Zugehörigkeit zu einer bestimmten sozialen oder demographischen Gruppe begründet, weniger in ihren anderen Fähigkeiten. Ely und Thomas (2001) beschreiben hier eindringlich das Beispiel einer amerikanischen Bank, die farbige Mitarbeitende in solchen Gegenden einsetzt, die vor allem von Afroamerikanern bewohnt werden.

Wiederum liegt das Problem darin, dass die Mitarbeitenden nicht wirklich akzeptiert und integriert, sondern vielmehr in gewisser Weise instrumentalisiert werden. Ein solcher kultureller Umgang mit Mitarbeitenden unterstützt diese nicht wirklich in ihrer Entwicklung, ihnen wird einseitig Verantwortung für bestimmte Effekte zugeschoben. Stellt sich der gewünschte Erfolg nicht ein, so werden sie einseitig dafür verantwortlich gemacht. Zudem findet kein echter Austausch zwischen den Mitarbeitenden statt, weder die einzelnen Kollegen noch die Organisation als Ganzes lernen von den spezifischen Beiträgen der jüngeren oder älteren Mitarbeitenden.

■ **Lernen und Integration**

Der dritte Ansatz wird als „Integrations- und Lernperspektive" bezeichnet. Herrscht eine solche kulturelle Grundeinstellung vor, so bekommt jedes Unternehmensmitglied tatsächlich die Chance, seine spezifischen Ansichten, Erfahrungen und Fähigkeiten einzubringen, welche er/sie aufgrund der Zugehörigkeit zu bestimmten sozialen Gruppen entwickeln konnte. Ein Mitarbeitender erhält damit die Möglichkeit „sich selbst auszudrücken, also zu zeigen, in welcher Weise er oder sie von dem kategorialen Mittelwert des Stereotyps (z.B. „typisch Mann, typisch Amerikaner, typisch Schwarzer") abweicht".[247] Die individuellen Beiträge der Teammitglieder werden als potenziell wertvolle Ressourcen betrachtet, die im Unternehmen dazu genutzt werden können, bestehende Ansichten, Strategien, Produkte, Prozesse und Abläufe zu überdenken und kritisch zu hinterfragen. Hier wird die (Alters-)Diversität des Unternehmens tatsächlich zu einem Treiber für das gegenseitige Lernen sowie für organisationalen Wandel. Die Anpassungs- und Wandelfähigkeit des Unternehmens steigt damit an, gleichzeitig erhöht sich jedoch auch die Komplexität in der Organisation.

Zusammenfassend lässt sich festhalten, dass die Kultur einer Organisation sowie insbesondere die vorherrschenden Diversitäts-Perspektiven einen starken Einfluss auf den Erfolg oder Misserfolg einer (alters-)heterogenen Belegschaft ausüben können. Für Führungskräfte und das HR-Management ergibt sich hieraus die Aufgabe, die Entwicklung einer Integrations- und Lernperspektive anzustreben, da nur diese langfristig positive Diversitätseffekte ermöglicht. Die anderen Perspektiven (Fairness sowie Marktzugang) können flankierend dazu gezogen werden, sollten jedoch nicht im Mittelpunkt der Unternehmenskultur stehen.

Schon heute zählt eine aktive Kulturgestaltung zu den Kernaufgaben des Managements[248] in Zeiten zunehmender Diversität wird sich dieser Trend mit Sicherheit noch weiter verstärken. Unternehmen müssen dabei einen Wandel erzeugen, der die Organisation von einer eher geschlossenen, monolithischen Kultur hin zu einer offen, modernen Kultur führt, die Vielfalt schätzt und diese langfristig durch personalpolitische Maßnahmen fördert. Zentral hierfür ist wiederum das Führungsverhalten jeder einzelnen Führungskraft, da diese die Kultur am sichtbarsten repräsentieren und für die Mitarbeitenden greifbar machen. Nur wenn die Führungskräfte die Kultur konsequent nach innen und außen vertreten, kann sich diese zu einem integrativen Unternehmensbestandteil entwickeln. Um dies sicherzustellen, werden Unternehmen selten umhin kommen, ihre Linienführungskräfte speziell zu sensibilisieren und zu schulen.

---

[247] Gebert (2004): 424.
[248] Vgl. Wunderer (2007).

Ansatzpunkte auf Organisationsebene 6.3

Wie die Studie zum Arbeitsumfeld älterer Menschen in Deutschland zeigt, sind solche Trainingsmaßnahmen für Führungskräfte im Gegensatz zu ihrer Wichtigkeit jedoch noch relativ wenig verbreitet (26%).

Wichtig ist hierbei auch die notwendige Konsequenz, da solche Prozesse zum einen meist lange dauern, zum anderen auch immer wieder mit Widerständen und Rückschlägen verbunden sind. Letztlich muss eine unternehmensweite Haltung erzeugt werden, die das gegenseitige Lernen in den Mittelpunkt stellt, dabei jedoch fruchtbare Spannungen aufgrund unterschiedlicher Einstellungen, Erfahrungen und Verhaltensweisen nicht „unter den Teppich kehrt", sondern offen thematisiert. Neue Sicht- und Vorgehensweisen sowie ein beständiger Perspektivenwechsel müssen nicht nur akzeptiert, sondern vielmehr öffentlich wertgeschätzt und unterstützt werden.

Dies scheint insbesondere für die produktive Zusammenarbeit der verschiedenen Altersgruppen essentiell. So beschreibt Köchling in diesem Zusammenhang die Notwendigkeit einer „Kultur der gegenseitigen Wertschätzung zwischen den Jungen und den Alten".[249] Ähnlich argumentiert auch Morschhäuser (2005) und betont die Bedeutung einer „Unternehmenskultur, die mit ihren Verhaltensnormen, Werten und Traditionen generell auf Anerkennung, Wertschätzung und Förderung des einzelnen Mitarbeiters setzt – gleich ob jung oder alt, deutsch oder ausländisch, männlich oder weiblich".[250]

So scheinen die einzelnen Maßnahmen und Werkzeuge zur Bewältigung des demographischen Wandels nur dann erfolgversprechend, wenn sie durch eine solche wertschätzende und integrative Führungs- und Diversity-Kultur unterstützt werden. Diese lässt sich in Anlehnung an Morschhäuser wie folgt zusammenfassen:[251]

- Hoher Stellenwert von Kommunikation und Reflexion,

---

[249] (2004): 185.
[250] (2005): 145.
[251] Vgl. Morschhäuser (2005).

- Offene An- und Aussprache unterschiedlicher Ansichten, Bedürfnisse und Unstimmigkeiten,
- Kollegiale und unterstützende Haltung unter den Beschäftigten sowie zwischen den Beschäftigten und dem Management,
- Glaubwürdiges und partizipativ ausgerichtetes Führungsverhalten,
- Bereitschaft zu und Suche nach flexiblen und individuellen Lösungsmöglichkeiten sowie
- Eine grundsätzliche Offenheit von (Personal-)Verantwortlichen gegenüber Veränderungsvorschlägen der Mitarbeitenden.

Zu den aktiven Vorreitern einer solchen Kulturgestaltung gehört die deutsche KSB-Unternehmensgruppe, welche mit einem Umsatz von annähernd 1,8 Milliarden Euro zu den führenden Anbietern von Pumpen, Armaturen und zugehörigen Systemen zählt. Am Standort Frankenthal werden ca. 1.700 Mitarbeitende beschäftigt, von denen schon heute jeder Dritte älter als 50 Jahre ist.[252] Zudem wurden Frühpensionierungen aufgrund finanzieller Rentenabschläge für die Arbeitnehmer immer unattraktiver. Vor diesem Hintergrund entschied sich das Unternehmen schon im Jahr 2001, ein Projekt mit dem Titel „Motivierende Arbeits- und Qualifizierungskonzepte für ältere Arbeitnehmer/innen der KSB AG" zu starten. Das Ziel bestand darin, die Beschäftigungsfähigkeit und Motivation der älteren Mitarbeitenden langfristig zu erhalten und sie positiv und aus eigenem Antrieb an das Unternehmen zu binden. Zum Start des Projekts wurden Workshops mit Mitarbeitenden über 50 Jahren durchgeführt, um aus erster Hand zu erfahren, welche Faktoren die Motivation, das langfristige Commitment sowie Entscheidungen über den Verbleib im Unternehmen am stärksten beeinflussen. Hierbei kristallisierte sich der Führungs- und Kulturkomplex als einer von zwei hauptsächlichen Treibern heraus. Nach Aussagen von KSB steht an erster Stelle der Wunsch der Mitarbeitenden nach persönlicher Wertschätzung. „Sie wollen, dass ihre Arbeit Anerkennung findet (was durchaus auch Kritik beinhalten kann)

---

[252] Vgl. auch im Folgenden Bertelsmannstiftung/Bundesverband Deutscher Arbeitgeberverbände (2005); Bruch/Kunze (2007).

und sie nicht nur als „Funktion" oder „Kostenfaktor" gesehen werden". Ferner scheint es für die Mitarbeitenden zentral zu wissen, inwiefern sie mit ihrer Arbeit zu den Strategien und Zielen des Unternehmens beitragen, d.h. inwiefern ihre Tätigkeit eine Bedeutung für den langfristigen Unternehmenserfolg hat. Auf Basis dieser Erkenntnisse lancierte KSB zahlreiche Maßnahmen, die auf die Schaffung einer wertschätzenden Führungs- und Unternehmenskultur ausgerichtet sind. Hierzu zählen unter anderem spezielle Führungstrainings, welche den Führungskräften die Bedürfnisse von Älteren nahe bringen, die flächendeckende Einführung von Führungskräfte-Feedbacks („Upward-Feedback") zur Verbesserung der Kommunikation zwischen Mitarbeitenden und Führungskräften sowie jährliche Beurteilungsgespräche auch für ältere Mitarbeitende, die besonders auf die zukünftige Perspektive und die weiteren Aufgaben im Unternehmen zugeschnitten sind. Durch eine Vielzahl flankierender Maßnahmen konnte insgesamt eine das Alter wertschätzende und höchst integrative Unternehmenskultur geschaffen werden.

Ähnlich geht auch Voestalpine in ihrem Handlungsfeld „Kultur, Führung, Entwicklung" vor. So steht hier das Konzept des lebensphasenbezogenen Führens im Vordergrund, welches verschiedene Führungsinstrumente umfasst, die auf die speziellen Bedürfnisse älterer Mitarbeitender zugeschnitten sind. Hierzu zählen z.B. lebensphasenorientierte Jahresgespräche, bei denen Wertschätzung und Anerkennung vermittelt und neue Perspektiven aufgezeigt werden. Zudem sind alle Führungskräfte verpflichtet, an spezifischen Trainings teilzunehmen, die unter anderem auf eine Lebensphasenbezogene Arbeitsgestaltung für Mitarbeitende zielen.

6.4 Kernaussagen des Kapitels

Zusammenfassend können die folgenden Kernaussagen dieses Kapitels abgeleitet werden:

- Auch auf der **Gesamtunternehmensebene** führt der demographische Wandel zu vielfältigen Veränderungen, die Unternehmen sowohl vor Chancen wie auch vor Herausforderungen stellen. So wird der **„War for Talents"** sich weiter intensivieren,

Unternehmen werden zunehmend gezwungen sein, bewusst auch **ältere Mitarbeitende neu zu rekrutieren**. Nicht zuletzt hierdurch wird die **Generationenvielfalt** in den Firmen weiter steigen, was sowohl zu mehr **Kreativität und Innovationskraft** als auch zu zunehmenden **Konflikten** zwischen den Altersgruppen führen kann. Ferner werden in Form des sogenannten **„Silver Markets"** auch die älter werdenden Kunden zu einer immer wichtigeren Zielgruppe für die Unternehmen.

- Die Berücksichtigung der Gesamtunternehmensebene ist eine zwingende Voraussetzung zur erfolgreichen Bewältigung des demographischen Wandels, da bestimmte Aktivitäten und Handlungsfelder nur hier angesiedelt sein können. Hierzu zählen **Altersstrukturanalysen**, die **unternehmensweite Rekrutierungspraxis, alterssensible Arbeitszeit- und Ruhestandsregelungen** sowie die Schaffung einer **integrativen Unternehmenskultur**. Ferner muss auf der Gesamtunternehmensebene sichergestellt werden, dass die einzelnen Maßnahmen auf un-teren Ebenen miteinander harmonieren, sich in ein **strategisches Gesamtkonzept** einordnen und durch eine **aktive Projektsteuerung** in ihrer Umsetzung kontrolliert werden.

- **Altersstrukturanalysen** stellen einen wichtigen ersten Schritt zur Bewältigung des demographischen Wandels auf der Unternehmensebene dar, da sie dem Management Klarheit darüber verschaffen, wie stark ihre Belegschaft heute und in Zukunft von einer zunehmenden Alterung betroffen ist. **Erweiterte** sowie **projektierte Altersstrukturanalysen** zeichnen ein noch detaillierteres Bild der Altersverteilung und ermöglichen dadurch noch genauere Interventionen, die sich z.B. auf bestimmte Funktions- oder Berufsgruppen, Standorte etc. konzentrieren können.

- Eine **alterssensible Rekrutierung** hilft Unternehmen, eine **balancierte Altersstruktur** zu entwickeln, in welcher alle Altersgruppen annähernd gleichverteilt sind. Hierfür bietet sich zunächst die **Rekrutierung jüngerer Mitarbeitender** durch Intensivierung der betrieblichen Ausbildung oder die Direkteinstellung von (Fach-)hochschulabsoventen an, wodurch eine schleichende Überalterung vermieden werden kann. Ergänzt

Kernaussagen des Kapitels **6.4**

wird diese durch die bewusste **Rekrutierung mittelalter und älterer Mitarbeitender** (z.B. über spezielle Internetportale, Zusammenarbeit mit den Arbeitsagenturen, etc.), wodurch die Vorteile einer altersheterogenen Belegschaft (wie Kreativität, Innovation etc.) realisiert werden können.

- **Alterssensible Arbeitszeit- und Ruhestandsregelungen** können Unternehmen helfen, ihre Mitarbeitenden bis zum gesetzlichen Renteneintrittsalter effektiv im Unternehmen zu beschäftigen. Anbieten kann sich hier unter anderem die Einführung **neuer Modelle zur Gestaltung der Lebensarbeitszeit**, die neben vertikalen Karrieren auch **Modelle der Work Life Balance** sowie **Bogenkarrieren** umfassen können. Das generelle Ziel der **Arbeitszeitflexibilisierung** und **bedarfsgerechten Arbeitszeitreduktion** kann ferner durch verschiedene Instrumente und Maßnahmen unterstützt werden. Zu diesen zählen die **Anpassung ungünstiger Arbeitszeitregelungen** sowie die **Einführung von Teilzeitarbeit/Job Sharing, Jahresarbeitszeit/Arbeitszeitkonten** sowie **Sabbaticals**. Auch der Übergang in den Ruhestand kann zunehmend flexibilisiert werden, unter anderem durch **Verrentung auf Probe**, die **Gründung von internen Beratungsunternehmen** sowie die **(Wieder-) Beschäftigung von pensionierten Experten**.

- Ferner scheint die Entwicklung einer **altersfreundlichen Führungs- und Unternehmenskultur** zentral, um den effektiven Einsatz sowie die reibungslose Zusammenarbeit aller Altersgruppen im Unternehmen sicherzustellen. Diese sollte vor allem auf ein **gegenseitiges Lernen** sowie die **Integration und Wertschätzung** aller Mitarbeitender ausgerichtet sein. Wichtig ist hierfür auch die konsequente **Einbindung und Schulung der Führungskräfte**, die mit ihrem täglichen Führungsverhalten die Kultur im Unternehmen nachhaltig prägen.

Zusammenfassung und Ausblick

Kapitel 7

7.1 Der demographische Wandel auf unterschiedlichen Ebenen

In den vorangehenden Kapiteln haben wir versucht, die Herausforderungen des demographischen Wandels für Wirtschaft und Unternehmen aus ganz unterschiedlichen Perspektiven zu beleuchten. Die Haupterkenntnisse und wichtigsten Schlussfolgerungen werden in diesem abschließenden Kapitel nochmals kurz zusammengefasst. Außerdem unternehmen wir den Versuch, den ganzen Komplex des demographischen Wandels, den wir bisher aus einem sehr starken Unternehmensfokus betrachtet haben, in einen gesamtgesellschaftlichen Zusammenhang einzuordnen.

7.1.1 Die demographische Herausforderung

Die demographische Herausforderung ist für Gesellschaft und Unternehmen heute schon Realität. Durch den Rückgang und die Alterung der Gesellschaft wird auch die Erwerbsbevölkerung in Deutschland und in der Schweiz altern und sukzessive zurückgehen. Für die Unternehmen bedeutet das, dass sie vor vielfältigen Herausforderungen im Bereich Nachwuchsrekrutierung, Innovationsfähigkeit, Veränderungen ihres Generationenmixes und Verlust von Wissen und Erfahrung - um nur einige zu nennen - stehen. In vielen Unternehmen herrscht schon ein Bewusstsein für die Problematik vor, allerdings haben nur wenige schon konkrete Bewältigungsstrategien entwickelt und begonnen diese umzusetzen. In Zukunft dürfte erfolgreiches Demographiemanagement zu einem entscheidenden Wettbewerbsfaktor für Unternehmen werden. Zur Bewältigung dieser Herausforderung müssen Ansätze auf der individuellen Ebene, in der Mitarbeiter-Führungskraftbeziehung sowie auf der Team- und Unternehmensebene unternommen werden.

7.1.2 Personenbezogene Aspekte

Leistungsfähigkeit und Produktivität des einzelnen Mitarbeitenden sind durch dem Alterungsprozess einem Wandel unterworfen.

7 Zusammenfassung und Ausblick

Dieser muss allerdings nicht zwangsläufig negativer Natur sein, wie es die Defizithypothese des Alterns vermuten lässt. Vielmehr ist es möglich, dass ältere Mitarbeitende eine vergleichbare und in manchen Bereichen sogar eine bessere Leistungsfähigkeit als ihre jüngeren Kollegen besitzen. Die individuelle Leistungsfähigkeit, nicht nur für Ältere sondern für Mitarbeitende aller Altergruppen im Unternehmen, hängt von drei wichtigen Faktoren ab: der Motivation oder Erfahrung und den Fähigkeiten sowie der körperlichen Konstitution. Zum Erhalt dieser drei Faktoren sollte der einzelne Mitarbeitende für sich Ziele und Perspektiven auch im fortgeschrittenen Erwerbsalter entwickeln, ein lebenslanges Lernen im Berufsleben anstreben sowie ein individuelles Präventions- und Gesundheitsmanagement betreiben. Wenn alle drei Faktoren schon ab einem mittleren Erwerbsalter berücksichtigt werden, sollte einer produktiven Beteiligung am Erwerbsleben bis hin zur künftigen Verrentungsgrenze von 67 Jahren nichts mehr im Wege stehen.

7.1.3 Führung von fünf Generationen am Arbeitsplatz

Der demographische Wandelwird nicht nur zu einer generellen Alterung der Belegschaften, sondern auch zu einer nie da gewesenen Generationenvielfalt in den Unternehmen führen. Diese erhöhte Diversität hat Auswirkungen auf die dyadische Beziehung zwischen Führungskräften und Mitarbeitenden unterschiedlicher Generationen. Derzeit sind in der Arbeitswelt fünf unterschiedliche Generationen aktiv: Die Nachkriegsgeneration, die Wirtschaftswundergeneration, die Baby Boomer Generation, die Generation Golf und die Internetgeneration. Alle diese Alterskohorten haben eine spezifische generationale Prägung, befinden sich in einer spezifischen Lebensphase und sind in unterschiedlicher Weise von Alterungseffekten betroffen. Für eine effiziente Führungsbeziehung muss jeder dieser Faktoren individuell für den einzelnen Mitarbeitenden Berücksichtigung finden. Nur wenn es der Führungskraft gelingt, auf die divergierenden Führungspräferenzen der Generationen richtig einzugehen, kann eine Generationale Führung erfolgreich praktiziert werden. Eine besonders große Herausforderung ist die asymmetrische Führungsbeziehung zwischen einer jungen Führungskraft und Mitarbeiter älterer Generationen.

Der demographische Wandel auf unterschiedlichen Ebenen

Hier ist beim Auftreten der jüngeren Führungskraft großes Fingerspitzengefühl und Einfühlungsvermögen gefragt, um das Erfahrungsdefizit in dieser Beziehung auszugleichen.

7.1.4 Entwicklung und Führung altersgemischter Teams

Da die Generationevielfalt in Unternehmen zunimmt und zugleich auch die teambasierten Arbeitsformen immer mehr zur betrieblichen Normalität werden, sind die Unternehmen zunehmend mit der Herausforderung von altersgemischten Teams konfrontiert. Aus Altersdiversität innerhalb von Arbeitsgruppen ergeben sich sowohl potenzielle Chancen als auch Herausforderungen für die produktive Zusammenarbeit. Zum einen ist es altersgemischten Teams durch Prozesse der kognitiven Diversität möglich, Gruppendenken zu vermeiden und eine verbesserte Entscheidungsfindungs- und Problemlösefähigkeit an den Tag zu legen sowie auch innovativere Lösungen hervorzubringen und ein besseres Verständnis für unterschiedliche Kundengruppen zu entwickeln. Anderseits kann es durch Prozesse der sozialen Identität zu Bildung von Subgruppen kommen, die zu Misstrauen, Vorurteilen, Konflikten und damit letztendlich auch zu verminderter Produktivität führen. Um die Potenziale der Altersdiversität zu nutzen und gleichzeitig die Herausforderungen erfolgreich zu bewältigen, sind verschiedene Maßnahmen im Bereich der Zusammenstellung von Teams, der Schaffung von spezifischen Rahmenbedingungen und der Führung sinnvoll. Altersgemischte Teams sollten z.B. bewusst für komplexe Aufgabenbereiche zusammengestellt werden, in denen sie ihre Stärken ausspielen können. Zudem sollten sie auch bei dem Prozess der Teamentwicklung unterstützt werden. Über Führungsverhalten sollte versucht werden, eine kollektive Teamidentität zu schaffen, um mögliche Abgrenzungstendenzen zu vermeiden. Als ein vielversprechender Führungsstil bietet sich ein kombiniertes transaktionales und transformationales Führungsverhalten an, das dazu genutzt werden kann, eine teambasierte Vision zu schaffen.

7.1.5 Aspekte des Gesamtunternehmens

Schließlich ergeben sich durch den demographischen Wandel auch auf der Ebene des Gesamtunternehmens spezifische Herausforderungen und Chancen, die nur auf dieser Betrachtungsebene sinnvoll zu bewältigen sind. Zwangsläufig wird es zu einer Verknappung von qualifizierten Arbeitskräften kommen, die nahezu alle Unternehmen zu einer Modifikation ihrer Rekrutierungsanstrengungen veranlassen wird. Eine Ausweitung der Rekrutierungsstrategien auch auf mittlere und ältere Altersgruppen scheint hier unausweichlich. Dies kann nicht zuletzt auch aus betriebswirtschaftlichen Gesichtspunkten sinnvoll sein, um die Möglichkeiten, die sich in dem wachsenden „Silver-Market" aus älteren Konsumenten ergeben, richtig zu nutzen. Um diese Maßnahmen und auch andere in dem Buch beschrieben Handlungsfelder erfolgreich von der Unternehmensleitung aus steuern zu können, ist aber eine vorangehende Analyse und Projektion der Altersstruktur der Gesamtbelegschaft unerlässlich. Als zweite Herausforderung sind die Anpassung der Arbeitszeitmodelle und des Übergangs in den Ruhestand an eine alternde Belegschaft zu nennen. Hier sind lebensphasenorientierte Arbeitszeitmodelle und eine flexible Ruhestandsregelung gefragt. Schließlich kommt die auf der Teamebene beschriebene Generationdiversität natürlich auch auf der Ebene des Gesamtunternehmens zum Ausdruck. Hier erscheint es zentral, eine entsprechende Unternehmenskultur zu kreieren, die es den Potenzialen aller Generationen ermöglicht ihre Potenziale produktiv zu Entfaltung zu bringen.

7.2 Die gesamtgesellschaftliche Herausforderung

Die demographische Herausforderung aus der Perspektive von ganzen Nationen und Volkswirtschaften betrachtet, ist aber nicht nur durch die Unternehmen und Mitarbeiter alleine zu bewältigen, sondern muss am besten in ein konzertiertes, politisches und gesellschaftliches Konzept eingebettet sein. Ein solches ganzheitliches Vorgehen zur Bewältigung der demographischen Herausforderung ist derzeit weder in der Schweiz noch in Deutschland erkennbar. So

Die gesamtgesellschaftliche Herausforderung 7.2

ist zum Beispiel die geplante Wiedereinführung von Altersteilzeitsystemen in der Metall- und Elektroindustrie in Deutschland[253] nur schwer mit einem positiven Bild des Alterns vereinbar, wie es durch einen Kulturwandel in vielen Unternehmen angestrebt wird.

Im internationalen Kontext stellt Finnland ein herausragendes Beispiel dar, in dem in einer gesamtgesellschaftlich getragenen Aktion versucht wurde, eine Lösung für den demographischen Wandel zu entwickeln. In Finnland ergab sich ein erhöhter Handlungsdruck dadurch, dass sich die demographische Verschiebung 15 Jahre früher vollzieht als durchschnittlich in den anderen Europäischen Ländern.[254] Aus diesem Grund wurde das „National Ageing Programme", das zunächst von 1998-2002 andauerte, ins Leben gerufen.[255] An dem Programm waren alle bedeutenden gesellschaftlichen und politischen Akteure, wie mehrere Ministerien, kommunale Institutionen, Gewerkschaften, Arbeitgeberverbände, Sozialversicherungsträger und Forschungsinstitutionen beteiligt. Mit Hilfe des Programms gelang es Finnland, sich von einer „Kultur der Frühverrentung" hin zu einer „Kultur des längeren Erwerbslebens" zu entwickeln.[256] Der Erfolg des Programms wurde durch eine zweistufige Strategie gewährleist. Zuerst wurde eine große Informationskampagne durchgeführt, die das Ziel hatte negative Einstellungen zum Alter(n) zu widerlegen und die Notwendigkeit für aktive politische und gesellschaftliche Maßnahmen zu verdeutlichen. Darauf wurden umfassende Maßnahmen eingeleitet, wie eine Rentenreform, die das Renteneintrittsalter auf einen flexiblen Zeitraum zwischen 63 und 68 Jahren verschoben hat und eine Verbesserung der alters und alter(n)sgerechten Gestaltung der Arbeits- und Beschäftigungsbedingungen mit einer Schwerpunktsetzung auf lebenslanger Qualifizierung und einer passenden Arbeitsorganisation.[257] Durch die vorangegangene Informationskampagne wurden die Maßnahmen in weiten Teilen der Bevölkerung und auch der Unternehmen akzeptiert und aktiv mit umgesetzt. Gleichzeitig wurde die Glaubwürdigkeit der Aktivitäten durch eine fortlaufende

---

[253] Vgl. IG-Metall (2008).
[254] Vgl. Piekkola (2004).
[255] Vgl. Ebd.
[256] Vgl. Bertelsmann Stiftung (2006).
[257] Vgl. Ebd.

7 Zusammenfassung und Ausblick

wissenschaftliche Evaluierung, insbesondere durch das „Finnish Institute of Occupational Health", weiter erhöht. Nach Abschluss des Auftaktprogramms wurden mehrere spezifische Folgeaktivitäten gestartet, wie ein Programm zur Förderung der Arbeitsplatzgestaltung oder zur Aus- und Weiterbildung der arbeitenden Bevölkerung.[258]

Die Ergebnisse des Programms sind beeindruckend. So liegt die Arbeitslosenrate der 55-59-jährigen inzwischen mehr als 10% unter dem europäischen Durchschnitt und das reale Renteneintrittsalter ist seit 1995 um 1,2 Jahre gestiegen.[259] Außerdem hat die Erwerbsquote der über 60-64-jährigen von 2004-2007 um mehr als 10% zugenommen.[260]

Die Umsetzung eines solchen ganzheitlichen Programms scheint natürlich für kleinere Nationen - zu denen Finnland, aber auch die Schweiz gezählt werden können - praktikabler. Allerdings gibt es sicher auch einige Ansatzpunkte, an denen sich die politischen und gesellschaftlichen Akteure in Deutschland orientieren könnten. Für den langfristigen gesellschaftlichen Bewusstseinswandel im Bezug auf Alter, Beschäftigung und Leistungsfähigkeit, den wir in diesem Buch nur für die Unternehmensseite diskutiert haben, scheint ein koordiniertes Vorgehen aller gesellschaftlich, politisch und wirtschaftlich Handelnder unabdingbar. Deshalb können die Ansätze, die wir in diesem Buch für die Arbeitnehmer und Wirtschaftswelt entwickelt haben, nur ein Teilaspekt dessen sein, was wirklich zu tun ist, um dem demographischen Wandel in all seinen Facetten in Zukunft erfolgreich zu begegnen.

---

[258] Die Programme tragen die Kürzel TYKES (www.tykes.fi) und NOSTE (http://www.noste-ohjelma.fi).
[259] Vgl. Bertelsmann Stiftung (2006).
[260] Vgl. Helsingin Sanomat (2007).

Literaturverzeichnis

ABRAMS, D./HOGG, M. A. (1988): Comments on the motivational status of self-esteem in social identity and intergroup discrimination, in: European Journal of Social Psychology, Vol. 18, S. 317-334.

ADECCO INSTITUTE (2006): Waking up to Europe's Demographic Challenge: The Demographic Fitness Survey, Frankfurt.

ADLER, N. J. (1991): International dimensions of organizational behavior, Boston.

ALMS, K./PIORR, R./STEINMANN, P. (2007): Wissenstransfer beim Ausscheiden von Mitarbeitern, in: Zeitschrift Führung und Organisation, S. 85-92.

ALPER, S./TJOSVOLD, D./LAW, K. S. (1998): Interdependence and controversy in group decision making: Antecedents to effective self-managing teams, in: Organizational Behavior and Human Decision Processes, Vol. 74, 33-52.

AMASON, A.C./Sapienza, H. J. (1997): The effects of top management team size and interaction norms on cognitive and affective conflict, in: Journal of Management, Vol. 23, S. 495-516.

ANTONAKIS, J./AVOLIO, B. J./SIVASUBRAMANIAM, N. (2003): Context and leadership: An examination of the nine-factor full-range leadership theory using the Multifactor Leadership Questionnaire, in: The Leadership Quarterly, Vol. 14, S. 261-295.

ARSENAULT, P.M. (2004): Validating generational differences: a legitimate diversity and leadership issue, in: Leadership & Organisation Development Journal, Vol. 25, S. 124-141.

BÄHLER, R. (2005): Der andere Weg führt auch nach oben, in: Sonntagszeitung, (20.03.2005).

BALDAUF, H. (2008): Die Karriere nach der Karriere, in: VDI Nachrichten, (Februar 2008).

BALL, K./BERCH, D.B./HELMERS, K.F./JOBE, J.B./LEVECK, M.D./MARSICKE, M./MORRIS, J.N./REBOCK, G.W./SMITH, D.M./TENNENSTEDT, S. L./UNVERZAGT, F.W./WILLIS, S.L. (2002): Effects of cognitive training interventions with older adults: a randomized controlled trial, in: Journal of the American Medical Association, Vol. 18, 2271-2281.

BARNLUND, D. C./HARLAND, C. (1963): Propinquity and prestige as determinants of communication networks, in: Sociometry, Vol. 26, S. 467-479.

BASS, B. M. (1985): Leadership and performance beyond expectations, New York.

BASS, B.M. (1990): From Transactional to Transformational Leadership: Learning to Share the Vision, in: Organizational Dynamics, Vol 18, S.19-31.

BASS, B. M./AVOLIO, B. J. (1994): Improving organizational leadership through transformational leadership, Thousand Oaks, CA.

BASS, B. M./AVOLIO, B. J./JUNG, D. I./BERSON, Y. (2003): Predicting unit performance by assessing transformational and transactional leadership, in: Journal of Applied Psychology, Vol. 8, S. 207-218.

BAUER, K. (2006): Voestalpine - LIFE Programm, in: Tagungsband Altersgerechte Karrieren. Der demografische Wandel in der Arbeitswelt, Wien.

BELLMAN, E./KISTLER, W. J. (2003). Betriebliche Sicht- und Verhaltensweisen gegenüber älteren Arbeitnehmern, in Aus Politik und Zeitgeschichte, Vol 20, S. 26-34.

BERSCHEID, E./REIS, H. T. (1998): Attraction and close relationships, in: Gilbert, D. T./Fiske, S. T./Lindzey, G. (Hrsg.), Handbook of social psychology, New York, S. 193-281.

BERTELSMANN STIFTUNG/ BUNDESVERBAND DER DEUTSCHEN ARBEITGEBERVERBÄNDE (2003): Erfolgreich mit älteren Arbeitnehmern. Strategien und Beispiele für die betriebliche Praxis, Gütersloh.

BERTELSMANN STIFTUNG (2006): Carl Bertelsmann-Preis an finnisches Reformprogramm. Pressemitteilung vom 15.08.2006.

BERTRAM, H. (2005): Nachhaltige Familienpolitik im europäischen Vergleich, in: Berger,P.A,/Kahlert, H. (Hrsg.), Chancen für die Neuordnung der Geschlechterverhältnisse, Frankfurt am Main, S. 203-236.

BETTENHAUSEN, K. L. (1991): Five years of group research: What we have learned and what needs to be addressed, in: Journal of Management, Vol. 17, S. 345-381.

BIRG, H. (2003): Die demographische Zeitenwende - Der Bevölkerungsrückgang in Deutschland und Europa, C.H. Beck, München.

BLAU, P. (1977): Inequality and heterogeneity, New York.

BÖRSENZEITUNG (2006): Akuter Fachkräftemangel durch Demografie, (19.09.2006).

BOSCH L.H./DELANGE W.A. (1987): Shift work in health care, in Ergonomics Vol. 30, S. 773–791.

BÖSCH-SUPPAN, A./DÜZGÜN, I/WEISS, M. (2006): Altern und Produktivität: Zum Stand der Forschung, Working Paper Uni Mannheim.

BOWERS, C. A./PHARMER, J. A./SALAS, E. (2000): When member homogeneity is needed in work teams: A meta analysis, in: Small Group Research, Vol. 31, S. 305-327.

BREWER, M. B./BROWN, R. J. (1998): Intergroup relations, in: Gilbert, D. T./Fiske, S.T., Handbook of social psychology, Boston, S. 554-594.

BRUCH, H./KUNZE., F. (2007): Management einer Aging Workforce. Ansätze zu Kultur und Führung, in Zeitschrift Führung und Organisation, S. 72-77.

BRUCH, H./BÖHM, S/KUNZE, F. (2009): Demographiefeste HR-Strategien – Ergebnisse einer empirischen Studie in deutschen klein- und mittelständischen Unternehmen. in: Spoun, S./Meckel, M. (Hrsg.): Management eine Gesellschaftliche Herausforderung, St. Gallen.

BUCK H. (2001): Öffentlichkeits- und Marketingstrategie demographischer Wandel – Ziele und Herausforderungen, in: Bullinger, H. (Hrsg.), Zukunft der Arbeit in einer alternden Gesellschaft, Stuttgart, S. 11-24.

BUCK, H. (2002): Alternsgerechte und gesundheitsförderliche Arbeitsgestaltung – ausgewählte Handlungsempfehlungen, in: Morschhäuser, M. (Hrsg.), Gesund bis zur Rente. Konzepte gesundheits- und alternsgerechter Arbeits- und Personalpolitik, Stuttgart, S. 73-85.

Buck, H./Dworschak, B. (2003): Ageing and work in Europe. Strategies at company level and public policies in selected European countries. IRB, München.

Literaturverzeichnis

BÜDEL, O. (2007): Der Lebenszyklus gibt den Ton an, in: Personalwirtschaft, Vol. 12: S. 28-30.

BUNDESAMT FÜR STATISTIK (2006): Szenarien zur Bevölkerungsentwicklung in der Schweiz, Bern.

BUNDESANSTALT FÜR ARBEITSSCHUTZ UND ARBEITSMEDIZIN (2007): Why WAI? - Der Work Ability Index im Einsatz für Arbeitsfähigkeit und Prävention. Erfahrungsberichte aus der Praxis, Dortmund.

BURNS, J. M. (1978): Leadership, New York.

BYRNE, D. (1971): The attraction paradigm, New York.

CAMPION, M./MEDSKER, G./HIGGS, A. (1993): Relations between work group characteristics and effectiveness;: Implications for designing effective work groups, in: Personnel Psychology, Vol. 46, S. 823-850.

CHATMAN, J. A./SPATARO, S. E. (2005): Using self-categorization theory to understand relational demography-based variations in people's responsiveness to organizational culture, in: Academy of Management Journal, Vol. 48, S. 321-331.

CHERINGTON, D.J./SPENCER, J.C./ENGLAND, L. (1979): Age and Work Values, in: The Academy of Management Journal, Vol. 22, S. 617-623.

CLARK A/OSWALD A/WARR P (1996): Is job satisfaction U-shaped in age?, in: Journal of Occupational and Organizational Psychology, Vol. 69: S. 57-81.

CLARK R./BURKHAUSER, R./MOON, M./QUINN J./SMEEDING J. (2004): The Economics of an Aging Society, London.

CLEMENS, WOLFGANG (2001): Ältere Arbeitnehmer im sozialen Wandel. Von der verschmähten zur gefragten Human Resource, Opladen.

COUPLAND, D. (1995): Generation X - Geschichten für eine immer schneller werdende Kultur, München.

COX, T./BLAKE, S. (1991): Managing cultural diversity: Implications for organizational competitiveness, in: Academy of Management Executive, Vol. 5, S. 45-56.

DAILY TELEGRAPH (2004): Red Adair, (09.08.2004).

Literaturverzeichnis

DANSEREAU, F./ALUTTO, J. A./NACHMAN, S./AL-KELABI, S.A./YAMMARINO, F.J./NEWMAN, J./NAUGHTON, T./LEE, S./DUMAS, M./KIM, K./KELLER, T (1995): Individualized leadership: A new multiple-level approach, in: Leadership Quarterly Vol. 6, S. 413-450.

DAVENPORT, T.D./ LEIBOLD M./ VOELPEL S. (2006): Strategic Management in the innovation company, Erlangen.

DELONG, D. W. (2004): Lost knowledge: Confronting the threat of an aging workforce, New York.

DEUTSCHER INDUSTRIE UND HANDELSKAMMER TAG (2005): Online Ressource: http://www.dihk.de/initiativpreis/2005/initiativen/degussa.html (abgerufen 1.04.2008).

DEUTSCHE RENTENVERSICHERUNG (2007): Rentenzugangsalter steigt, Pressemitteilung vom 25.06.2007. Online Ressource:www.deutscherentenverung.de/nn_5252/DRV/de/Inhalt/Presse/Pressemitteilung/Aktuell/2007__20__06__rentenzugangsalter__steigt.html (abgerufen: 10.06.2008).

DEUTSCHES STATISTISCHES BUNDESAMT (DESTATIS) (2006a): Wanderung nach Deutschland. Online Ressource: www.destatis.de/jetspeed/portal/cms/Sites/destatis/Internet/DE/Content/Statistiken/Zeitreihen/LangeReihen/Bevoelkerung/Content75/lrbev07a,templateId=renderPrint.psml (abgerufen: 12.06.2008):

DEUTSCHES STATISTISCHES BUNDESAMT (DESTATIS) (2006b): Bevölkerung Deutschlands bis 2050 - 11. Koordinierte Bevölkerungsvorausberechnung, Wiesbaden.

DEUTSCHES STATISTISCHES BUNDESAMT (DESTATIS) (2007): Wanderungen zwischen Deutschland und dem Ausland 2003 bis 2007. Online Ressource: http://www.destatis.de/jetspeed/portal/cms/Sites/destatis/Internet/DE/Content/Statistiken/Bevoelkerung/Wanderungen/Tabellen/Content75/WanderungenInsgesamt,templateId=renderPrint.psml (abgerufen: 13.06.2008).

DEVINE, D. J./CLAYTON, L. D./PHILIPS, J. L./DUNFORD, B. B./MELINER, S. B. (1999): Teams in organizations: Prevalence, characteristics, and effectiveness, in: Small Group Research, Vol. 30, S. 678-711.

Literaturverzeichnis

DGFP (2004): Personalentwicklung für ältere Mitarbeiter : Grundlagen, Handlungshilfen, Praxisbeispiele, Gütersloh.

DOOLEY, R. S./FRYXELL, G. E. (1999): Attaining decision quality and commitment from dissent: The moderating effects of loyalty and competence in strategic decision making teams, in: Academy of Management Journal, Vol. 42, S. 389-402.

DRUCKER, (1999): Management challenges for the 21st century, New York.

DYCHTWALD, K. (2003): The age wave is coming, in: Public Management, Vol. 85, S. 6–12.

DYCHTWALD, K./ERICKSON/T.J/MORISON, B. (2004): It's time to retire retirement, in: Harvard Business Review Vol.82, S. 48-57.

EASELY, C. A. (2001): Developing, valuing, and managing diversity in the new millennium, in: Organizational Development Journal, Vol. 19, S. 38-50.

EINS. P. (2009): Alte Sterne glühen lange, in: Duz-Magazin, S. 37-60.

EISENHARDT, K. M./SCHOONHOVEN, C. B. (1990): Organizational growth: Linking founding team strategy, environment, and growth among U.S. semiconductor ventures, 1978-1988, in: Administrative Science Quarterly, Vol. 35, S. 504-529.

ELY, R. J/THOMAS, D. A. (2001): Cultural diversity at work. The effects of diversity perspectives on work group processes and outcomes, in: Administrative Science Quarterly, Vol. 6, S. 229-273.

ELY, R. J. (2004): A field study of group diversity, participation in diversity education programs, and performance, in: Journal of Organizational Behavior, Vol. 25, S. 755-780.

ERBACHER, J. (2007): Der Papst privat. Benedikt der XVI und seine päpstliche Familie. Online Ressource: www.heute.de/ZDFheute/inhalt/31/0,3672,5265055,00.html (abgerufen 13.03.08).

ERFAHRUNG-IST-ZUKUNFT.DE (2007): Audi startet Pilotprojekt "Silver Line" mit älteren Beschäftigten in der Montage. Online Ressource: http://www.erfahrung-ist zukunft.de/nn_104272/Webs/EiZ/Content/DE/Artkel/BeschaeftigungGestalten /AltersgerechteArbeitsbe dingungen/20070416-audi-silverline.html (abgerufen: 16.04.2007).

ETZOLD (2002): Die späte Lust am Lernen, in: Die Zeit, (28.11.2002).

Literaturverzeichnis

EUROSTAT (2006): Demographic statistics: Fertility. Online Ressource: http://epp.eurostat.ec.europa.eu/cache/ITY_SDDS/EN/demo_fer_sm1.htm (15.11.2008).

FELBER, E. (2006): Hightech und Handarbeit. Die Manufaktur des Audi R8, in: Audi Geschäftsbericht 2006, S. 40-45.

FOGT, H. (1982): Politische Generationen: Empirische Bedeutung und theoretisches Modell, Westdeutscher Verlag, Opladen.

FOCUS ONLINE (2007): Silverline. Audi schätzt Erfahrung Älterer. Online Ressource: http://www.focus.de/karriere/perspektiven/demografischer_wandel/silverline_aid_53044.html (abgerufen: 11.04.2007).

FRERICHS, F./NAEGELE G. (1998): Strukturwandel des Alters und Arbeitsmarktentwicklung - Perspektiven der Altererwerbsarbeit im demographischen und wirtschaftlich-kulturellen Wandel, in: Clemens W./Backes. G. M. (Hrsg.), Altern und Gesellschaft, Opladen, S. 237-256.

FRANKFURTER ALLGEMEINE ZEITUNG (2003): Auftakt zur Serie demographischer Wandel (07.08.2003), S.12.

FRANKFURTER ALLGEMEINE ZEITUNG (2008): Der Beau mit dem Tunnelblick (02.03.2008), S.20.

FROST, P. J./ROBINSON, S. (1999): The toxic handler, in: Harvard Business Review, Vol. 77, S. 96-106.

FUKUYAMA, F. (1992): Das Ende der Geschichte, Bern.

GAERTNER, S. L./DOVIDIO, J. F. (2000): Reducing intergroup bias. The common ingroup identity model, Philadelphia.

GEBERT, D. (2004): Durch Diversity zu mehr Teaminnovativität?, in: Die Betriebswirtschaft, Vol. 64, S. 412-430.

GEISLER, B. (2005): Senioren - im Visier des Handels, in: Hamburger Abendblatt (19.03.2005).

GFK (2009): Kaufkraftanalyse, Online Resspurce: http://www.gfk-datenshop.de/ (abgerufen: 13.06.2009).

GOLSCH, K./HAARDT, D./JENKINS, S.(2006): Late careers and career exits in Britain, in Blossfeld, H.-P./Buchholz, S./Hofäcker, D. (Hrsg.) Globalization, Uncertainty and Late Careers, S. 183-209 Society. London, Routledge.

GOULD, R. L. (1978): Transformation: Growth and change in adult life. New York, Simon & Schuster.

Literaturverzeichnis

GÖRGES, M. (2004): Gesellschaftliche Alterung als Herausforderung für betriebliche Arbeitsmärkte. Dissertation Universität Münster.

GURSOY, D./MAIER, T.A./CHI,G.C. (2008): Generational differences: An examination of work values and generational gaps in the hospitality workforce. In: International Journal of Hospitality Management, Vol. 27: S. 448-458.

HAMBRICK, D. C./CHO, T. S./CHEN, M. J. (1996): The influence of top management team heterogeneity on firms' competitive moves. in: Administrative Science Quarterly, Vol. 41, S. 659-684.

HANDELSBLATT (2006): Um 23 Uhr liegt der Papst bereits im Bett, (19.4. 2006).

HASAN, A. (1996): Lifelong Learning, in: Tuijnman, A. (Hrsg.), International Encyclpedia of Adult Education and Training, Oxford, Elsevier Science, S. 3341.

HASLAM, S. A. (2004): Psychology in organizations: The social identity approach, 2. Aufl., London.

HASSEL, B. L./PERREWE, P. L. (1995): An examination of beliefs about older workers: do stereotypes still exist?, in: Journal of Organizational Behavior Vol. 16, S. 457- 468.

HATER, J. J./BASS, B. M. (1988): Superiors' evaluations and subordinates' perceptions of transformational and transactional leadership, in: Journal of Applied Psychology, Vol. 73, S. 695-702.

HELSINGER SANOMAT (2007): Fewer Finns aged 63-65 opting for retirement. Online Ressource: http://www.hs.fi/english/article/Fewer+Finns+aged+63+to+65+opting+for+retirement/1135224980224 (abgerufen 12.11.2008).

HOGG, M. A. (2001): A social identity theory of leadership, in: Personality and Social Psychology Review, Vol. 5, S. 184-200.

HÖPFLINGER, F. (1999): Generationenfrage - Konzepte, theoretische Ansätze und Beobachtungen zu Generationenbeziehungen in späteren Lebensphasen, Lausanne, Réalités Sociales.

HÖPFLINGER, F./BECK, A./GROB. M./LÜTHI, A (2006): Arbeit und Karriere. Wie es nach 50 weitergeht. Avenir Suisse, Zürich.

HORWITZ, S. K./HORWITZ, I. B. (2007): The effects of team diversity on team outcomes: A meta-analytic review of team demography, in: Journal of Management, Vol. 33, S. 987-1015.

HUNTLEY, R. (2006): The world according to Y. Inside the new adult generation. Crows Nest, Allen & Unwin.

IBARRA, H. (1992): Homophily and differential returns: Sex differences in network structure and access in an advertising firm, in: Administrative Science Quarterly, Vol. 37, S. 422-447.

IKK-BERICHT (2007): Arbeit und Gesundheit im Handwerk 2007, Bergisch-Gladbach.

IFFA Institut für angewandte Arbeitswissenschaft (Hrsg.) 2005: Demografische Entwicklung und Strategieentwicklung in Unternehmen, Köln.

IG-METALL (2008): Neue Altersteilzeit vereinbart. Online Dokument: http://www.igmetall.de/cps/rde/xchg/internet/style.xsl/view_17645.htm (abgerufen 12.11.2008).

ILLIES, F. (2000): Generation Golf. Eine Inspektion. Herder, Freiburg.

ILMARINEN (1999): Aging Worker in the European Union – Status and Promotion of Work ability, employability and employment. Helsinki.

ILMARINEN, J. (2001): Aging workers, in: Occupational and Environmental Medicine Vol. 58, S. 546-552.

ILMARINEN J./LOUHEVAARA V./KORHONEN O./NYGÅRD C. H./HAKOLA T./SUVANTO S. (1991): Changes in maximal cardiorespiratory capacity among aging municipal employees, in: Scandinavian Journal of Work Environmental Health, Vol. 17, S. 99–109.

ILMARINEN, J./TEMPEL, H. (2002): Arbeitsfähigkeit 2010. Was können wir tun damit wir gesund bleiben?, Berlin.

INQUA (2006): Was ist gute Arbeit, INQUA Bericht Nr. 19, Dortmund.

INQUA (2008): Online Ressource: http://www.inqa.de /Inqa/Navigation/Gute-Praxis/datenbank-gute-praxis,did=119480.html (abgerufen: 1.04.2008).

INQUA (2009): Praxisbeispiel. Direkt-Banker werden mit 50+: Die ING-DiBa AG eröffnet älteren Beschäftigten einen Weg in Finanzberufe. Online Ressource: http://www.inqa.de/Inqa/Navigation/Gute-Praxis/datenbank-gute-praxis,eDid=6563.html (abgerufen: 01.07.2009).

INSTITUT DER DEUTSCHEN WIRTSCHAFT (2004): Demographischer Wandel. Eine Grenze des Wachstums, Köln.

Literaturverzeichnis

INSTITUT DER DEUTSCHEN WIRTSCHAFT (2007): Mehr als 18 Milliarden Euro gehen verloren, Pressemitteilung 49/2007.

INSTITUT DER DEUTSCHEN WIRTSCHAFT (2008a): Ältere Arbeitnehmer. Erfolg durch Erfahrung, Pressemitteilung 2/2008.

INSTITUT DER DEUTSCHEN WIRTSCHAFT (2008b): Ingenieurmangel. Übel an der Wurzel packen, Allgemeine Infodienste 1/2008.

JABLONSKI, H. (2008): Ford Diversity. Arbeiten und Pflegen - Vereinbarkeit von beruflichen und privaten Engagement, Online Ressource: http://www.familienbewusste-personalpolitik.de/Ford-Werke.502.0.html (abgerufen: 19.05.2008).

JACKSON, S. E./JOSHI, A./ERHARDT, N.L. (2003): Recent research on team and organizational diversity: Swot analysis and implications, in: Journal of Management, Vol. 29, S. 801-830.

JACKSON, S. E./MAY, K. E./WHITNEY, K. (1995): Understanding the dynamics of diversity in decision-making teams, in: Guzzo, R. A./Salas, E. (Hrsg.), Team effectiveness and decision making in organizations, San Francisco,S. 204-261.

JANIS, K. A. (1972): Victims of groupthink, Boston.

JEHN, K. A. (1995): A multimethod examination of the benefits and detriments of intragroup conflict, in: Administrative Science Quarterly, Vol. 40, S. 256-282.

JEHN, K. A./CHADWICK, C./THATCHER, S. M. B. (1997): To agree or not to agree: The effects of value congruence, individual demographic dissimilarity, and conflict on workgroup outcomes, in: International Journal of Conflict Management, Vol. 8, S. 287 - 305.

JEHN, K. A./MANNIX, E. A. (2001): The dynamic structure of conflict: A longitudinal study of intra group conflict and group performance, in: Academy of Management Journal, Vol. 44, S. 238-251.

JEHN, K. A./NORTHCRAFT, G. B. / NEALE, M. A. (1999): Why differences make a difference: A field study of diversity, conflict, and performance in work groups, in: Administrative Science Quarterly, Vol. 44, S. 741-763.

KACMAR, K.M/FERRIS, G.R (1989) : Theoretical and Methodological Considerations in the age-job satisfaction relationship. Journal of Applied Psychology Vol. 74, S. 201-207.

Literaturverzeichnis

KANFER, R./ACKERMANN P.L. (2000): Individual Differences in work motivation: further explorations of a trait framwork, in: Applied Psychology Vol. 49, S. 470-482.

KARK, R./SHAMIR, B. (2002): The dual effect of transformational leadership: Priming relational and collective selves and further effects on followers, in: Avolio, B. J./Yammarino, F. J. (Hrsg.), Transformational and charismatic leadership: The road ahead, Oxford, S. 67-91.

KARMEL, T./WOODS, D. (2004): Lifelong learning and older workers. Adelaide: NCVER.

KEARNEY, E./GEBERT, D./VOELPEL, S. C. (2009): When and how diversity benefits teams – the importance of team members need for cognition. Academy of Management Journal, Vol. 52, S. 581 - 598.

KEARNEY, E./GEBERT, D. (2009): Managing diversity and enhancing team outcomes: The promise of transformational leadership, in: Journal of Applied Psychology, Vol. 94, S. 77-89.

KECK, S. L. (1997): Top management team structure: Differential effects by environmental context, in: Organization Science, Vol. 8, S. 143-156.

KIESER, A./WALGENBACH (2007): Organisation, Stuttgart.

KILDUFF, M./ANGELMAR, R./MEHRA, A. (2000): Top management-team diversity and firm performance: Examining the role of cognitions, in: Organization Science, S. 21-34.

KIRKMAN, B. L./ ROSEN, B. TESLUK, P. E./ GIBSON, C. B. (2004). The impact of team empowerment on virtual team performance: The moderating role of face-to-face interaction, in: Academy of Management Journal, Vol. 47, S. 175–192.

KLEIN, M. (2003): Gibt es die Generation Golf?, in: Kölner Zeitschrift für Soziologie und Sozialpsychologie, Vol. 55, S. 1-28.

Knauth, P. (1983): Schichtarbeit, in: W. Rohmert & J. Rutenfranz (Hrsg.): Praktische Arbeitsphysiologie, Georg Thieme Verlag, Stuttgart, S.368-375.

KÖCHLING, A. (2004): Projekt Zukunft. Leitfaden zur Selbstanalyse altersstruktureller Probleme in Unternehmen, Dortmund.

KOHLBACHER, F./HERSTATT, C. (2008): The silver market phenomenon. Business opportunities in an era of demographic change, Berlin und Heidelberg.

Literaturverzeichnis

KÖHLER, H. (2005): Eröffnungsrede von Bundespräsident Horst Köhler bei der Konferenz "Demographischer Wandel", Online Ressource: http://www.forum-demographie.de/Rede_2005.60.0.html (abgerufen: 11.05.2008)

KOHLI, M./ROSENOW J./WOLF, J. (1981): The social construction of ageing through work: Economic structure and life-world, in: Ageing and Society Vol. 3, S. 23-42.

KOTTLER, J./HESKETT, J. (1992): Corporate culture and performance. New York.

KRÄMER, K. (2004): Neurganisation der Lebensarbeitszeit in einer alternden Erwerbsgesellschaft, Berlin.

KRÖHNERT, S./VAN OLST, N./KLINGHOLZ, R. (2004): Deutschland 2020. Die demographische Zukunft der Nation. Berlin Institut für Bevölkerung und Entwicklung, Berlin.

KUNZE, F./BRUCH, H. (2008): Productively managing age heterogeneous teams: The moderation of transformational, Scala working Paper 07/2008.

KUPPERSCHMIDT, B.R. (2000): Multigeneration employees: strategies for effective management, in: The Health Care Manager, Vol. 19, S. 65–76.

KUWAN, H./THEBIS, F. (2005): Berichtssystem Weiterbildung IX. Ergebnisse einer Repräsentativbefragung. Bundesministerium für Bildung und Forschung, Bonn, Berlin.

LABOUFIE-VIEF, G. (2005): The psychology of emotions and ageing, in; Johnson, M./Bengston, V.L/ Cole, P.G. (Hrsg.): The Cambridge Handbook of Age and Ageing, Cambridge University Press, Cambridge, S. 47-59.

LA FLAMMEL./MENKEL, W. (1995): Aging and occupational accidents a review of the literature of the last three decades, in: Safety Science Vol. 21, S. 145-161.

LAU, D. C. /MURNINGHAN, J. K. (1998): Demographic diversity and faultlines: The compositional dynamics of organizational groups, in: Academy of Management Review, Vol. 23, S. 325-340.

LEIBOLD, M./VOELPEL, S. (2006): Managing the aging workforce. Challenges and solutions, New York.

LEONARD, J. S./LEVINE, D. I./JOSHI, A. (2004): Do birds of a feather shop together? The effects on performance of employees' similarity with one another and with customers, in: Journal of Organizational Behavior, Vol. 25, S. 731-754.

LIGHT, P.C. (1988): Baby-Boomers. Norton & Company, New York.

LINTON S. J./WARG L.E. (1993): Attributions. (beliefs) and job satisfaction associated. with back pain in an industrial setting, in: Perceptual Motor Skills Vol. 76, S. 51-62

LORETTO, W./WHITE, P. (2006): Employers' attitudes, practices and policies towards older workers, in: European Management Journal, Vol. 16, S. 313-330.

LOWE, K. B./KROECK, K. G./SIVASUBRAMANIAM, N. (1996): Effectiveness correlates of transformational and transactional leadership: A meta-analytic review of the MLQ literature, in: Leadership Quarterly, Vol. 7, S. 385-425.

LÜSCHER, K./LIEGLE, L. (2003): Generationenbeziehungen in Familie und Gesellschaft, UVK Verlagsgesellschaft: Konstanz.

MAHLWITZ-SCHÜTTE (2006): Lebenslange Lernen im Alter? – Selbstgesteuertes Lernen, Medienkompetenz, und Zugang zu Informations – und Komunikationstechnologien älterer Erwachsener im Kontext wissenschaftlicher Weiterbildung, in: Bildungsforschung Vol. 2

MANNHEIM, K. (1928): Das Problem der Generationen, in: Kölner Vierteljahresheft für Soziologie Vol. 4, S.157-330.

MEHRA, A./KILDUFF, M./BRASS, D. J. (1998): At the margins: A distinctiveness approach to the social identity and social networks of underrepresented groups, in: Academy of Management Journal, Vol. 41, S. 441-452.

MICHAELS, E./ HANDFIELD-JONES, H/ AND AXELROD, B. (2001): The war for talent. Harvard Business School Press, Boston.

MILLER, C. C./BURKE, L. M./GLICK, W. H. (1998): Cognitive diversity among upper-echelon executives: Implications for strategic decision processes, in: Strategic Management Journal, Vol. 19, S. 39-58.

MORSCHHÄUSER, M. (2005): Erfolgreich mit älteren Arbeitnehmern. Strategien und Beispiele für die betriebliche Praxis, Gütersloh.

Literaturverzeichnis

MORSCHHÄUSER, M./PETRENZ, J: Altern und Erwerbsarbeit in rechtlicher, arbeits- und sozialwissenschaftlicher Sicht. Bund Verlag, Frankfurt.

NEW YORK TIMES (2004): Red Adair, Famed for Taming Oil Well Fires, Dies at 89 (09.08.2004).

NIEJAHR, N. (2008): Das Alter lehren, in: Die Zeit (19.06.2008).

NONAKE, I./TAKEUCHI, H. (1995): The knowledge-creating company: How Japanese companies create the dynamics of innovation, New York.

NORTHOUSE, P. G. (2007): Introduction to Leadership. Concepts and Practices, Sage, New York.

OECD (1995): The transition from work to retirement, Paris, OECD.

OERTEL, J. (2007): Generationenmanagement im Unternehmen. Gabler Verlag, Wiesbaden.

PELLED, L. H./EISENHARDT, K. M./XIN, K. R. (1999): Exploring the black box: An analysis of work group diversity, conflict, and performance, in: Administrative Science Quarterly, Vol. 44, S. 1-28.

PETERSON, R. S./OWENS, P. D./TETLOCK, P. E./ FAN, E. T./MARTORANA, P. (1998): Group dynamics in top management teams: Groupthink, vigilance and alternative models of organizational failure and success, in: Organizational Behavior and Human Decision Processes, Vol. 73, S. 272-305.

PETRENZ J. (1999): Alter und berufliches Leistungsvermögen, in: Gussone, M./Huber, A./ Morschäuser, M./Pertrenz, J.: Ältere Arbeitnehmer, S.63-99, Bund Verlag, Frankfurt am Main.

PETTIGREW, T. F. (1998): Intergroup contact theory, in: Annual Review of Psychology, Vol. 49, S. 65-85.

PIEKKOLA, H. (2004): Active Ageing Policies in Finland. Keskusteluaiheita -Discussion Paper Nr. 898.

PILLAY, H./BOULTON-LEWIS, G./WILSS, L (2003): Conceptions of work: Impressions from older workers, in: Journal of Education and Work Vol 16, S. 427-445.

PREUSS-LAUSITZ, U./BÜCHNER, P/FISCHER-KOWALSKI, M./DIETER GENIEN, M./ KARSTEN,E/KULKE, C./RABE-KLEBERG, U./ROLFF, H.G./ THUNEMEYER, B./SCHÜTZE, Y./SEIDL, P./ZEIHER, H./ZIMMERMANN, P (1994): Kriegskinder, Konsumkinder, Krisenkinder. Zur Sozialisationsgeschichte seit dem zweiten Weltkrieg, Weinheim.

PROGNOS AG (2007): Zukunftsatlas Deutschland 2007. Prognos AG: Basel.

RAMSEY, D. (2003): Tapping the strenghs of older worker, in: Supervison Vol. 64: S. 9-11.

REGNET, E. (2004): Karriereentwicklung 40+, Beltz Verlag, Weinheim.

REIDL, A. (2007): Seniorenmarketing. Mit älteren Zielgruppen neue Märkte erschließen, Redline, Landsberg.

RICHARD, O.C./MCMILLAN, A./CHADWICK, K./DWYER, S. (2003): Employing an innovation strategy in radically diverse workforce, in: Group and Organization Management, Vol. 28, S. 107 - 126.

RIMSER, M. (2006): Generation Ressource Management: Nachhaltige HR-Konzepte im demografischen Wandel, Leonberg.

RUPPS, M. (2008). Wir Babyboomer. Die wahre Geschichte unseres Lebens, Freiburg.

RÜRUP, B. (2000): Bevölkerungsalterung und Wirtschaftswachstum: Hypothesen und empirische Befunde, in: Dahlmanns, G. (Hrsg.): Prosperität in einer alternden Gesellschaft, Frankfurt Institut, Frankfurt, S. 83-106.

RÜRUP, B (2005): Auswirkungen des demografischen Wandels auf Wirtschaft und Gesellschaft, Vortrag gehalten in Hamburg (19.01.2005).

SHAMIR, B./HOUSE, R. J./ARTHUR, M. B. (1993): The motivational effects of charismatic leadership, in: Organization Science, Vol. 4, S. 577-594.

SCHEIN, E. H. (1985): Organizational culture and leadership, San Francisco.

SCHERWOLF, A. (2007): MBO als Führungsinstrument, München.

SCHIMANY, P. (2003): Die Alterung der Gesellschaft. Ursachen und Folgen des demographischen Umbruchs, Frankfurt.

SCHMIDT, B (2006): Weiterbildungsverhalten und –interessen älterer Arbeitnehmer, in: Bildungsforschung Vol. 3.

SCHREYÖGG, G. (2003): Organisation. Grundlagen moderner Organisationsgestaltung. Gabler, Wiesbaden.

Literaturverzeichnis

SCHRÖER, S./STRAUBHAAR, T. (2007): Demographische Entwicklung: Problem oder Phantom, in: Brölius, E./Schieck, D. (Hrsg.): Demographisierung der Gesellschaft: Analysen und Debatten zur demographischen Zukunft Deutschlands, VS Verlag, Wiesbaden.

SCHULZE, B. (1998): Kommunikation im Alter. Theorien – Studien – Forschungsperspektiven. Westdeutscher Verlag, Opladen.

SCHULER, K. (2006): Hilflos in der Rush-Hour, in: Die Zeit (25.4.2006).

SCHÜTZE, Y./GEULEN, D. (1995):Die Nachkriegskinder und die Konsumkinder: Kindheitsverläufe zweier Generationen, in: Preuss-Lausitz et al. (Hrsg.): Kriegskinder, Konsumkinder, Krisenkinder. Zur Sozialisationsgeschichte seit dem zweiten Weltkrieg Beltz Verlag, Weinheim Basel, S. 29-52.

SCHWENN, K. (2009): Frühverrentung. Widerstand gegen verlängerte Altersteilzeit, in Frankfurter Allgemeine Zeitung (28.04.2009).

SCOTT, W.B. (2000): Industry's loss of expertise spurse counterattack, in Aviation Week and Space Technology, Vol. 152, 6.

SENGHAAS-KNOBLOCH, E./NAGLER, B./DOHMS, A. (1996): Industrielle Gruppenarbeit aus der Erlebnisperspektive. Herausforderungen an die beruflichen Selbstbilder. Arbeit, in: Zeitschrift für Arbeitsforschung Vol. 1: S. 80-100.

SINN, H.W. (2005): Das demographische Defizit – Die Fakten, die Folgen, die Ursachen und die Politikimplikationen, in Birg,H (Hrsg): Auswirkungen der demographischen Alterung und der Bevölkerungsschrumpfung auf Wirtschaft, Staat und Gesellschaft, Lit Verlag, Münster, S. 53-90.

SIEGRIST, J./PETER, R. (1996): Assessing chronically stressfull experience at work: Implications for prevention, in: BAUA (Hrsg.): Tagungsbericht 11, Occupational Health and Safety Aspects of Stress in Modern Workplaces, Berlin.

SMOLA, K.W./SUTTON, C.D. (2002): Generational differences: revisiting generational work values for the new millennium, in: Journal of Organizational Behavior, Vol. 23, 363-382.

SPIDLA, V. (2005): Rede zur Vorstellung des Grünbuchs Demographie in Brüssel (18.3.2005). Online Ressource: http://ec.europa.eu/employment_social/emplweb/spidla/speeches_de.cfm (besucht: 13.06.2008).

STEWART, G. L. (2006): A meta-analytic review of relationships between team design features and team performance, in: Journal of Management, Vol. 32, S. 29-55.

STOLZ, M. (2005): Generation Praktikum, Begriffschöpfung, in: Die Zeit (31.03.2005).

SÜDDEUTSCHE ZEITUNG (2008): Giorgios perfektes Mädchen (15.3.2008).

TAGESSPIEGEL (2007): Spielen mit Seele, (04.03.2007).

TAJFEL, H./TURNER, J. C. (1979): An integrative theory of social conflict, in: Austin, W./Worchel, S. (Hrsg.), The social psychology of inter group relations, 2. Aufl., Chicago, S. 33-47.

TAJFEL, H./TURNER, J. C. (1986): The social identity theory of intergroup behavior, in: Worchel, S./Austin, W. G. (Hrsg.), Psychology of intergroup relation, Chicago, S. 7-24.

TAYLOR, F. W. (1977): Die Grundsätze wissenschaftlicher Betriebsführung. Weinheim, Beltz (Orginal 1911).

THOMAS, D. A./ELY, R. D. (1996): Making differences matter: A new paradigm for manag- ing diversity, in: Harvard Business Review, S. 79-90.

TIMMERMAN, T. A. (2000): Racial diversity, age diversity, and team performance, in: Small Group Research, Vol. 31, S. 592-606.

TRIANDIS, H. C. (1960): Cognitive similarity and communication in a dyad, in: Human Relations, Vol. 13, S. 175-183.

TRIANDIS, H. C./HALL, T. E./EWEN, R. B. (1965): Member heterogeneity and dyadic creativity, in: Human Relations, Vol. 18, S. 33-54.

TSUI, A. S./EGAN, T. D./O'REILLY III, C. A. (1992): Being Different: Relational demography and organizational attachment, in: Administrative Science Quarterly, Vol. 37, S. 549-579.

TUCKMAN, B. W. (1965): Developmental sequence in small groups, in: Psychological Bulletin, Vol. 63, S. 384-399.

TURNER, J. C./HOGG, M. A./OAKES, P. J./REICHER, S. D./WETHERELL, M. S. (1987): Rediscovering the social group: A self-categorization theory, Oxford.

VAN DER VELDE, M.E./FEIJ, J.A./VAN EMMERIK, H. (1998): Change in Work Values and Norms among Dutch Young Adults: Ageing or Societal Trends?, in: International Journal of Behavioral Development Vol. 22, S. 55-76.

Literaturverzeichnis

VAN KNIPPENBERG, D./SCHIPPERS, M. C. (2007): Work group diversity, in: Annual Review of Psychology, Vol. 58, S. 515-541.

VOELPEL, S./LEIBOLD, M./FRÜCHTENICHT, J.D. (2006): Herausforderung 50plus. Konzepte zur Management der Aging Workforce: Die Antwort auf das demographische Dilemma. Publicus Corporate, Erlangen.

WAGEMAN, R. (1995): Interdependence and group effectiveness, in: Administrative Science Quarterly, Vol. 40, 145-180.

WARR, P.B. (1996): Younger and Older Workers, in:Warr, P.B (Hrsg.): Psychology at Work: Penguin Books, Harmondsworth, S. 308-332.

WARR, P.B. (2001): Age and work behavior: Physical attributes, cognitive abilities, personality traites and motives, in International Review of Industrial and Organizational Psychologie Vol. 16, S. 1-36.

WEBER, B./GASSER. P (2007). Auswirkungen der Personenfreizügigkeit mit der EU15/EFTA auf den Schweizer Arbeitsmarkt. In: Die Volkswirtschaft Vol. 6: 48-51.

WEILAND, S. K./RAPP, K./ KLENK, J./KEIL, U. (2006): Zunahme der Lebenserwartung: Größenordnungen, Determinanten und Perspektiven: Deutsches Ärzteblatt, Vol. 103, S. 1072-1077.

WEST, M./PATTERSON, M./DAWSON, J./NICKELL, S. (1999): The effectiveness of top management groups in manufacturing organizations, London.

WILLIAMS, K. Y/ O'REILLY, C. A. (1998): Demography and diversity in organizations: A review of 40 years of research, in: Staw, B. /Sutton, R. (Hrsg.), Research in Organizational Behavior, Greenwich, JAI Press, S. 77-140.

WILLIS, S.L./SCHAIE, K.W. (1986): Training the elderly on the ability factors of spatial orientation and inductive reasoning, in: Psychology and Aging, Vol. 3, S. 239-274.

WILLKE, H. (2004): Einführung in das systemische Wissensmanagement. Carl-Auer-System, Stuttgart.

WILSON, D. C./BUTLER, R. J./CRAY, D./HICKSON, D. J./MALLORY, G. R. (1986): Breaking the bounds of organization in strategic decision making, in: Human Relations, Vol. 39, S. 309-331.

WIRSCHING, M. (2005): Der demographische Wandel und die Auswirkungen auf das Wirtschaftswachstum. Mittelstands und Strukturpoliktik Vol. 32: S. 13-36.

WODERICH, R./KOCH, T./FERCHLAND, R. (2004): Weiterbildungserfahrungen und Lernkompetenzen der ostdeutschen Erwerbsbevölkerung in komparativer Perspektive. In: Baethge, M./Baethge-Kinsky, V. (Hrsg.): Der ungleiche Kampf um das lebenslange Lernen, Münster.

WOO, E .S./GIBBSON; A. M./THORNTON III, G. C. (2007): Latent mean differences in the achievement motivation of undergraduate students and adult workers, in the US. Personality and Individual Differences Vol. 43, S. 1687-1697.

WSI-TARIFARCHIV (2008): Online Ressource: http://www.boeckler.de/559_21360.html (abgerufen: 30.04.2008).

WUNDERER, R. (2007): Führung und Zusammenarbeit. Eine unternehmerische Führungslehre, 7. Aufl., München und Neuwied.

VEREINTE NATIONEN (1998): Replacement Migration Study. New York

ZEMKE, R./RAINE, C./FILIPCZACK, B. (1999): Generations at work. Managing the clash of veterans, boomers, xers and nexters in the workplace, New York.

ZENGER, T. R./LAWRENCE, B. S. (1989): Organizational demography: The differential-effects of age and tenure distributions on technical communication, in: Academy of Management Journal, Vol. 32, S. 353-376.

Index

A

ABB 116, 229
AC Mailand 139, 140, 143
Ähnlichkeits-Anziehungs-
 Perspektive 152
Alstom Power Service 79
Alter
 Biologisch 55
 Chronologisch 55, 73
 Psychologisch 55
Alterseffekte 93
Alterskohorten 45, 68, 70, 89, 91,
 96, 206, 246
Altersquotient 28, 36, 37, 38, 40
Altersstruktur 47, 198, 199, 200,
 203, 204, 205, 216, 240, 248
 Alterszentriert 205
 Balanciert 203
 Jugendzentriert 204
 Komprimiert 204
Altersstrukturanalyse 21, 190,
 197, 198, 199, 200, 201, 202,
 205, 240
Altersteilzeit 15, 218, 219, 225,
 266
Altersvorurteile 56
Antidiskriminierung 233, 234
Arbeitsfähigkeitsindex 82, 83, 84,
 86, 90
Arbeitslosenrate 250
Arbeitslosigkeit 29, 42, 105, 107,
 122
Arbeitszeitmodelle 194, 223, 248
Assessment Center 209
Atomwaffentechnik 132
Audi AG 179
Automobile 146

B

Baby Boomer 45, 94, 95, 102, 103,
 104, 120, 121, 126, 136, 144, 246
Benjamin Franklin 73
Bert Rürup 26, 41
Bestanderhaltungsquote 26
Bevölkerung
 Entwicklung 31, 32, 33, 34, 39
 Struktur 15
Blogg 109
BMW AG 227
Bogenkarriere 80, 222
Bosch 224, 229, 253
Bundesagentur für Arbeit 8, 130,
 212, 213, 214, 218
Bundesamt für Statistik 38
Burnout 177, 216, 222, 228

C

Call-Center 71
Charisma 170
China 44, 189
Consenec AG 116, 229
Contingent Reward 164, 184

D

Datenbank 132, 148
Defizitmodell 85, 225
Degussa AG 75, 76
Demographiemanagement 48,
 50, 245
Deregulierung 109
Direkteinstellungen 209
Diskriminierung 73, 142, 150,
 151, 175, 188

Index

Diversität 140, 141, 142, 146, 150, 158, 159, 182, 188, 232, 233, 236, 246
  Alter 44, 140, 141, 142, 144, 150, 182, 232, 236, 247
  Forschung 44
  Generationen 21
  Kognitiv 153, 158, 161, 166, 173, 178, 179, 233, 247
  Management 131
  Potenzial 155

E

Edeka 189, 190
Einzelcoaching 174
Emotionen 62
Employer Branding 210
Erfahrungsdefizit 129, 247
Erstausbildung 73, 74
Erwerbsbevölkerung 19, 27, 33, 34, 36, 37, 38, 48, 49, 50, 95, 105, 120, 245
Erwerbsquote 41, 250
Europäische Union 28, 29

F

Fachkarriere 78
Fachkräftemangel 43, 47, 253
Familiengründung 110, 111
Faultlines 159, 183
FC Liverpool 139, 140
Fertilität 26
Finnland 249, 250
Fitness 76, 81, 85, 140
Fluktuationsrate 154
Forschung & Entwicklung 147, 153, 175, 199
Freizügigkeitsregelung 28
Frühpensionierungsanreize 219

Frühverrentung 201, 202
Führungskarriere 78
Führungskultur 130

G

Geburtenquoten 26, 45
Generation Golf 91, 95, 103, 105, 107, 108, 111, 118, 121, 122, 123, 124, 126, 128, 136, 144, 246, 261
Generation X 108
Generation Y 94
Generationale Effekte 93
Generationale Führung 49, 89
Generationenkonflikt 25, 100
Generationenvielfalt 21, 42, 44, 46, 91, 135, 182, 187, 240, 246
Geoforschungszentrum Potsdam 231
Gesundheitsmanagement 53, 72, 81, 86, 130, 195, 226, 246
Gewerkschaften 103, 249
Gifthändler 177
Giorgio Armani 55
Globalisierung 47, 106, 108, 109, 142, 145
Gratifikationskrise 69
Gruppen
  Denken 145, 182, 247
  Konflikte 153, 182
  Konsens 145
Gymnastik 68

H

Handbücher 132
Headhunter 211
Helvetia Versicherung 8, 80, 121, 222

Herz-Kreislauferkrankung 69
Hierarchie 78, 98, 106, 111, 117, 126
Hilti AG 78
Hochleistungsteams 179
Homophilität 152

I

Identifikation 154, 170, 174
Identität 95, 103, 134, 150, 152, 159, 161, 162, 174, 176, 177, 182, 184, 247
Indien 26, 44, 189
ING-DiBa Bank 214
In-Group 150, 174
Initiative neue Qualität der Arbeit 63
Innovationsfähigkeit 46, 50, 124, 126, 145, 146, 190, 194, 245
Integration 28, 48, 175, 194, 214, 232, 233, 235, 241
Intelligenz
  Fluide 59, 60, 61, 71, 105
  Kristalline 59, 71
Internetgeneration 95, 108, 109, 110, 118, 123, 124, 125, 136, 142, 144, 149, 246

J

Jahresarbeitszeit 226, 241
Job Sharing 224, 225, 241
Joseph Ratzinger 57
Jugendwahn 49, 187

K

Karriere
  Planung 53, 72, 115
  Ziele 75, 115, 122, 200
Katjes Fassin GmbH 15, 213

Kinder
  Betreuung 118, 123
  Erziehung 219, 227
Klein- und mittelständische Unternehmen 19, 47, 253
Kognitive Diversitäts-Hypothese 144
Kollektiver Bezugsrahmen 115
Kompensationssysteme 162, 184
Konflikte 44, 127, 141, 150, 156, 176, 177, 178, 182, 183, 184, 240, 247
  Aufgaben 176, 177, 178, 179
  Beziehungs 176, 177, 178, 179, 184
  Prozess 176, 178, 179, 184
Körperliche Fähigkeiten 53, 68, 71, 99, 108
Kranken- und Pflegeversicherung 40
Krankheitstage 68
Kreativität 130, 145, 146, 158, 240, 241
KSB-Unternehmensgruppe 238
Kulturgestaltung 188, 236, 238
Kulturwandel 190, 249
Kundenbeziehung 234
Kundenverständnis 146

L

Lebensarbeitszeit 41, 121, 219, 220, 221, 222, 223, 241, 262
Lebenserwartung 26, 31, 34, 35, 36, 216, 268
Lebenslanges Lernen 53, 73, 246
Lebensphase 79, 93, 94, 98, 101, 104, 110, 111, 121, 123, 125, 136, 177, 246
Lebenszyklus 73, 155, 176, 183

Index

Lehrlingsquote 201
Lernentwöhnung 74
Lernmethode 61, 160

M

Management
  By Exception 164, 184
  By Objectives 165, 166, 167, 168, 184
Marktzugang 234, 236
Massenarbeitslosigkeit 102
McKinsey 43, 207, 227
Mentoringprogramme 125
Metro Group 225
Migration 26, 27
Mikropolitik 155
Mondlandung 96
Mortalität 26

N

Nachkriegsgeneration 95, 97, 99, 106, 114, 115, 116, 117, 118, 129, 135, 144, 246
Nettozuwanderungsrate 26, 29
New Economy 107, 110, 204

O

OECD 217, 264
Off-Site Anlässe 160
Ölkrise 102
Outdoor-Trainings 160, 184
Out-Group 150

P

Partizipative Führung 117
Personalmanagement 7, 8, 21, 44, 48, 49, 63, 84, 118, 130, 132, 197, 205, 228, 236

Pillenknick 45, 102
Postmaterialismus 100, 106, 118
Prinz-Charles-Effekt 44
Produktivität 16, 41, 42, 44, 46, 49, 53, 54, 59, 142, 155, 190, 214, 245, 247, 253
Produktlebenszyklen 44, 145
Projektpläne 178
Prügelstrafe 98

Q

Qualifikation 53, 73, 77, 86, 122, 180

R

Red Adair 56, 57, 264
Rentenalter 45, 216, 218, 222
Renteneintrittsalter 40, 41, 200, 201, 206, 218, 228, 241, 249, 250
Rote Armee Fraktion 102

S

Sabbatical 220, 222, 226, 227, 241
Salzburg AG 131
Sauerstoffaufnahme 67, 68
Scharniergeneration 101, 104, 111, 118
Schindler 148
Selbstkategorisierung 152, 159, 177, 182
Selbstmanagement 72
Selbstvertrauen 140, 173
Selbstverwirklichung 98, 101
Senior-Experten-Modelle 58, 116
Senior-Expert-Modelle 116
Senioritätsprinzip 78, 89
Silver Market 188
SMART-Regel 165
Soziale Identitäts Theorie 150

Soziale Kompetenz 118
Soziale Schicht 73
Sozialisationsphase 96, 108, 115
Sozialversicherungssysteme 39, 41, 50
Spital Bern-Ziegler 83
Stagnation 78, 102, 107
Statussymbole 122, 171
Stress 62, 69
Subgruppen 151, 153, 159, 161, 174, 182
Swiss International Airlines 149

T

Taylorismus 98, 100
Teammeetings 161
Teams 44, 179
  altersgemischte 16
Thyssen Krupp Nirosta 8, 16, 133, 149, 194, 224
Transaktionale Führung 162, 184
Transformationale Führung 162, 168, 169, 172, 173, 174, 175, 176, 184

U

UBS 8, 230
Unternehmenskultur 21, 114, 188, 204, 231, 232, 233, 236, 237, 239, 240, 241, 248
USA 26, 45, 56, 57, 94, 219, 231

V

Vereinte Nationen 27, 30
Verrentung auf Probe 228, 241
Vertikale Karriere 221
Veterans 94, 97
Vision 168, 169, 171, 247
Vladimir Spidla 25

Voestalpine AG 192
Vollbeschäftigung 28, 100
Vorurteile 44, 57, 130, 151, 183, 247

W

War for Talents 42, 46, 187, 207, 209, 239
Weiterbildung 61, 73, 74, 75, 76, 78, 79, 220, 221, 250, 262, 263
Wertschätzung 65, 114, 117, 119, 124, 133, 135, 174, 214, 233, 237, 238, 239, 241
Wettbewerbsfähigkeit 15, 16, 42, 49, 76, 132, 136, 147, 207
Wettbewerbsfaktor 245
Wicke GmbH & Co KG 133
Wiedervereinigung 96, 106, 108, 109
Wirtschaftswachstum 28, 40, 41, 265
Wirtschaftswundergeneration 95, 99, 101, 103, 104, 105, 106, 111, 117, 118, 119, 120, 121, 135, 142, 173, 246
Wissen
  Explizites 148
  Implizites 46, 147, 148, 182
  Management 132, 134, 195
  Verlust 45, 200
Wohlfahrtsstaat 106
Wohnbevölkerung 27, 32, 33, 34, 61
Work Life Balance 221, 241

Z

Zielgespräche 121
Zuwanderung 27, 28, 29, 31, 32, 33

Mit einem Klick alles im Blick

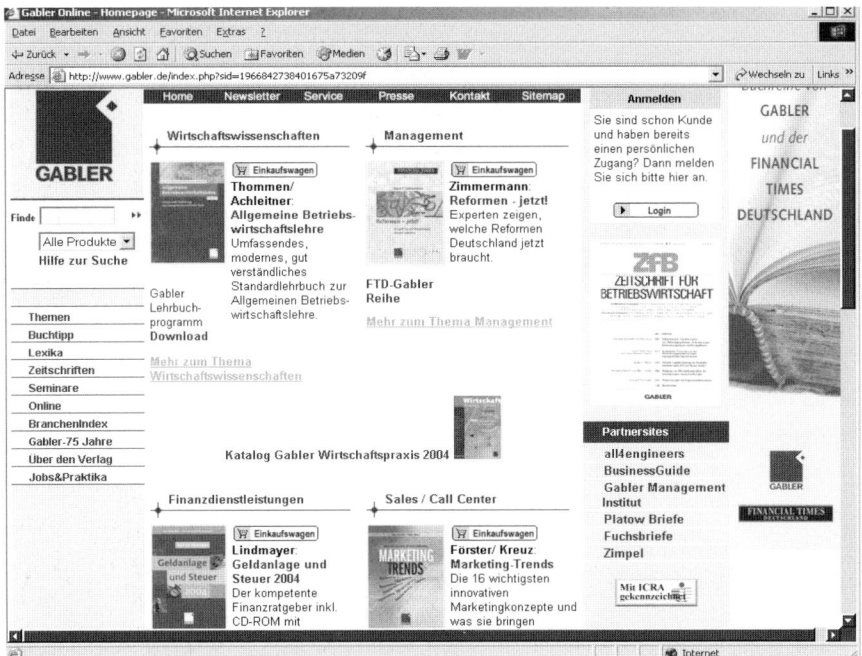

- Tagesaktuelle Informationen zu Büchern, Zeitschriften, Online-Angeboten, Seminaren und Konferenzen

- Leseproben - z. B. vom Gabler Wirtschaftslexikon -, Online-Archive unserer Fachzeitschriften, Aktualisierungsservice und Foliensammlungen für ausgewählte Buchtitel, Rezensionen, Newsletter zu verschiedenen Themen und weitere attraktive Angebote, z. B. unser Bookshop

- Zahlreiche Servicefunktionen mit dem direkten Klick zum Ansprechpartner im Verlag

- **Klicken Sie mal rein: www.gabler.de**

Abraham-Lincoln-Str. 46
65189 Wiesbaden
Fax: 06 11.78 78-400

KOMPETENZ IN
SACHEN WIRTSCHAFT